武器装备数据挖掘技术

主　编　张凤鸣　惠晓滨

副主编　魏　靓　王焕彬　李正欣

编　委　黄　莺　车万方　宋志华

　　　　赵　罡　许建虹　黄　鹤

　　　　刘文杰　耿慧欣　李永宾

　　　　李姗姗　宋晓博　王树生

国防工业出版社

·北京·

内 容 简 介

本书以武器装备全寿命管理过程中的大量数据为研究对象，以数据挖掘方法技术为主线，对武器装备数据挖掘的理论、方法、算法进行系统的介绍，并以应用案例对其具体实践进行深入探索。本书注重系统性、突出实用性，既注重对数据挖掘方法的系统介绍，也突出不同挖掘模式在武器装备全寿命周期管理中的应用，方便读者系统学习和深刻理解武器装备全寿命管理过程中的各种数据挖掘技术。

本书面向各类武器装备管理和研究人员，重点探讨武器装备论证、研制、试验鉴定、作战和维修保障等阶段的数据挖掘方法和技术。本书可作为高等院校装备管理、信息管理、数据挖掘等专业本科生、研究生的教材，也可供从事武器装备管理工作的研究人员使用。

图书在版编目（CIP）数据

武器装备数据挖掘技术 / 张凤鸣，惠晓滨主编. —北京：国防工业出版社，2017.6
ISBN 978-7-118-11370-9

Ⅰ.①武… Ⅱ.①张… ②惠… Ⅲ.①数据处理－应用－武器装备 Ⅳ.①E92-39

中国版本图书馆 CIP 数据核字（2017）第 180500 号

※

*国防工业出版社*出版发行
（北京市海淀区紫竹院南路 23 号　邮政编码 100048）
三河市腾飞印务有限公司印刷
新华书店经售
*

开本 787×1092　1/16　印张 13　字数 292 千字
2017 年 6 月第 1 版第 1 次印刷　印数 1—2000 册　定价 78.00 元

（本书如有印装错误，我社负责调换）

国防书店：(010)88540777　　发行邮购：(010)88540776
发行传真：(010)88540755　　发行业务：(010)88540717

前　　言

数据挖掘是研究从大量数据中自动提取有用信息、规律、模式的领域，自其出现后一直是数据处理、信息分析等专业方向的研究热点，目前，其理论、方法和技术还正在快速成熟中。

武器装备从论证、研制、生产、使用到维修保障是一个复杂的系统工程过程，在这个过程中会产生大量的各类数据，对这些数据目前还缺少比较有效的处理方法。本书结合作者所在团队长期在该领域进行的学术研究和科研实践，尝试从武器装备全寿命数据的深层次处理、分析和挖掘角度，对其数据挖掘方法、技术进行系统探讨。期望该书的编撰对武器装备全寿命数据分析人才的培养和武器装备数据挖掘技术的应用实践起到一定的推动作用。

本书以武器装备论证、研制、试验鉴定、作战和维修保障等阶段产生的海量数据为研究对象，以数据挖掘方法技术为主线，对武器装备数据挖掘的理论、方法、算法进行系统的介绍，并以应用案例对其具体实践进行深入探索。在编写思路、章节安排、内容撰写上，本书充分考虑了从事武器装备工作的管理人员和研究人员的使用需求。

本书在编著过程中，得到了空军装备部机关、西北工业大学、空军指挥学院、空军工程大学、空军装备研究院、国防工业出版社等单位领导和专家学者的大力支持和审读把关，对他们付出的辛勤劳动和贡献的卓越智慧我们表示诚挚的谢意。同时，本书吸纳了许多相关学科领域专家学者的理论研究成果，为提升本书的学术价值和理论高度发挥了重要的作用，在本书付梓之际，我们对这些成果的创造者表示深深的谢意；另外，本书的部分研究成果是在国家自然科学基金项目（61502521，多元时间序列相似模式挖掘中支持 DTW 距离度量的子序列搜索方法研究）的支持下取得的，在此对国家自然科学基金委员会的支持表示感谢。

本书由张凤鸣、惠晓滨担任主编。主要章节由张凤鸣、惠晓滨、魏靓、王焕彬、李正欣、黄莺、车万方、宋志华、赵罡、许建虹、黄鹤、刘文杰、耿慧欣、李永宾、李姗姗负责撰写。在全书的撰写、修改和统稿过程中，教员古清月、宋晓博、张磊，高工王树生，研究生郭庆、张贾奎、贾宇翔、刘炳琪等均做了大量工作。

武器装备的复杂性决定了其全寿命周期数据管理的复杂性。本书对武器装备寿命周期数据挖掘的概念、理论、方法进行了初步探索，由于学识有限，对很多问题的认识还需要进一步研究和完善，书中不妥之处在所难免，敬祈大家批评指正。

作　者

目　　录

第 1 章　绪　　论

武器装备管理既包括对军事需求和技术能力物化为军事装备过程的管理，还包括对军事装备经过训练和保障转化为部队战斗力过程的管理，管理活动贯穿于武器装备的全寿命周期。随着武器装备管理信息化建设的持续推进，在武器装备全寿命管理的链条上，涉及研制、设计、试验、生产、使用以及保障的众多单位都会成为海量武器装备数据的生产者，这些全寿命周期数据有效支撑着日趋复杂的武器装备采办和管理过程。但是，传统的信息处理方法无法发现数据中存在的关系和规则，无法根据现有的海量数据预测未来的发展趋势，缺乏挖掘数据背后隐藏知识的手段，导致了"数据爆炸但知识贫乏"现象。而数据挖掘正是一种知识获取的手段和工具，它可将武器装备全寿命管理过程中积累的海量数据转化为知识，为武器装备管理的科学决策提供技术支撑。

1.1　数据挖掘的概念及研究领域

数据挖掘（Data Mining）这个术语最早是在统计学领域、数据分析领域和 MIS 社区使用，在早期，它常常被贬义地用于由于无目标分析而导致数据爆炸的情况，随着统计分析、机器学习、人工智能、数据库等学科的发展，特别是人工智能的发展，数据挖掘逐渐成为了一门新兴的、涉及各种不同领域的交叉学科。

简单地说，数据挖掘就是从大量数据中提取或"挖掘"知识。有趣的是能够表达这一概念的术语，除了数据挖掘外，还有很多，如"信息抽取"（Information Extraction）、"信息发现"（Information Discovery）、"知识发现"（Knowledge Discovery）、"智能数据分析"（Intelligent Data Analysis）、"信息收获"（Information Harvesting）、"数据捕捞"（Data Dredging）、"数据/模式分析"（Data/Pattern Analysis）等。

术语的混乱是一门新兴学科走向成熟的常见现象，因此有必要给出术语内涵外延的精确表述，以下是数据挖掘几种有影响和代表性的定义：

1. Data Miners Inc

数据挖掘是对大量数据进行的自动或半自动的识别和分析，目的是从中寻求有意义的模式、规则。

2. SAS Institute Inc

数据挖掘是为寻求商业优势而对大量数据进行选择、探测和建模进而发现未知模式的处理过程。

这两种定义基本上都强调了数据挖掘应该具有以下几个特点：大量数据、模式发现、自动或半自动的数据处理形式。

3．Jorgensen M, Gentleman R.（Harvard College）

数据挖掘是统计分析技术和机器学习技术在大规模数据中的应用，这些应用往往以半自动方式进行。

4．David J. Hand（Professor of Statistics）

数据挖掘是一门基于统计学、数据技术、模式识别和机器学习并尝试通过二次分析得到未知有用关系的新学科。

这两种定义都偏重从技术支撑的角度来阐述数据挖掘，这种定义形式有利于数据挖掘过程的商业应用和工程化。

5．U.M. Fayyad, G. Piatetsky-Shapiro

数据挖掘是 KDD（Knowledge Discovery in Databases，数据库中的知识发现）处理过程中的一个步骤，它使用数据分析和发现算法，在计算效率可以接受的情况下，得到特定的模式集合。其中 KDD 是从数据中提取有效、新颖、有潜在应用价值、最终能被理解模式的高级过程。

KDD 这个术语是在第一届 KDD Workshop（1989 年）上被明确的，KDD 的出现使 U.M. Fayyad 和 G. Piatetsky-Shapiro 重新思考数据挖掘和 KDD 之间的相互定位关系，并试图通过以上的定义把两者统一起来，他们认为，KDD 是一个广义的知识发现过程（KDD Process），而数据挖掘是该过程中的一个阶段，该阶段的核心就是提供效率可以接受的方法（Methods）或算法（Algorithms）。

这些定义都从各自不同的视图描述了数据挖掘的概念，由于 U.M. Fayyad 和 G. Piatetsky-Shapiro 在数据挖掘基础领域所做的卓越工作，两位学者所做的定义想必会得到越来越多人的认可，本书的写作也将采用这种定义。以下是针对 KDD 及 DM 概念的一些讨论。

从如上数据挖掘的定义看，对数据挖掘概念边界的界定，学术界基本上有广义和狭义两种理解。广义的理解认为数据挖掘涵盖了知识发现的全过程，从处理过程生命周期上看，它与 KDD 是一样的；以 U.M. Fayyad 为代表的狭义理解则认为，数据挖掘仅仅是 KDD 过程中的一个阶段，也是最重要的一个阶段，它对整个过程提供方法和算法的支撑，完成从预处理后的数据中挖掘出相应的模式，并作为 KDD 下一个阶段模式评价、评估的依据。在数据挖掘的狭义理解中，如果把数据挖掘界定为 KDD 的一个阶段，那么许多数据挖掘的替代术语，如上文提到的"信息抽取""信息发现""知识发现"等，都将会变成 KDD 的替代语，同时，常说的数据挖掘系统或者原型系统的本质也都是一个知识发现系统，只是其核心采用了数据挖掘引擎。

KDD 是基于数据库的知识发现，但它的数据可以是广义的数据，即可以是任何一个有关事实或观察数据的集合。KDD 可以从数据中提取有效、新颖、有潜在应用价值、最终能被理解的模式，模式是在描述集合 F 中某子集时较之逐一列举集合元素更为简洁的描述，例如：描述"若成绩在 81～90 之间，则成绩优良"可称为一个模式，但描述"若成绩为 81、82、83、84、85、86、87、88、89、90，则成绩优良"就不能称为一个模式。在 KDD 中发现的模式经过有效性、新颖性、潜在应用价值、可理解性评估后即可成为整个过程的最终产品即知识，通常可以用概念（Concepts）、规则（Rules）、规律（Regularities）等形式表示。

KDD 是对数据进行更深层处理的过程，而不是仅仅对数据进行加减求和等简单运算或查询，因此认为它是一个高级过程（非平凡过程）。

KDD、DM 与统计学的差别：由于二者目标相似，一些人（尤其是统计学家）认为数据挖掘是统计学的分支，这是一个不切合实际的看法，因为数据挖掘还应用了其他领域的思想、工具和方法，尤其是计算机学科，例如数据库技术和机器学习，而且它所关注的某些领域和统计学家所关注的有很大不同。从总体上说，KDD、DM 更偏重于计算逻辑，它的处理过程可能是经验性的，而统计学更偏重于数学逻辑上的精确推理。

KDD、DM 与机器学习的不同：KDD、DM 是从现实世界中存在的一些具体数据中提取知识，这些知识在数据挖掘出现之前早已存在，但是人们往往没有意识到或没有明确这些知识的存在，而机器学习是一种有目的的"教"；同时，KDD、DM 的数据源往往规模庞大，而且数据不一定完整、一致，这就要求 KDD、DM 更加重视算法的效率和健壮；还有就是 KDD、DM 往往侧重于描述性任务，而机器学习往往侧重于预测性任务。

数据挖掘技术是统计理论、机器学习、人工智能、数据库的结合技术，具有较为广泛的应用前景。专家预测数据挖掘在未来十年内会有革命性进展，是个性化 Web、个人偏好分析、实时识别等的关键技术。

数据挖掘学科经过较长时间的发展，已经形成了丰富的方法体系，本书对数据挖掘当前的研究领域进行了总结，见图 1.1。

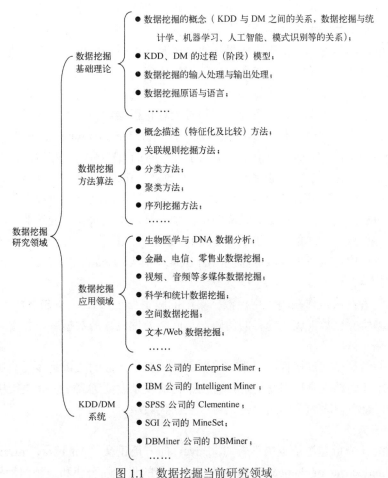

图 1.1　数据挖掘当前研究领域

3

1.1.1　分类方法

分类的目的是通过一个分类函数或分类模型（常称作分类器）将待分类数据集中的数据映射到某一个给定的类别中。分类在数据挖掘中是一项非常重要的任务，目前在商业上应用很多。

分类的基本目标就是构造分类器，要达到这个目标首先需要设计分类器。设计分类器的基本做法是用一定数量的样本（称为训练样本集）给出一套分类判别准则，使得按照这套分类判别准则对待分类数据进行分类所造成的识别错误率最小或引起的损失最小，训练完毕后对任何一个样本都可以利用分类器将它归到某一类别。

当前，能完成分类挖掘任务的算法比较多，如常见的决策树、Bayes、SVM、神经网络、粗糙集方法等。

1．决策树

构造一个决策树分类器通常分为两步：树的生成和剪枝。树的生成采用自上而下的递归分治法，如果当前训练实例集合中的所有实例是同类的，则构造一个叶节点，节点内容即是该类别，否则，根据某种策略选择一个属性，按照该属性的不同取值，把当前实例集合划分为若干子集合，对每个子集合重复此过程，直到当前集合中的实例是同类为止；剪枝就是剪去那些不会增大树的预测错误率的分支，经过剪枝，不仅能有效地克服噪声，还使树变得简单，容易理解。由于生成最优决策树是 NP-hard 问题，目前的决策树算法一般都采用启发式属性选择策略来解决最优决策树的生成问题。

由于决策树是一个有效的数据描述、分类、特征化工具，它的研究得到了很多学科的支持，如统计学、模式识别、决策理论、信号处理、机器学习、人工神经网络等。构造决策树的算法有很多，1986 年 J.Ross Quinlan 在 Machine Learning Journal 上发表了题为"Induction of Decision Trees"的论文，引入了一种新的 ID3 算法，随后，他对 ID3 算法进行了补充和改进，提出了后来非常流行的 C4.5 算法。ID3、C4.5 以及后来出现的 C4.5 的商业改进版本 C5.0 采用信息熵增益及其改进增益率进行属性选择，可以有效克服增益偏向于多值属性的缺点，这几种算法已经成为机器学习领域构造决策树的经典算法。

很多学者都从一定的角度提出了对 Quinlan 系列算法的扩充，如 S. Ruggieri 通过对 C4.5 算法决策树节点构造策略进行改进而提出的 EC4.5 算法、Dennis Shasha 发展的适于并行分布式分类的 PC4.5 等。

有些研究者对决策树在超大规模数据集中的应用作了研究，如 SLIQ，它采用预排序技术来克服需将所有数据放入内存的问题，从而能处理更大的数据库，并用 MDL 剪枝算法，使树更小和精度更高。

还有一种尝试是通过属性组合来构造多元决策树，一般的认识是多元测试形成的决策树较单元决策树的精度高，但是构造多元决策树的复杂度要远高于单元决策树。在实现途径上，属性组合可以采用逻辑组合，也可以采用代数组合。

2．Bayes 方法

贝叶斯统计分析起源于英国学者 T. Bayes 的一篇论文"An essay towards solving a problem in the doctrine of chances"，该文给出了著名的贝叶斯公式和一种归纳推理方法。其后一些统计学家将其发展成一种系统的统计推断方法，到 20 世纪 30 年代形成了贝叶斯学派，20 世纪五六十年代发展成了一个有影响的统计学派。

在数据挖掘中，主要有两种 Bayes 方法，即朴素 Bayes 方法和 Bayes 信念网络。前者直接利用 Bayes 公式进行预测，把从训练样本中计算出的各个属性值和类别频率比作为先验概率，并假定各个属性之间是独立的，这样就可以用 Bayes 公式和相应的概率公式计算出要预测实例对各类别的条件概率值。选取概率值最大的类别作为预测值。此方法简单易行并且具有较好的精度，缺点是不能刻画属性之间的依赖关系。

Bayes 信念网络最早是由 R.Howard 和 J.Matheson 提出的，早期常见于专家系统，用于描述不确定的专家知识，Bayes 信念网络是一个带有概率注释的有向无环图。这个图模型能有效地表示大的变量集合的联合概率分布，从而适合用来分析大量变量之间的相互关系，利用 Bayes 公式的学习和推理功能，实现预测、分类等数据挖掘任务。

训练 Bayes 信念网络需要进行网络结构和网络参数两部分的学习。学习过程和学习方法的推导可见 W.Buntin、G.Cooper 等人的文献。如果网络结构确定，Bayes 信念网络的训练主要是条件概率表（CPT）的计算，方法与朴素 Bayes 分类的方法类似；如果网络结构不确定，则两部分的学习过程都要进行，但获得最优的结构和参数都是 NP 问题，因此在训练过程中可以采用启发式方法。

3．SVM

统计学习理论（SLT）是由 Vapnik 等人提出的一种小样本统计理论，着重研究在小样本情况下的统计规律及学习方法性质。SLT 为机器学习问题建立了一个较好的理论框架，也发展了一种新的通用学习算法——支持向量机（SVM），能够较好地解决小样本学习问题，已初步表现出了很多优于已有方法的性能。一些学者认为，SLT 和 SVM 正在成为继神经网络研究之后新的研究热点，并将推动机器学习理论和技术的快速发展。

支持向量机理论的最大特点是根据 Vapnik 结构风险最小化准则，尽量提高学习机的泛化能力，即由有限的训练集样本得到的小的误差能够保证对独立的测试集仍保持小的误差。另外由于支持向量机算法是一个凸优化问题，因此局部最优解一定是全局最优解，且 SVM 的复杂度和实例集的维数无关。

SVM 的基本思想是通过某种事先选择的非线性映射将输入向量映射到一个高维特征空间，然后在这个空间中构造最优分类超平面。由于在高维特征空间中构造最优超平面，只需要计算特征向量与特征空间中向量的内积，然后使用某种核函数在原空间计算就可以了，从而克服了维数困难。通过选用不同的核函数，可以构造输入空间中不同类型的非线性决策面的学习机。

对于分类问题，支持向量机算法根据区域中的样本计算该区域的决策曲面，由此确定该区域中未知样本的类别，对于估值问题，支持向量机算法对区域中的样本进行回归，确定该区域的映射函数，从而得到该区域中未知样本的取值。

由于 SVM 方法较好的理论基础和它在一些领域（如手写数字识别）中表现出的优秀推广性能，近年来，许多关于 SVM 方法的研究，包括算法本身的改进和算法的实际应用，都被陆续提了出来。尽管 SVM 算法的性能在许多实际问题的应用中得到了验证，但是该算法在计算上存在着一些问题，包括训练算法速度慢、算法复杂而难以实现以及检测阶段运算量大等。由于传统的利用标准二次型优化技术解决对偶问题的方法可能是训练算法慢的主要原因，近年来人们针对 SVM 方法本身的特点提出了许多算法来解决对偶寻优问题，这些算法的一个共同思想就是循环迭代：将原问题分解成为若干子问题，按照某种迭代策略，通过反复求解子问题，最终使结果收敛到原问题的最优解。根据子问题的划分和迭代策略的不同，又可以大致分为两类，一类是所谓的"块算法"（Chunking Algorithm），另一类是固定工作样本集的方法。块算法和固定工作样本集方法的主要区别在于：块算法的目标函数中仅包含当前工作样本集中的样本，而固定工作样本集方法虽然优化变量仅仅包含工作样本，但其目标函数却包含整个训练样本集。

4．神经网络

神经网络在过去十几年里取得了飞速的发展，发展出了很多模型及其改进型，目前，在应用和研究中采用的神经网络模型不下 30 种，其中较有代表性的大约有十几种，例如 BP、Hopfield、Kohonen、 ART 等，但人工神经网络在知识获取方面存在先天不足：由于神经网络的知识获取过程是一个"黑箱"系统，得到的知识也是以权值形式表现的隐式知识，因此难以被人理解，而在分析和决策领域，一个没有推理过程和决策依据的结论是很难被分析员和决策者所接受的。

要克服神经网络无法获取显式规则的先天不足，就要对神经网络在知识获取和知识表达两方面进行改进。

在知识获取（Knowledge Extraction）方面是给定一个已经训练好的神经网络，从中提取显式的知识（一般是符号形式），提取的方法一般分为分解抽取方法和学习抽取方法两类。分解抽取方法的最大特点是对神经元网络内部的单个节点所表示的概念进行解释，从每个节点中抽取的规则是由与此节点相连的诸输入节点表示的，典型的分解算法有 SUBSET 及其改进 MOFN、KT 和 RULEX；学习抽取方法的基本思想是将训练后的神经元网络看成一个黑箱，而把规则抽取过程看成一个学习过程，其中所学的目标概念由神经元网络函数计算得到，而其输入变量则由神经元网络的输入特征组成。学习抽取方法主要利用符号学习算法作为学习工具，而利用神经元网络作为学习例子生成器，主要代表方法有 TREPAN 和 RL。

在知识表达（Knowledge Representation）方面是让神经网络中抽象的权值能够代表一定的知识，例如使权值代表规则的编码，这样在网络训练结束后，通过解码就可以得到规则。这种方法已经在 DNA 结构分析、自然语言处理的语法规则提取和化学反应的预测中得到了应用。

1.1.2　聚类方法

聚类是一种普遍使用的数据分析方法，在统计学、机器学习和数据挖掘上都有应用。在机器学习领域，聚类是无指导学习（Unsupervised Learning）的一个例子，它的主要特点是不依赖预先定义的类信息作为指导；在数据挖掘领域，聚类的研究主要集中在为大型数据库提供高效而实用的聚类方法支撑。

聚类是按照某个特定标准（通常是某种距离）把一个数据集分割成不同的类，使得类内相似性尽可能的大，同时类间的区别性也尽可能的大。直观地说，最终形成的每个聚类，在空间上都是一个稠密的区域。

聚类方法主要分为如下几类：

（1）划分方法（Partitioning Method）。该方法首先得到一个初始划分，然后采用迭代重定位技术，试图通过将对象从一个簇移到另一个簇来改进划分的质量，具有代表性的包括 k-means、k-medoids、CLARANS 等启发式方法。

（2）层次方法（Hierarchical Method）。层次聚类方法可以分为分裂法（Divisive）和聚合法（Agglomerative），后者把实例集合看作单独的类，自下而上地合并；前者则相反，先把整个实例集作为一个类，逐渐分裂。层次聚类方法常见的有 BIRCH、CURE、Chameleon 等。

（3）基于密度的方法（Density-Based Method）。它根据密度的概念而不是通常使用的距离来聚类对象，常见的有 DBSCAN、DENCKUE、OPTICS 等。

（4）基于网格的方法（Grid-Based Method）。它首先将对象空间分划为有限数目单元形成的网格结构，然后在网格结构上进行聚类，典型的有 STING、CLIQUE、WaveCluster 等。

（5）基于模型的方法（Model-Based Method）。首先对每个簇假设一个模型，然后进行数据与模型的最佳匹配，有代表性的方法有 COBWEB、CLASSIT、AutoClass 等。

聚类是无指导的学习方法，其所研究的数据没有类别标签，于是就很难判断得到的聚类划分是否反映了事物的本质，Ada 等人对此问题作了初步探讨。

1.1.3　文本挖掘

文本挖掘与其他挖掘的不同在于文本挖掘的对象是所谓的半结构化数据（Semistructure Data），它既不是完全无结构化的也不是完全结构化的，例如，一个文档中可能包含：标题、作者、出版日期、长度、分类等结构字段，也可能有大量非结构化的成分，如摘要、文本正文等。文本挖掘的内容主要有文本检索、文档分类、自动摘要及自然语言处理等。

文本挖掘的一个重要基础研究是如何对半结构化数据进行建模和表示。目前文档的表示大都采用特征空间方法，即文档被表示成一个个独立的词及其出现频率，从中选出能够代表文档的词作为特征向量，每个文档由一个特征向量表示。对于一组文档可由这些特征向量组成一个词频矩阵。

对于文本检索来说，常用的方法有 TFIDF（Term Frequency/Inverse Document Frequency）、Bool 检索、语义网络等，检索的基本度量标准是查准率（Precision）和查全率（Recall）；文本的分类有许多方式，几乎传统的分类方法都可以用，常用的有 TFIDF、朴素 Bayes、ANN 等，其中 Wang 提出了基于关联挖掘的自动文档分类方法，Ipeirotis 提出了对只能通过查询进行访问的文本数据库的自动分类方法。

1.1.4　Web 挖掘

Web 挖掘可以看成是文本挖掘的扩展，它不但有文本挖掘的内容，即 Web 内容挖掘，同时又有 Web 链接结构和页面属性挖掘（路径分析、关联页面、页面 Ranking、Authoritative 页面等）、Web 使用挖掘（日志挖掘、用户模式挖掘等）。

Web 挖掘有如下特点：Web 数据量庞大；页面内容和组织结构复杂；动态性强；用户群体复杂，这些特点决定了 Web 挖掘必须有稳健而高效的挖掘算法作支撑。

利用挖掘 Web 链接结构来识别 Authoritative 页面的方法可参见 Chakrabarti 和 Kleinberg 等人的研究成果；利用 Hub 页面来寻找 Authoritative 页面可运用 HITS（Hyperlink-Induced Topic Search）算法；页面 Ranking 的排列可运用 Brin 和 Page 提出的算法。在 Web 日志挖掘方面，有 Perkowitz 提出的通过挖掘用户访问模式进而自动构造可适应 Web 站点的算法；有 Tauscher 提出的挖掘 Web 可用性的方法等。

1.2 数据挖掘的过程模型

如前所述，数据挖掘有广义和狭义两种理解，广义理解的数据挖掘和 KDD 都涵盖了知识发现的整个过程，下面对数据挖掘的基本过程和步骤进行建模。

1.2.1 知识发现的基本过程分析

从源数据中发现有用的知识是一项系统工程。一般地说，其过程可以简单地概括为：首先从数据源中抽取感兴趣的数据，并把它组织成适合挖掘的组织形式；然后，调用相应的算法产生所需的模式和规则；最后对生成的模式进行评估，确认生成的规律和知识，并把有价值的知识集成到已有的管理系统中。具体来说，一般应具有如下关键步骤。

1．数据的清洗和抽取

如前所述，在开始一个知识发现项目之前必须清晰地定义挖掘目标。虽然挖掘的最后结果是不可预测的，但是要解决或探索的问题应该是可预见的。盲目地挖掘是没有任何意义的。在弄清业务问题后就可以进行数据的准备，包括数据的清洗和抽取等环节。

数据清洗是指去除或修补源数据中的不完整、不一致、含噪声的数据。数据不完整是指由于人为疏忽、未及时登记、保密措施限制等原因使数据分析人员无法得到某些数据项。假如这个数据项正是知识发现系统所关心的，那么这类不完整的数据就需要修补。常见的不完整数据的修补办法有：

（1）使用一个全局值来填充（如"Unkown"、估计的最大数或最小数）。

（2）统计该属性的所有非空值，并用平均值来填充空缺项。

（3）只使用同类对象的属性平均值填充。

（4）利用回归或工具预测最可能的值，并用它来填充。

数据不一致可能是由于源数据库中对同样属性所使用的数据类型、度量单位等不同而导致的。因此需要定义它们的转换规则，并在挖掘前统一成一个形式；噪声数据是指那些明显不符合逻辑的偏差数据（如飞参系统在某些情况下采集到的量化参数值），这样的数据往往影响挖掘结果的正确性。目前讨论最多的处理噪声数据的方法是数据平滑（Data Smoothing）技术。主要有：①利用分箱（Binning）方法检测周围相应属性的值来进行局部数据平滑；②利用聚类技术检测孤立点数据，对它们进行修正；③利用回归函数探测和修正噪声数据。

数据抽取是知识发现的关键性工作。在弄清源数据的信息和结构的基础上，首先需要准确地界定所选取的数据源和抽取原则。然后设计存储新数据的结构和准确定义它与源数据的转换和装载机制，以便正确地从每个数据源中抽取所需的数据。这些结构和转换信息应该作为元数据（Metadata）被存储起来。在数据抽取过程中，必须全面掌握源数据的结构特点，任何疏忽都可能导致数据抽取的失败。在抽取多个异构数据源的过程中，可能需要将不同的源数据格式转换成一种中间模式，再把它们集成起来。早期的数据抽取是依靠手工编程来实现的，现在可以通过高效的抽取工具来实现，但即使是使用抽取工具，数据抽取和装载仍然是一件非常细致、艰苦的工作。

2．数据的选择与整理

没有高质量的数据就不可能有高质量的挖掘结果。为了得到一个高质量的适合挖掘的数据子集，一方面需要通过数据清洗来消除干扰性数据，另一方面也需要针对挖掘目标进行数据选择。数据选择可以使后面的数据挖掘工作聚焦到跟挖掘任务相关的数据子集中。它不仅提高了挖掘效率，而且也保证了挖掘的准确性。数据选择可以采用对目标数据加以正面限制或条件约束，挑选那些符合条件的数据，也可以通过对不感兴趣的数据加以排除，只保留那些感兴趣的数据。在数据选择与整理中，必须深入分析应用目标对数据的要求，确定合适的数据选择或数据过滤策略，才能保证目标数据的质量。当然，被挑选的数据必须整理成合适的存储形式才能被挖掘算法所使用。

3．数据挖掘与模式评估

经过数据清洗、抽取、选择和整理后，就可以进入数据挖掘阶段（这里的数据挖掘对应前文所说的狭义理解）。数据挖掘是知识发现的一个重要步骤，它是通过建立挖掘模型并在一定算法支持下完成知识抽取的。现在有许多专业的挖掘工具可以帮助完成数据挖掘工作，这些工具一般都提供关联规则、分类、聚类、决策树等多种挖掘模型和算法。需要注意的是，数据挖掘是一种基于数据的知识发现，对挖掘出模式的正确性、客观性必须要进行检验。运用的检验方法是样本学习，即先用一部分数据建立模型，然后再用剩下的数据来测试和验证这个模型。测试数据集可以按一定比例从被挖掘的数据集中提取，也可以使用交叉验证的方法，把训练集和测试集交换验证。事实上，没有一种算法会适应所有的数据，因此很多情况下，需要建立或选择不同的方法来进行比较。数据挖掘是一个反复的过程。通过反复的交互式执行和验证才能找到解决问题的最好途径。通过不断地产生、筛选和验证，才能把有意义的知识集成到数据挖掘用户的知识库或商业智能系统中去。

1.2.2 数据挖掘的处理过程模型

数据挖掘的处理过程模型为数据挖掘提供了宏观指导和工程方法。合理的处理过程模型能将各个处理阶段有机地结合在一起，指导人们更好地开发及使用数据挖掘系统。从数据挖掘进入工程应用领域起，就有人对数据挖掘的过程进行归纳和总结，提出了不同的数据挖掘处理过程模型：Fayyad 等人给出的多处理阶段模型是一种通用模型，见图 1.2，这也是最广为接受的一种处理模型；Brachman 和 Anand 在他们开发的数据挖掘系统 IMACS 中采用了一种以用户为中心的处理过程模型；斯坦福大学的 George H.John 在其博士论文中给出一种强调领域专家参与的数据挖掘处理过程模型。

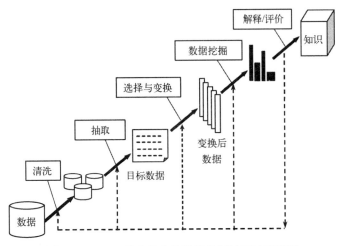

图 1.2　Fayyad 等人给出的数据挖掘处理过程模型

上述 3 种处理模型都要经过数据准备、预处理、算法设计、数据挖掘和后处理等共同的阶段，三者都详尽地描述和刻画了 DM 作为一个知识发现过程所必须经历的阶段。在数据挖掘的设计和实现中，我们发现对应不同的阶段，数据挖掘过程都有一个状态截面，如果把这些截面的最小分类提取出来，将使数据挖掘的设计实现变得简单和易于操作。上述 3 种模型都是以阶段为中心的处理过程模型，在状态截面上有明显的重复和冗余，如第一种过程模型中 6 个截面的前 4 个截面在概念上都属于数据源的范畴。

为此，本书提出了数据挖掘的三阶段处理过程模型（Three Stage Process Model）。该模型的思想是把数据挖掘的过程分成 3 个截面：数据源截面、挖掘引擎截面和模式知识截面，并分别把对每个截面的操作看成一个阶段，见图 1.3。该模型具有更高的抽象性和一般性，可以用于指导具体的数据挖掘系统的设计。

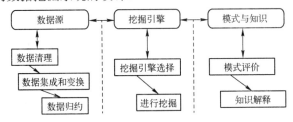

图 1.3　数据挖掘三阶段处理过程模型

其中数据源阶段包括数据提取、数据清理、预处理、数据工程等；挖掘引擎阶段包括挖掘引擎的选择、引擎的执行等；模式与知识阶段包括挖掘出的模式和挖掘效果的评价、挖掘知识的解释等。

三阶段数据挖掘模型不仅仅是一个抽象的处理过程，而且对具体系统的设计与实现具有较大的指导意义，比如在该过程模型的指导下，数据挖掘过程的每个截面可以很好地跟决策支持系统 DSS 的数据库、模型库和知识库进行映射，从而很好地实现数据挖掘和 DSS 的平滑集成。下面对集成的模式进行详细介绍。

DSS 集成 DM 的产生与发展是由决策环境变化所驱动的。当前，许多企业需要对在长期管理中积累的大量数据作更深层次的分析和处理，需要找到一个连接数据与决策知识规则之间的桥梁。在这种需求的驱动下，有学者提出把数据挖掘（DM）技术集成入 DSS 中，从而构成 DSS 系统的一种新的体系结构。DM 可以从数据中挖掘出概念、规则、规律、模式、约束等知识形式，这些知识经过解释后可以直接在集成系统中使用，从而可以提供更多的决策支持信息。

本书利用提出的 DM 三阶段处理过程模型（Three Stage Process Model）实现了 DM 系统和 DSS 系统的平滑集成，并用可视化建模语言（UML）对集成系统进行了建模。

1．功能集成模式

把 DM 集成到 DSS 中，就是要充分发挥 DM 的信息智能处理优势，从而更好地增加集成系统的决策支持效能，因此，要保证集成的两个系统在功能上协调、相容、互补。

K.Parsaye 根据对数据的处理方式的不同，把决策支持的功能分成了 4 个空间：数据空间、聚集空间、影响力空间和变动空间。影响力空间的决策是指通过对数据空间的数据进行逻辑或者其他运算，找出它们之间的内在联系、规律和规则等，采用的就是数据采掘技术。可见数据挖掘功能本身就是决策支持空间的一个视图。从另一方面来说，DSS 作为一个人机系统，具有强大的人机对话功能，而在 DM 中，用户的参与是挖掘质量的重要保证，这样，DM 就可以用 DSS 成熟的人机交互界面来实现以用户为中心的交互挖掘。

在集成系统中，像联机分析处理（OLAP）和 DSS 的集成一样，DM 是作为 DSS 的一个工具层来体现的，通过 DM 可以发现隐含在数据中的各种知识和模式，这些知识和模式经过解释后可以直接在集成系统中使用，用以辅助决策过程，或者提供给领域专家，修正专家已有的知识体系；同时，DSS 中的知识库也可以储存 DM 的各种领域知识，用来辅助 DM 进行更有效的挖掘，并帮助分析和评价挖掘的效果。

2．结构集成的框架体系

决策支持系统比较常见的一种体系结构是三库结构：数据库、模型库和知识库。其中模型库中储存的是用于决策的各种模型，主要是规划、推理、分析、预测、优化、评判和运筹等模型；知识库储存的是专家的经验性的知识，一般是以产生式规则形式表示的。

在决策支持系统和数据挖掘的结构集成上，我们对决策支持系统的模型库和知识库的含义进行扩展，使得三库结构与数据挖掘的三阶段模型中的 3 个状态截面相适应。具体是，对于模型库我们认为它不仅仅包括传统 DSS 中所有的一些评价预测和运筹模型，而且还应该有更高的一些分析手段和方法，如概念描述、分类、聚类、关联分析、决策软信息文本挖掘等，这些都是数据挖掘当前研究的主要技术手段；对于知识库，除了应有产生式规则外，还应有数据挖掘所挖掘出来的一些知识，如判断树、关联规则、概念分层图等。

通过含义扩展，数据挖掘的挖掘引擎可以作为决策支持系统中的一类分析型模型放入模型库中，挖掘出来的知识和模式也可以作为知识库的一部分。

基于此，本书给出了一个决策支持系统与数据挖掘集成的结构框架，见图 1.4。

本框架是一种桥式结构。数据挖掘在其中的工作模式如下：用户通过人机交互界面（Language System，LS）发出数据挖掘任务给总控和调度系统，总控和调度系统把任务传递给挖掘控制系统（MCS），MCS 在得到任务后，先通过 DBMS 对挖掘对象进行选择和预处理，然后通过模型匹配选择模型库中的挖掘引擎模型，当然也可以使用传统分析预测模型库中的模型，同时，通过 KBMS 得到该挖掘任务的领域专家知识，用于指导整个挖掘过程，在挖掘过程中，用户可以通过 MCS 的人机接口进行有效的干预，包括对挖掘效果的评价，最后，把通过指标评价或者专家评价后的挖掘知识放入挖掘知识库，可以作为决策支持系统决策的有效依据。

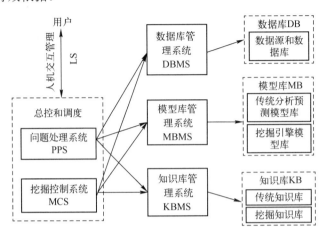

图 1.4　集成系统的结构框架

3．集成框架的建模

随着软件系统规模的增大和复杂性的增加，软件设计的核心已从传统的计算算法与数据结构的选择，转到系统总体结构的设计和规范，软件系统框架的建模对系统的设计和实现具有重大的指导意义。

统一建模语言（UML）是一种被 OMG 采纳的面向对象的标准建模语言，用 UML 对软件集成框架体系建模就是用合适的 UML 元素把框架体系的主要要素（构件、连接、端口等）表达出来。UML 的表达能力非常强大，可以使用 UML 的类图、包图、构件图和配置图等从不同的侧面来表达集成系统的框架体系，通过对各种图的表达能力和表达重点的考虑，我们用包图对集成框架体系进行建模，用 UML 的包元素（Package）表示框架体系的构件；用 UML 的接口元素（Interface）表示构件的端口，并指示构件之间的连接关系。框架体系的顶层建模如图 1.5 所示。

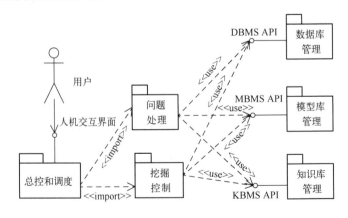

图 1.5　集成系统的框架体系顶层建模

集成数据挖掘和决策支持系统是当前的研究热点之一，利用 DM 的三阶段处理过程模型，可以较好地实现 DM 与 DSS 的平滑结构集成，并可有效地对 DM 与 DSS 集成系统的建设发挥指导作用。

1.3　基于数据挖掘的武器装备管理决策分析

信息因素对武器装备管理活动有重大的影响与支配作用，而数据挖掘方法，由于可以综合发挥专家系统"人工知识"和神经网络"隐式知识"的优势，正得到越来越多的应用。

早在第二次世界大战前，美军就开始在军事操作数据的分析和管理中采用预测模型分析（回归、时间序列）、数据库分割（Database Segmentation）、连接分析（Link Analysis）、偏差侦测（Deviation Detection）等技术，大大提高了军事作业的效率，这些方法都是数据统计和挖掘中常用的方法。

影响较大的项目是美国国防高级研究计划局（DARPA）赞助的高性能知识库（HPKB）项目。该项目于 1997 年开始，目标是探索允许军事应用开发者快速构建复杂的、能被不同应用交叉复用的大型知识库系统的具体技术。HPKB 项目研究主要包括 3 个方面：

（1）建立特定领域的知识表达模式、集成规则和术语等，以作为领域知识基础。

（2）根据领域知识基础，利用数据挖掘等方法建立领域知识库。

（3）探索高效问题解决机制，包括提供标准接口、规范推理过程等。

HPKB 的研究成果得到了众多的应用和推广，主要有如下美国军方应用系统采用了它的成果：为美潜艇部队开发的基于朴素 Bayes 方法的攻击信息挖掘工具，基于动态 Bayes 网络的 Theatre 弹道导弹（TBM）反应推理器，美军的作战方案（Course-of-Action, COA）制定技术，互联网信息挖掘等。

在信息网络安全方面，美军在入侵检测系统（Intrusion Detection System，IDS）中大量应用了数据挖掘技术。主要方法是从原始审计记录中学习分类规则，并用这些规则建立入侵检测模型，然后用入侵检测模型来判断入侵事件。如 Wenke Lee 从数据挖掘得到启示，开发出了一个混合检测器 Ripper，该检测器不需要为不同的入侵行为分别建立模型，而是首先进行大量的事例学习，以得到什么是入侵行为、什么是正常行为，进而发现描述系统特征的一致使用模式，从而形成对网络异常和权限滥用都适用的检测模型。

在维修保障领域，美军一直非常重视装备维修管理的自动化和智能化，通过维修管理信息系统的开发和应用，成功地集成了数据挖掘、知识获取及管理等功能。已建成多功能、综合化、系统化、网络化的"集成维修信息系统"，即 IMIS（Integrated Maintenance Information System），并与美空军的 C^3I 系统和更为先进的 C^4ISR 系统互联。IMIS 将交互式电子技术手册、动态诊断、维修数据采集、飞行数据、后勤支持及其他计算机网络中的有关信息有机地集成起来，并采用统一的信息使用和处理界面，可以极大地提高维修保障的效率与能力。目前，美军的 IMIS 系统已升级为新一代的"自主式保障信息系统"（Autonomic Logistics

Information System，ALIS）。

美军在"2010联合构想"（Joint Vision 2010）中认为，美军要保持21世纪的军事和信息作战（Information Operations, IO）优势，需要4个全新的运作观念：高度的军事机动、准确会合、聚焦后勤和全方位防卫，而这些观念的实施需要有强大的信息推理（Information Process, IP）能力，要求能高效地实现从数据到信息再到知识的处理，而数据挖掘和数据融合将成为其中重要的工具和手段之一。

1.3.1 武器装备管理决策分析的任务、层次

决策是管理的高级活动之一，武器装备管理活动中涉及大量的决策分析环节，需要在计算机等信息化手段的支撑下，才能高效地进行。下面运用系统工程的思想和方法，对武器装备管理决策分析进行相应的任务化、具体化、层次化。

1.3.1.1 武器装备管理决策分析的任务域

（1）对武器装备管理中各类方案制定的优化决策。管理方案是从管理方式、体制、制度和思想等方面统筹考虑，在总体上制定武器装备管理工作的概要性指导，是关于武器装备管理的总体规划，是武器装备管理系统完整的总体设计。在管理方案制定中实施决策支持，可以使新研装备与其武器装备管理系统得到最佳匹配，使新研装备系统能在费用、进度、性能与保障性之间达到最佳平衡。武器装备管理方案的制定是一个动态过程，自装备论证时提出初始方案，在方案阶段和工程研制阶段对不同备选方案进行权衡分析和决策进而得到优化方案，并在后期进一步完善。

（2）对武器装备管理资源需求的决策分析。武器装备管理资源需求的内容通常包括：人员数量与技术水平，保障设备和工具的类型、数量，备件品种和数量，订货和装运时间，补给时间和补给率，以及设施利用率等。维修保障资源是装备全寿命管理中资源决策分析的重要内容之一。对维修保障资源进行决策分析，一方面是确定并优化新研装备在使用环境中达到预期的战备完好性和保障性水平所需的保障资源要求，特别是新的、关键的保障资源要求；另一方面是在一定的武器装备管理约束条件下合理并优化分配各种现有维修资源，以发挥人财物的最大效益。

（3）对武器装备管理实施活动的决策分析。武器装备管理的实施（如故障的诊断与排除）既是一个技术过程，又是一个管理过程。每一个武器装备管理活动都可以分为计划和实施两个子过程，或者按Deming博士的理论认为是P（Plan）—D（Do）—C（Check）—A（Action）4个阶段组成的周而复始的循环过程，其中D、C、A 3个阶段可以认为是一种广义上的实施过程。这样，武器装备管理活动从概念上可以分为计划和实施两部分，而在计划和实施中都要做出决策。实际上，计划是在一些预先确定的可行性准则下对武器装备管理的未来状态进行的预测和决策；而实施本身就是由决策和执行两部分组成，决策部分是对实施方案的设计和优选，执行部分是在决策的基础上完成指定的装备管理或保障工作。

1.3.1.2 武器装备管理决策分析的层次

武器装备管理决策分析是分层次的，它可以分为战略级、战役级和战术级，见图1.6。

图 1.6　武器装备管理决策分析的层次

战略级决策分析处理对武器装备管理有系统的、长期的、重大影响的决策，如对武器装备管理方式、体制、制度及思想等的决策。

战役级决策分析处理在一定时期或范围内对武器装备管理活动起较大影响和作用的决策，如某一特定装备维修策略及维修计划方案制定的决策等。

战术级决策分析（或称操作级决策分析）处理日常的、例行的、中队级的各种武器装备管理活动，如故障的诊断、各种预防性维修等。

1.3.2　数据挖掘在武器装备管理决策支持中的应用

决策支持是确保决策活动高效、科学的有力手段。决策支持和决策支持系统是两个不同的概念，前者是问题的目标，后者是实现目标的工具，在历史上，决策支持的概念比决策支持系统的概念早出现很多年。

参考相关文献对决策支持的阐述，可定义"武器装备管理决策支持"如下：武器装备管理决策支持是以计算机软硬件系统为工具，以武器装备管理优化、决策模型为支撑，对其管理中的半结构化或非结构化活动提供的方法、技术、手段支持。

作为武器装备管理决策的辅助支持活动，武器装备管理决策支持有如下特点：

（1）决策支持活动是以计算机系统为工具。其计算机系统包括硬件系统和软件系统，其中软件系统起着较为核心的作用，软件系统功能的体现需要用决策支持系统来完成，普通的管理信息系统已不能胜任。

（2）决策支持活动以武器装备管理提供的优化、决策模型为依据。决策支持活动的重点是解决武器装备管理中的半结构化、非结构化问题。Herbert A.Simon 把决策问题分成程序化决策和非程序化决策，现在，人们常把程序化决策的提法换成结构化决策。半结构化、非结构化问题是非常规的、非例行的、包含着创造性或直观性的问题，如装备维修保障方案的确定、维修计划的制定等。这种类型的决策支持活动离不开优化、决策模型的支撑。

1.3.2.1　武器装备管理决策支持的类型

借鉴 Andrew P. Sage 对决策支持的分类方法，可以把武器装备管理决策支持从低级到高级分为如下 4 类，见图 1.7。

1. 消极支持（Passive Support）

这种决策支持只给武器装备管理决策者提供最基本的决策辅助分析工具，主要的决策环节和过程都由决策者自由做出，这种支持并不考虑决策应该如何处置，也没有特定的目标，用户享有极大的自主权。实质上，这种支持提供的只是一些基本信息，用户仍然凭借个人自身的风格和经验来进行设计、比较和选择。实现这种支持的计算机系统实质上与管理信息系统没有什么区别。

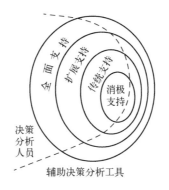

图 1.7 武器装备管理决策支持类型

2．传统支持（Traditional Support）

除了消极支持的内容，还给武器装备管理决策者生成并分析各种不同的方案，从而改进决策过程，武器装备管理决策者在各种方案中依靠自己的经验与判断选出最优或是满意的结果。这种决策支持能够综合分析预设的武器装备管理活动的各种要素、模型，并使用管理科学、运筹学、优化理论、知识工程等方法，给出一定数量的待选方案。

3．扩展支持（Extended Support）

即给武器装备管理决策者积极提出各种可选择的方案，并给出不同标准下的选择建议，这种支持具有主动性，并能够注意到决策者的思维和偏好，充分考虑他们对于分析工具的期望和态度，同时努力影响和指导他们的决策。这种决策支持需要武器装备管理领域专家的经验或者优秀的方案评价模型作指导。

4．全面支持（Normative Support）

决策者只需要提供武器装备管理决策任务的初始输入数据和详细的目标说明，即可由系统支配大部分决策过程。这种支持是一种非常理想化的支持，但由于许多因素的影响，常常无法给出可行的满意方案。

从图 1.7 可以看出，武器装备管理决策支持的最高级形式是提供全面的决策支持，即由决策支持系统支配整个决策过程，但由于决策问题和决策过程的复杂性，理想的决策支持形式往往难于实现，于是，武器装备管理决策支持一般能提供次理想的扩展支持、传统支持及消极支持。图 1.7 的虚线把决策支持的完成分为两个部分，一部分是由决策辅助分析工具提供，另一部分则由决策支持人员提供。有理由相信，随着决策分析技术的不断演化，决策支持人员的某些职能将逐渐被决策辅助分析工具所取代。

比较这 4 种决策支持，消极支持和传统支持更为强调决策者自身的判断，忽视了系统对决策者的指导作用；而全面支持正好相反，过于强调决策者应该如何去做，而忽略了他们能否这样做。扩展的决策支持是它们之间的一个折中，试图同时兼顾系统的辅助指导作用和决策者及环境的个性化因素，可以说，在很长一段时间内，这种决策支持类型将是武器装备管理决策支持的主流类型。

1.3.2.2　数据挖掘在武器装备管理决策支持中的应用视图

决策支持活动的效率与信息技术的发展息息相关。知识工程、人工智能、知识发现和数据挖掘的发展必将为武器装备管理的决策支持提供强大的推动力。

作为从大量数据中发现潜在规律、提取有用知识的方法和技术，数据挖掘不仅能够学习已有的知识，而且能够发现未知的知识。当前，长期武器装备管理实践中积累的大量数据需要做深层次的分析和处理，需要找到一个连接数据与决策知识规则之间的桥梁，这正是数据挖掘可以发挥作用的地方。

利用数据挖掘可以对武器装备管理各个层次、各个环节中产生的大量数据和信息进行分析，从而挖掘出概念、规则、规律、模式、约束等知识形式，这些知识经过解释后可以直接在武器装备管理决策活动中使用。通过这些决策支持信息，将使武器装备管理决策支持系统的功能更加灵活、强大、实用。数据挖掘的作用表现在：

（1）数据挖掘技术能不断为武器装备管理的决策支持提供新知识。传统决策支持往往仅限于根据其知识库已有知识或假设进行分析和验证。这样固定的知识来源，使决策支持系统无法适应环境的变化，很容易随着应用的发展而淘汰。而数据挖掘所能提供的，不仅仅是对已有知识和假设的验证，更在于它能自动发现和更新知识，使系统具有自我学习的能力，能够根据形势变化提供符合客观情况的决策支持，这正是武器装备管理决策活动中迫切需要的。它能为决策者提供未知的、甚至是没有想到的问题和答案。典型的例子是，它能告诉装备管理者，在什么样的情况下装备故障的发生几率比较高。

（2）集成数据挖掘的武器装备管理决策支持能处理规模庞大、形式复杂，甚至存在质量问题的数据。武器装备管理长期实践中积累起来的大量数据为下一步的决策支持提供了重要依据，然而由于种种原因，这些数据是数量庞大而形式不一的，它们可能存在于不同类型的数据库、电子报表及文本文件中，并且由于数据收集过程中的不可知因素，这些数据可能不全，甚至不完全正确。数据挖掘技术为处理这样的大量复杂数据提供了可能。

总之，数据挖掘继承了许多技术的最新发展成果，它在武器装备管理决策支持中的优势是不言而喻的，把它集成到武器装备管理决策支持中，必将使决策的智能化有较大的提高，同时，这样的决策支持也将具有更强大的生命力，能适应武器装备管理领域不断发展的需要。

作为连接武器装备管理数据与决策知识规则之间的桥梁，下面采用视图的形式来探讨数据挖掘的应用。武器装备管理是复杂的系统工程，不论是具体的技术活动或是复杂的管理活动，对它们的决策支持都离不开信息的支持，而数据挖掘最本质的功能是把一个决策支持从数据管理的层次提高到知识管理，利用知识为单元，实现决策支持应用的快速知识开发和高效的人机互动，从而达到决策支持的高效和智能，见图1.8。

数据挖掘不仅仅是一种思想，还是一种方法体系，包括各种各样的方法，甚至包括统计分析和机器学习的方法。对不同的武器装备管理决策支持问题需要探索不同的挖掘

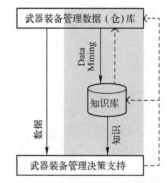

图1.8　数据挖掘在武器装备管理决策支持中的应用视图

方法，图 1.9 是一个武器装备管理常见问题与数据挖掘方法的对照视图。

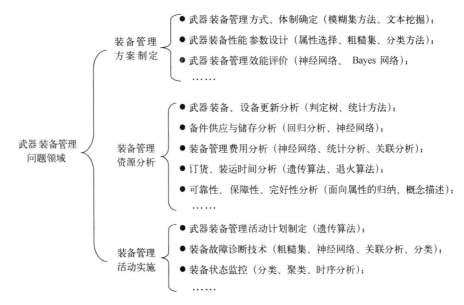

图 1.9　武器装备管理常见问题与数据挖掘方法的对照视图

武器装备管理决策支持系统（DSS）为武器装备管理决策活动的完成提供了有力支撑，而数据挖掘方法的引入，使决策支持系统有了知识获取和处理的能力，从而发展成了基于数据挖掘的武器装备管理智能决策支持系统（IDSS），通过集成和优化武器装备管理的各要素如装备、设备、人员以及组织机构、规章制度等，并基于数据挖掘实现规律、知识的自动发现和利用，进而达到智能的决策支持。

1.4　本章小结

本章对数据挖掘技术在武器装备管理决策支持中的应用进行系统分析。首先对数据挖掘的基本概念、研究领域、过程模型进行介绍，然后从任务域、层次、类型等角度对武器装备管理决策支持进行了系统分析，最后，对武器装备管理中的数据挖掘应用视图进行了建构。

第 2 章　武器装备数据仓库

数据仓库是数据挖掘可用的一种高质量数据源。和传统数据库不同，数据仓库是面向决策主题的、高度集成的、主要用于对海量历史数据进行统计分析的数据存储，它采用"以空间换时间"的策略，确保了对大量数据进行 OLAP 操作的可能。本章在对其概念、技术进行介绍的基础上，对武器装备数据仓库的设计和开发方法进行案例探讨。

2.1　数据仓库的概念

2.1.1　数据仓库的产生

从 20 世纪 70 年代起，为满足现代管理的需要，人们在管理信息系统的基础上发展了以数据分析和建模定量分析为基础的决策支持系统（Decision Support System，DSS），以向决策者提供决策所需的信息。面向决策支持的数据具有以下特点：

（1）数据是面向主题的，提供给决策支持系统的数据都为同一决策目标服务。

（2）数据来自不同的数据源，不仅包含描述当前状态的数据，还有大量的历史数据。

（3）数据以读为主，但需随着源数据的更新而刷新。

（4）数据往往是冗余的。

（5）数据是综合的、总结性的，决策一般不需要细节描述数据和日常操作数据。

决策支持系统要求它的数据管理系统能够围绕决策主题提供相关的数据。传统的数据库技术在数据库共享、数据独立性、数据一致性维护以及数据的安全保密等方面提供了有效的手段，但用于决策时仍存在以下不足：

（1）数据库中大量存在的是事务性的操作数据，主要是对一个单位当前状态的细节性描述。这些数据对一个单位的日常操作和运作是必需的，但能够为企业提供辅助决策的信息太少，决策时往往需要对细节数据进行不同程度的综合。

（2）由于决策用的数据源是分布的、异构的，这就存在一个对数据获取和集成的问题。这些数据源既有数据库管理的，也有非数据库管理的，甚至是由传感器送来的实时数据，在数据模型、访问界面、数据语义上差别很大。

（3）一般数据库中保存管理的是当前数据，而决策既需要当前数据，也需要历史数据。操作原有数据库不可能提供决策所需的所有数据。

要提高分析和决策的效率和有效性，分析型处理及其数据必须与操作型处理及其数据相分离，必须把分析型数据从事务处理环境中提取出来，按照 DSS 处理的需要进行重新组织，建立单独的分析处理环境。为了弥补传统数据库系统存在的不足，并构建一种新的分析处理环境，20 世纪 80 年代中期，一种新的数据存储和组织技术——数据仓库技术应运而生，成为研究数据管理技术的新热点。数据仓库一经提出，就立刻受到学术界、工业界和用户的重视。学术界侧重于数据仓库关键技术的研究，例如物化视图（Materialized View）的研究，而工业界则侧重于数据仓库的实现，几乎所有的主要数据库管理系统厂商都在近几年内提出了自己的数据仓库系统结构或框架，如 IBM 提出了 DB2 的 Visual Warehouse Solution，REDBrick、SYBASE、INFORMIX、ORACLE 等公司也都推出了各自的数据仓库产品或解决方案，一些大的数据库用户则建设了自己的专用数据仓库系统。

2.1.2　数据仓库的定义

自从数据仓库概念出现以来，不同的学者从不同的角度为数据仓库下了不同的定义。Informix 公司的定义为：数据仓库将分布在企业网络中不同信息岛上的业务数据集成到一起，存储在一个单一的集成关系型数据库中，利用这种集成信息，可方便用户对信息的访问，更可使决策人员对一段时间内的历史数据进行分析，研究事物发展走势；SAS 软件研究所的定义为：数据仓库是一种管理技术，旨在通过通畅、合理、全面的信息管理，达到有效的决策支持；斯坦福大学数据仓库研究小组是这样定义数据仓库的：数据仓库是集成信息的存储中心，这些信息可用于查询或分析。尽管对数据仓库的定义有许多种，但是不难发现每种定义都有以下共同点：

（1）数据仓库中包含大量的数据，这些数据可能来自企业或组织内部，也可能来自外部。

（2）以数据仓库方式进行组织的目的是为了能更好地支持决策。

（3）数据仓库应为最终使用者提供用于存取、分析数据的工具。

目前，大家公认的数据仓库定义是由 W.H.Inmon 于 1992 年提出，并在以后的一些著作中陆续加以完善和发展。他认为数据仓库是面向主题的、集成的、非易失的、随时间变化的数据集合，用来支持管理决策。Inmon 所定义的数据仓库有以下几个要点：

1．面向主题（Subject-Oriented）

面向主题是相对于传统数据库面向应用的数据组织方法而言。"面向应用"围绕应用域来组织和设计数据库；"面向主题"则围绕问题域组织和设计数据库。

2．集成的（Integrated）

数据仓库一般用在异构环境中，起到集成异构数据的作用。数据仓库是集成的，意味着它能够隐藏数据的异构性，为管理者和开发者提供一致的模型或界面来操作这些原本是异构的数据。

3．非易变的（Nonvolatile）

操作型数据库中的数据通常是不稳定的，增/删/改都是很频繁的操作。与此相反，数据仓库中的数据是稳定的。对数据仓库的操作通常只有两类：数据的初始化装入和数据访问，但修改和删除操作很少，通常只需要定期的加载、刷新。

4．随时间变化的（Time-Variant）

数据仓库与操作型数据库的一个不同之处在于：操作型数据库出于事务处理效率方面的原因，要抛弃那些在事务处理过程中不会用到的数据；然而在操作中无用的数据并不是真正没有价值的数据，这些数据往往是决策分析的基础。数据仓库的主要任务之一就是要保存这些历史数据。所以对于操作型数据库而言，只要保存足以满足"当前"状态的数据即可；数据仓库则要表达出从建立数据仓库开始到现在的整个过程，简单地说，数据仓库要能够提供足够的数据回答诸如"过去十年中，我们的业务每年递增的百分比"这样的问题。数据仓库的 Time-Variant 又被称作历史性，这一特性具体表现在以下三个方面：

（1）数据仓库随时间变化不断增加新的历史数据内容。

（2）数据仓库随时间变化不断删去旧的数据内容。数据仓库的数据也有存储期限，一旦超过了这一期限，过期数据就要被删除，只是数据仓库内的数据时限相对要长。

（3）数据仓库包含有大量的综合数据，这些综合数据中很多跟时间有关，如数据按一定的时间片进行抽样或经常按照时间段进行综合等。

2.1.3　数据仓库和传统数据库的区别

数据仓库虽然是从传统数据库发展而来的，但两者在许多方面都存在着相当大的差异：

（1）数据库是面向事务的设计，而数据仓库是面向主题设计的。

（2）数据库一般存储在线交易数据，而数据仓库存储的一般是历史数据。

（3）数据库设计是尽量避免冗余，而数据仓库设计是有意引入冗余。

（4）数据库是为捕获数据而设计，而数据仓库是为分析数据而设计。

（5）数据库中数据的目标是面向业务操作人员的，为业务处理人员提供信息处理的支持，而数据仓库则是面向中高层管理人员的，为中高层管理人员提供决策支持。

（6）数据库内数据是动态变化的，只要有业务发生，数据就会被更新，而数据仓库则是静态的历史数据，只能定期添加、刷新。

（7）数据库中的数据结构比较复杂，有各种结构以适合业务处理系统的需要，而数据仓库中数据结构较为简单。

（8）数据库中数据的访问频率高，但访问数据的量少，而数据仓库的访问频率低但是访问数据量要远远高于数据库的访问量。

（9）数据库在访问数据时要求响应速度快，其响应时间一般要求在数秒之内，而数据仓库的响应时间则可长达数小时。

2.2　数据仓库的数据模型

数据仓库构建过程中的数据模型，是对现实世界中的客观对象进行抽象处理的结果。数据仓库的开发人员依据这些数据模型，可以开发出一个满足用户需求的数据仓库。数据模型使开发人员能够将注意力集中在数据仓库开发的主要部分。数据模型具有很好的适应性，易于修改，当用户的需求改变时，仅对模型做出相应的变化就能反映这个改变。

目前两类主流的数据仓库模型分别是由 Inmon 提出的企业级数据仓库模型和由 Kimball 提出的多维模型，表 2.1 给出了两者的主要区别。

表 2.1 两类数据仓库模型的比较

性能 ＼ 类型	企业级 3NF 模型	多 维 模 型
建模步骤	从全局数据仓库→数据集市,采用自顶向下的设计方法	结合了自顶向下和自底向上的方法
数据模型	规范化(3NF)/关系模型	多维数据模型
规范化程度	高,数据冗余低	低,数据冗余大
优点	从企业整体的角度来看待数据,信息全面,数据统一,便于集中管理数据	综合了自顶向下和自底向上的优点;实施快速方便、风险小、良好的投资回报
缺点	建设时间长、费用高、风险高,需要开发者具有高水平的综合技能	需要增加新的维时,维的变动会非常复杂,很耗时

2.2.1 企业级数据模型

W. H. Inmon 提出的企业级数据仓库模型分为 3 个层次:高层模型、中间层模型和底层模型。

高层模型,用 ER 图表示,以实体和关系为特征,如图 2.1 所示。实体的名字放在椭圆内。实体间的关系用箭头描述。箭头的方向和数量表示关系的基数,只有直接的关系才标识。这样做以后,关系的传递依赖就可以最小化。

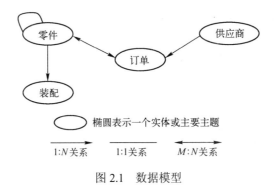

图 2.1　数据模型

高层模型建好后,下一步就是建立中间层模型。对高层模型中标识的主要主题域,可以再扩展出中间层模型。这个过程一般是循序渐进的,只有在很少的情况下,所有的中间层模型能一次全部建好。

底层模型,即物理模型,是根据中间层模型创建而来。建立物理模型需要扩展中间层模型,使模型中包含有关键字和物理特性,另外,还要确定性能特性。

一般情况下,进行性能特性建模需要设计数据的粒度与分割。数据仓库设计者的工作之一是要在物理层合理地组织存储,以便高效地访问所需数据。例如,假定程序员要取 5 条记录。如果这些记录是在存储器中不同的数据块上,那么就需要 5 次 I/O 操作。但是如果程序员能够预测到这些数据将成组的访问,将其并列地放在同一个物理块中,那就只需要 1 次 I/O 操作就完成了访问,这样使得数据访问效率很高。

性能特性建模需要考虑的另外一个因素是缓存。数据仓库里的数据一般不更新,因此,可以按照“以空间换时间”的思路,进行反规范化的冗余设计,对频繁访问的数据进行缓存处理。

2.2.2　多维数据模型

Kimball 提出的维度建模是一种逻辑设计技术，该技术试图采用某种直观的标准框架结构来表现数据，并且允许进行高性能存取。它必然会遵循维度方面的规范，并且坚持带有某些重要限制条件的关系模型规范。每个维度模型都由带有复合键（Multi-Part Key）的某个表（称作事实表）和一系列小型表（称作维度表）组成。每个维度表中都含一个主键，它精确对应着事实表中复合键的某个组成部分。因此，多维数据模型提供给决策用户一个感兴趣信息的多维视图。

多维数据模型由维和事实来定义，维是一个组织想要观察、记录的视角或观点。每个事实都有一个或多个数据度量，是对所要考察数据的一个度量，维是观察这个度量值的角度。例如，部队机务人员常常关心飞机发动机的余寿随着时间推移而产生的变化情况，这是从时间的角度来观察发动机的，所以时间就是一个维，可以称之为时间维；部队机务人员也时常关心发动机在不同飞机上的使用情况，这是从飞机的角度来观察发动机的余寿，因此飞机也是一个维，可以称之为飞机维。维是有层次的，是指其在不同细节程度的描述。一个维往往具有多个层次，例如描述时间维时，可以从日期、月份、季度、年份等不同层次来描述，那么日期、月份、季度、年份就是时间维的层次；同样，机型、编号是飞机维的两个不同层次。

多维数据模型是围绕主题组织的，主题用事实表表示。事实表包括事实的名称、度量以及每个相关维表的关键字。事实是数据分析所对应的主要数据项。例如，一个飞参数据仓库的事实包括飞机发动机余寿、飞行时间等。

多维数据模型把数据看作是数据立方体形式。假定想从三维角度观察飞机发动机的余寿数据，根据时间、编制和机型观察数据，如表 2.2 所示。

表 2.2　飞机发动机余寿数据

时间	编制="1 团"				编制="2 团"				编制="3 团"				编制="4 团"			
	机型				机型				机型				机型			
	机型 1	机型 2	机型 3	机型 4	机型 1	机型 2	机型 3	机型 4	机型 1	机型 2	机型 3	机型 4	机型 1	机型 2	机型 3	机型 4
Q1	912	634	787	845	456	765	604	892	870	433	564	321	854	883	623	732
Q2	952	680	521	450	682	796	894	532	925	562	871	890	945	664	772	800
Q3	650	789	882	901	940	795	728	505	672	844	644	553	666	712	709	508
Q4	722	703	832	544	692	812	901	744	720	605	804	711	800	742	911	533

下面用数据立方体的形式表示这些数据，如图 2.2 所示。

现在，假设想从四维角度观察发动机余寿数据，增加一个维，如发动机的型号。可以将 4 维立方体看成 3-D 立方体的序列，如图 2.3 所示。因此，按照这种方法，可以将任意 n 维数据立方体显示成 $(n-1)$ 维立方体的序列。

图 2.2、图 2.3 所示的数据立方体称作方体。给定一个维的集合，可以构造一个方体的格。每个格都在不同的汇总级或不同的数据子集显示数据，0 维方体存放最高层汇总，称作顶点方体，而存放最底层汇总的方体则称为基本方体，如图 2.4 所示。

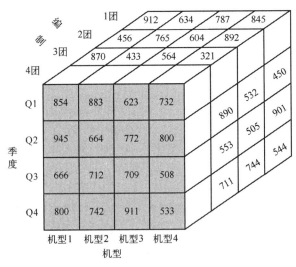

图 2.2　飞机发动机余寿的数据立方体表示

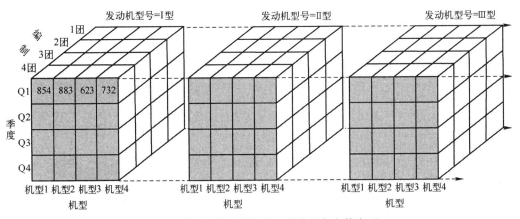

图 2.3　发动机余寿数据的 4 维数据立方体表示

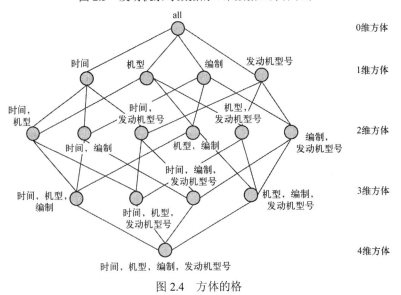

图 2.4　方体的格

多维数据模型有 3 种存在形式：

1．星型模式（Star Schema）

事实表在中心，周围连接着维表（每个维对应一个维表）。这种模式很像天空中的星星，维表围绕事实表（中心表），显示在事实表发出的射线上。它能够清晰地反映概念模型中各种实体间的逻辑关系，可以更好地在此基础上组织检索和查询，使设计者完整地掌握系统的数据流程，并从逻辑关系角度说明多维数据库的访问路径。典型的星型模式示例见图 2.5。

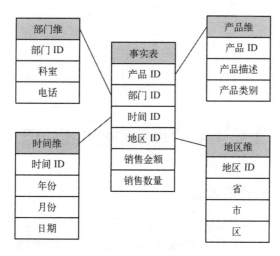

图 2.5　星型模式

2．雪花模式（Snowflake Schema）

雪花模式是星型模式的变种，其中某些维表是规范化的，它将引起冗余的字段用一个新表来表示，因而把数据进一步地分解到附加表中，结果的模式图形类似于雪花的形状，这种在维度实体上扩展详细类别实体的星型图称为雪花图，如图 2.6 所示。也就是说，在很多情况下，维度实体还要向外延伸至详细类别实体，详细类别实体是维度实体的附加信息，是维度实体的扩展。

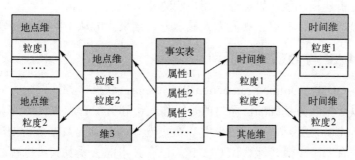

图 2.6　雪花模式

3．事实星座（Fact Constellation）

事实星座是多个事实表共享维表，这种模式可以看作是星型模式集，因此称为星系模式，或者称为事实星座，如图 2.7 所示。

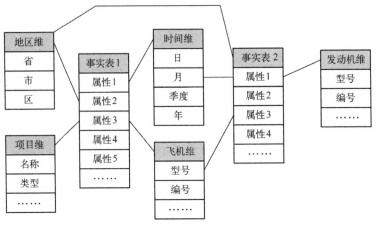

图 2.7 事实星座模式

2.3 数据仓库的联机分析处理

2.3.1 联机分析处理的概念

在数据仓库中，用户的需求通常体现为多维数据分析的需求。联机分析处理（Online Analytical Processing，OLAP）是由 Codd 等人提出的决策分析的重要形式，适用于诸如多维数据分析等复杂的数据分析。按照 Codd 的定义，OLAP 是大量多维数据的动态综合、分析和合并，它是用户能够快速地、交互地、方便地获取所需要信息的一些技术（数据挖掘、多维数据分析、神经网络等）的综合，它通过快速、一致、交互地访问可能的信息视图，帮助数据分析人员、管理人员、决策者洞察数据，并掌握其中的规律。OLAP 作为一种数据分析技术，所要完成的主要任务包括：

（1）给出数据仓库中数据的多维逻辑视图，该视图独立于数据的具体存储形式。

（2）允许用户对数据进行交互式查询和数据分析。

（3）提供分析建模功能，以进行预测、趋势分析和统计分析。

（4）生成概括数据，并以直观的方式显示分析结果，能从不同的角度分析数据。

2.3.2 OLAP 与 OLTP 的区别

OLAP 是在 OLTP（Online Transaction Processing，联机事务处理）的基础上发展起来的，OLTP 是以数据库为基础的，面对的是操作人员和低层管理人员对基本数据进行查询和增、删、改等事务性处理。而 OLAP 是以数据仓库为基础的数据分析处理。比较 OLAP 与 OLTP 的异同有助于更清楚地认识 OLAP 与已有技术的关系及其可以解决的主要问题。

（1）OLTP 重视数据的细节，OLAP 重视大量数据体现出的整体特征。

（2）OLTP 数据库的容量通常远小于 OLAP 数据库的数据量。

（3）OLTP 的查询比 OLAP 简单。

（4）OLTP 的查询任务相对于 OLAP 来说稳定一些。

（5）OLTP 数据库的数据常常进行记录级的实时更新（多是装入）。

从 OLTP 到 OLAP 可以说是计算机技术服务于社会的一个自然发展。OLTP 解决了原始数据的积累与常规事务处理的问题。在这个过程中，数据本身的价值还远远没有被挖掘出来，而进一步利用 OLTP 积累起来的数据需要出现新的技术和方法，于是有了 OLAP 和数据挖掘等技术的产生。

2.3.3 OLAP 的基本操作

OLAP 分析，是指采用切片、切块、旋转、钻取等基本操作手段，对以多维形式组织的数据进行深入研究，从而使用户达到从多个角度、多个细节分析、观察数据的目的。OLAP 分析技术与人们分析问题的常用方法有相通之处，便于为用户所理解和掌握。OLAP 的基本操作有：

（1）切片（Slice）。在多维数据集的某一维上选定某一维成员的动作称为切片。对于三个维度的多维数组，切片操作就是取出由任意两个维度所构成的平面的过程。

（2）切块（Dice）。在多维数据集的某一维上选定某一区间的维成员的动作称为切块。实际上，切块操作也可以看成是进行多次切片以后，将每次切片操作得到的切片重叠在一起而形成的。

（3）旋转（Rotate）。旋转是改变一个报告或页面显示的维方向的操作。通过旋转可以得到不同视角的数据。

（4）钻取（Drill）。钻取包含向下钻取（Drill-down）和向上钻取（Drill-up）操作，前者可以理解为在某个维度上的细化，后者则相反，是在某个维度上的泛化，钻取的深度与维所划分的层次相对应。

2.3.4 OLAP 实现方法分析

OLAP 有多种实现方法，根据存储数据的方式不同可以分为 ROLAP、MOLAP 和 HOLAP。

ROLAP 表示基于关系数据库的 OLAP 实现。以关系数据库为核心，以关系型结构进行多维数据的存储和表示。ROLAP 将多维数据库的多维结构划分为两类表：一类是事实表，用来存储数据和维关键字；另一类是维表，即对每个维至少使用一个表来存放维的层次、成员类别等维的描述信息。维表和事实表通过主关键字和外关键字联系在一起，形成了"星型模式"。对于层次复杂的维，为避免冗余数据占用过大的存储空间，可以使用多个表来描述，这种星型模式的扩展称为"雪花模式"。

MOLAP 以多维数据库为核心，以多维方式存储数据，并以多维视图方式显示。数据在被存入多维数据库时，将根据它们所属的维进行一系列的预处理操作(计算和合并)，并把结果按一定的层次结构存入多维数据库中。用户通过客户端应用软件的界面提交分析需求给 OLAP 服务器，再由 OLAP 服务器检索多维数据库以得到结果并返回给用户。多维数据库可以直观地表现现实世界的"一对多"和"多对多"关系，数据组织采用了二维或多维矩阵的形式。

HOLAP，即混合 OLAP，它介于 ROLAP 和 MOLAP 之间。HOLAP 结构是这两种存储方式优点的有机结合，得益于 ROLAP 较大的可伸缩性和 MOLAP 的快速计算，能满足用户各种复杂的分析请求。

2.3.5 数据仓库与 OLAP 的关系

数据仓库将来自于不同数据源的业务数据，根据不同的主题进行组织，并对原始数据进行一些预处理。OLAP 可以对数据仓库中的数据进行快速、复杂的查询和多维分析，并将查询和分析的结果以直观明了的形式展现给决策人员。数据仓库为 OLAP 提供了理想的基础数据，OLAP 善于基于维来聚集大量的事物数据，核心技术是聚合计算。总之这两种技术分别处于不同的应用层面，数据仓库将面向不同主题的数据进行格式化存储，OLAP 则根据不同的应用人员进行数据分析再处理。数据仓库的海量数据通过 OLAP 才能成为有价值的信息，才能体现建立数据仓库的最终价值。而数据仓库经过筛选和清理，对来自不同数据源的结构化和非结构化数据进行格式化预处理，为 OLAP 和数据挖掘过程提供高质量的数据，简化了 OLAP 的过程和步骤，提高了两者的工作效率。

2.4 数据仓库的结构

2.4.1 数据仓库的体系结构

在数据仓库研究领域，非常强调数据仓库是一个体系。其实可以从两个角度去理解什么是数据仓库。如果从一种狭义的特定角度来看，可以认为数据仓库是一个数据集合，W.H.Inmon 的定义就是从这种角度出发归纳出来的。如果从广义上理解，应该把数据仓库理解成一个体系结构，一个以所定义的数据集合为中心的、以决策支持为主导的支持企业运作的 IT 体系结构。通常，典型的数据仓库的体系结构包含 4 层，如图 2.8 所示。

1. 数据源层

它是数据仓库系统的基础。它是整个系统的数据源泉，包括企业内部数据和外部数据。

2. 数据存储与管理层

它是整个数据仓库系统的核心。数据仓库的关键是数据的存储和管理。要决定采用什么产品和技术来建立数据仓库的核心，需要从数据仓库的技术特点着手分析。针对现有各业务系统的数据，进行抽取、清理，并有效集成，按照主题进行组织。数据仓库按照数据的覆盖范围可以分为企业级数据仓库和部门级数据仓库（通常称为数据集市）。元数据描述了数据仓库的数据和环境，是整个数据仓库的核心，元数据在数据仓库的建造、运行中有极其重要的作用。

3. OLAP 服务器层

对分析需要的数据进行有效集成，按多维模型予以组织，以便进行多角度、多层次的分析，并发现趋势。其具体实现可以分为 ROLAP、MOLAP 和 HOLAP。ROLAP 中基本数据和聚合数据均存放在 RDBMS 之中；MOLAP 中基本数据和聚合数据均存放于多维数据库中；HOLAP 一般是基本数据存放于 RDBMS 之中，聚合数据则存放于多维数据库中。

4. 前端工具与应用层

包括各种报表工具、查询工具、OLAP 工具、数据挖掘工具以及各种基于数据仓库或数据集市开发的应用。

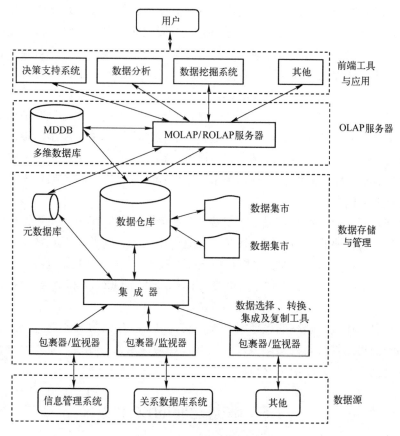

图 2.8　数据仓库系统结构

2.4.2　数据仓库的数据组织结构

数据仓库的数据组织结构如图 2.9 所示。

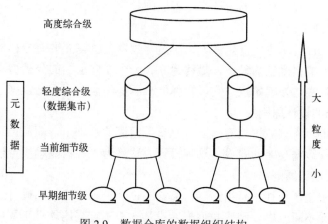

图 2.9　数据仓库的数据组织结构

在数据仓库中数据存在着不同的细节级：早期细节级（通常是备用的、批量的存储）、当前细节级、轻度综合数据级（数据集市）以及高度综合数据级。数据由操作型环境导入数据仓库，大部分的数据转换通常发生在由操作型级别向数据仓库级别传输过程中。数据仓库中的数据一旦过期，就由当前细节级和早期细节级中的数据进行重新聚合和综合。综合后的数据由当前细节级进入轻度综合数据级，然后由轻度综合数据级进入高度综合数据级。

数据仓库开发中最重要的设计问题之一是决定数据仓库的粒度。粒度是指数据仓库的数据单位中保存数据的细化或综合程度的级别。数据越详细，粒度越小，级别就越低；数据综合度越高，粒度越大，级别就越高。粒度深深地影响着存放在数据仓库中数据量的大小，同时影响数据仓库所能回答的查询类型，所以在数据仓库中的数据量大小与查询的详细程度之间要做出权衡。

整个数据仓库的组织结构都是由元数据（Metadata）来组织的。元数据在数据仓库的设计、运行中有着重要的作用，它表述了数据仓库中的各种对象，遍及数据仓库的所有方面，是数据仓库中界定所有管理、操作和数据的"数据"，是整个数据仓库的核心。可将元数据按其用途的不同分为两类：技术元数据（Technical Metadata）和业务元数据（Business Metadata）。

元数据的内容在数据仓库的设计、开发、实施以及使用过程中不断得到完善，它不仅为数据仓库的创建提供必要的信息表述和定义，还为决策支持系统（DSS）分析人员访问数据仓库提供直接或辅助的信息支持。

2.5 数据仓库的设计

2.5.1 数据仓库的设计原则

数据仓库是一个面向数据分析处理的数据环境，数据仓库的数据具有面向主题的、集成的、时变的、非易失的基本特征。数据仓库中的数据是分析型数据，而数据库中的数据是事务型数据，因此数据仓库的设计有如下原则：

1．面向主题的设计原则

数据仓库的设计是从主题开始的，为了进行数据分析首先要有分析的主题，以主题为起始点，进行相关数据模型的设计，最终建立起一个面向主题的分析型环境。相比之下，数据库的设计是以实体为起始点，它以实体的事务操作需求为设计依据。

2．数据驱动的设计原则

在数据仓库中，所有数据均应建立在已有数据源的基础上，即从已存在的操作型环境中的数据出发进行数据仓库的建设。这种设计方法称为"数据驱动"方法。

3．原型法的设计原则

在数据仓库中主题往往不是很清晰，需要在设计过程中逐步明确并且要在数据仓库使用中不断完善，并不断改进。因此数据仓库设计一般不宜采用软件工程中生存周期法而采用原型法，即先建立一个设计原型，然后再不断扩充与完善。

2.5.2　数据仓库的设计过程

数据仓库面向分析，要求能够尽快处理复杂查询和历史数据查询。因此，在数据仓库中要减少表之间的连接，进行非规范化处理，存储一定量的中间结果。与传统数据库系统相比，由于两者应用要求的不同，应用环境的不同，其设计也大相径庭：数据仓库设计需要更多考虑已经存在的历史数据；两者不同的访问方式及数据存取模式显然要求不同的优化技术；数据仓库直接用于数据分析的定位使其需要一种新的概念模型，而不是传统数据库设计中用到的 E/R 模型。

目前对数据仓库设计过程的论述各有不同,例如在某些文献中,数据仓库的设计步骤为:确定事实和维→重建 E/R 图→推导维化图→转化多维模型。也有些研究者认为其设计步骤为:信息系统分析→需求分析→概念设计→精简工作量、确认维化图→逻辑设计→物理设计。虽然数据仓库的设计过程不同，但是在数据仓库实现之前总需要进行一些概念或总体上的建模活动，数据仓库依赖于一个多维数据模型，已经成为数据仓库设计的重要共识。

目前数据仓库的建模方法没有统一的规范，一般在数据仓库的设计中采用三级规范化建模方法，即概念模型设计、逻辑模型设计、物理模型设计 3 个阶段，数据仓库的设计就是在概念模型、逻辑模型和物理模型的迭代开发过程中实现的。三级规范化建模方法把重点放在数据结构的设计上，试图在概念级上表示数据的多维属性。三阶段模型所采用的方法为信息包图、星型图、事实维度链表。整个过程如图 2.10 所示。

图 2.10　数据模型设计过程

这三种模型之间紧密相连，概念模型描述的是客观世界到主观世界的映射，逻辑模型描述的是主观世界到关系模型的映射，物理模型描述的是关系模型到物理实现的映射。

2.5.2.1　概念模型设计

概念模型是主、客观之间的桥梁，它是用于为一定的目标设计系统、收集信息而服务的概念性工具。它描述了从用户角度看到的数据，反映了用户的现实环境，是现实世界和机器世界的中介。在进行概念模型设计所要完成的工作是：首先界定系统边界，然后确定主要的主题域及其内容。在与用户交流的过程中，确定数据仓库所需要访问的信息，这些信息包括当前、将来以及与历史相关的数据；确定操作数据、数据源以及一些附加数据，设计容易理解的数据模型，有效地完成查询和数据之间的映射。

由于数据仓库的多维性，利用传统的数据流程图进行需求分析已不能满足需要。超立方体（Hyper Cube）用超出 3 维的形式来描述一个对象，显然具备多维特性，完全可以满足数据仓库的多维特性。但超立方体在表现上缺乏直观性，尤其当维度超出 3 维后，数据的采集和表示都比较困难。1997 年 T. Hammergren 提出了一种数据仓库的设计方法——信息打包法。信息打包法是一种自顶向下的设计方法，它从管理者的角度出发把焦点集中在企业的一个或几个主题上，着重分析主题所涉及数据的多维特性，因此可以采用信息包图的方法在平面上展开超立方体，即用二维表格反映多维特征。

概念模型设计的关键是建立面向不同主题的信息包图，而创建信息包图要根据需求分析和数据流程图定义关键性能指标、维度和类别。信息包图提供了一个多维空间建立用户信息模型的方法，它提供了超立方体的可视化表示。

2.5.2.2　逻辑模型设计

逻辑模型描述了数据仓库的主题逻辑实现，即每个主题所对应的关系表的关系模式的定义。实体－联系数据模型（Entity-Relation, ER）广泛用于关系数据库设计，数据库模式由实体的集合和它们之间的联系组成，这种数据模型适用于联机事务处理。然而，数据仓库需要简明的、面向主题的模式，以便于联机数据分析，数据仓库数据模型是多维数据模型（Multi Dimensional Data Model）。在多数情况下，由多维数据模型转换到关系型数据模型时，如何选择逻辑模型的表示方法是在存储开销和查询性能之间的复杂权衡，这种模型可以以星型模式、雪花模式或事实星座模式等形式存在。

2.5.2.3　物理模型设计

物理模型就是逻辑模型在数据仓库中的实现，如物理存取方式、数据存储结构、数据存放位置以及存储空间分配等。建立物理模型是一个从逻辑模型向更加具体的依赖于数据仓库平台的物理形式转化的过程。具体包括逻辑模型中各种表的具体化，确定数据的存储结构，确定索引策略，确定数据存放位置，确定存储分配等。在完整的逻辑设计基础上，即可进行多维数据库的物理模型设计，物理模型设计同关系数据库物理模型设计类似，完全遵循传统的数据库设计方法。一般来说，星型图中的指标实体和详细类别实体通常转变为一个具体的物理数据库表，而维度实体则作为查询参考、过滤和聚合数据使用，因此通常并不直接转变为物理数据库表。在物理模型设计阶段，需要确定以下内容：

（1）定义数据标准。在定义物理实体、关系和字段之前，首先应该明确命名约定，包括数据类型、约束条件、设备、索引、缺省值等。

（2）定义实体。星型图可以很方便地确定面向主题的数据仓库实体，并完整定义其属性，包括主键、可选键、外部键、非键属性等。

（3）确定数据容量和更新频率。要对每一个数据仓库实体进行容量和更新频率的评估，容量包括实体预期的行和模式增加的数量。

（4）确定实体特征。完全识别实体特征很重要，这包括键属性、值的有效范围、完整性约束条件、类型和长度等。目前市场上常见的数据仓库工具都可以帮助完成物理模型设计，例如微软的 SQL Server。

2.6　飞参数据仓库的分析与设计

飞机各个系统的正常工作是飞行安全的重要保证，对其历史数据进行监控和分析是非常有意义的。飞参数据的应用迎合了部队科技练兵、科学管理、科学决策的需求。在微观上，它的作用主要表现为状态监控、故障诊断和飞行训练质量评估；在宏观上，它的作用主要表现为质量分析与装备管理。飞参数据几乎涉及飞机的每一个系统，数据种类多、影响面广、信息量大。考虑到这些因素，决定采用数据仓库技术来处理飞参数据，实现基于数据仓库的飞参数据分析系统。

数据仓库所固有的 4 个基本特征可以满足对历史数据进行有效的管理，并且利用联机分析处理和数据挖掘技术来实现对数据的查询与分析。基于数据仓库的飞参数据分析系统的核心工作是全面、准确、及时地对飞参数据进行科学的管理与快速高效的分析，并在此基础上为飞行管理、飞机维护和飞行评估提供一些先进的管理和辅助决策手段。用于高层决策的数据仓库需要丰富的数据，因此其数据源选择飞参数据的同时还可以考虑其他的飞行数据信息，建立更加全面的飞参数据仓库，使其发挥更大的作用，产生更大的效益。

2.6.1 飞参数据仓库多维模型的建模难点

在对飞参数据仓库多维视图进行设计时主要存在着如下的技术难点：

（1）具有偏序关系的层次维加大了物化视图选取的难度。

对于飞参数据仓库，常见的一个维是"编制单位维"，该维典型的层次结构为：团→师→战区空军→空军，这是一个严格的层次关系，以{团→师}为例，所有的团都对应于唯一的师，而每个师也都有对应的团。但在空军编制中，还存在着一些不符合这种严格层次隶属关系的编制单位，例如，战区空军有直属的训练基地（团级单位），空军也有隶属的特种团和师。这就形成了空军编制的偏序性层次关系，见图 2.11。

图 2.11　空军编制层次维

此时维的层次关系不再满足上述的严格层次要求，例如，对于团级单位某训练基地，显然没有"师"与其有隶属关系。当沿{团→师}进行聚合计算时，由于包含了多余的师级单位，得到的聚合结果不正确。对于这种复杂的维层次，如何组织多维视图和选择合适的物化视图集，以求在时间和空间开销上得到合适的折中是非常关键的。

（2）飞参数据仓库的度量众多且关系复杂。

多维数据模型是围绕中心主题组织的，该主题用事实表表示。事实表包括事实的名称或度量（Measure），它包含一个或多个度量。数据多维模型的度量是一个数值函数，该函数可以对数据立方体的每一个点求值。以该点各维的取值为输入，计算其度量。度量根据聚合函数的不同可以分为 3 类：

① 分布式（Distributive）。是指可以用分布聚集函数如 count()、sum()、min()、max() 等得到的度量。

② 代数式（Algebraic）。是指能够用一个具有 M 个参数的代数函数计算（M 是一个有界整数），其中每个参数都可以用一个分布聚集函数求得。例如通过 avg()=sum()/count() 得到的度量。

③ 整体式（Holistic）。是指描述它的子聚集所需的储存没有一个常数界，即不存在一个具有 M 个参数的代数函数进行这一计算，如 median()、rank() 等得到的度量。

大部分数据立方体应用需要有效的计算分布的和代数的度量。然而由于飞参数据处理决策支持的复杂语义问题，在飞参数据仓库多维模式的设计中，将处理大量的度量，如各种剩余寿命、余寿比、功效函数值、综合性能指数及各种维修保障参数等，这些度量中很多都不是简单的分布式度量，而是代数式和整体式度量，对这些复杂度量的计算，效率和含义表述都是需要注意的问题。

（3）很难保证数据聚合的有效性。

度量沿维层次聚合能够得到综合程度较高、粒度较大的信息单元，这种经过聚合得到的信息单元对企业或部门的决策具有很大的价值。但由于实际应用环境的语义约束，导致并非所有的聚合结果都正确或有意义。航空兵部队实际决策环境的语义约束比较复杂，所以保证度量的聚合有效性是飞参数据仓库多维模型设计的一个难点。聚合结果的正确性由度量、维和聚合函数三者共同决定。为了确保数据分析结果可信，必须在多维模式中显式地给出聚合语义的正确描述，以避免用户提出错误的查询请求。

2.6.2　飞参数据仓库主题的确立

数据仓库是面向主题的，所以应结合相关领域知识，合理地划分主题。例如要对飞行员的成绩进行评定，就要建立一个飞行成绩评定主题，那么与该主题相关的数据和信息（航向角、俯仰角、倾斜角、高度、速度以及飞行员信息、飞机信息等）都要集成到该主题中来，以供用户进行分析和使用。

在飞参系统所记录的参数中，大部分参数是关于飞机发动机性能和状态的描述，但是如果以发动机为一个主题的话，所涉及的参数比较多，参数的类型也比较复杂，无法确保参数聚合的有效性，因此可以划分成一些小主题，例如飞机发动机振动分析主题等。飞机发动机振动量过大是一种比较典型的发动机故障，它具有极大的危害性，目前在利用飞参进行排故过程中，根据飞参处理系统对单架飞机每次飞行结束后的数据进行处理，检查飞机的左右发振动值是否超标，并决定是否检修。这种维修方式是属于事后维修，具有很大的局限性，并没有充分利用飞参数据进行深层次的分析。利用数据仓库及数据挖掘技术不但可以分析发动机振动值的当前状态，而且可以结合历史数据及其他相关的数据和信息来预测发动机的振动趋势，找出振动值与其他参数之间的关系，对故障进行进一步的研究和预测，从而更好地完成维修保障工作。

2.6.3　飞参数据仓库多维模型的三级规范化建模

2.6.3.1　飞参数据仓库的概念模型

概念模型可以用来在设计者和用户之间进行交互，它与具体实现细节无关，专注于发现问题的本质，并且以一种用户能够理解的方式来表达数据仓库的结构。数据仓库是面向主题的，主题是一个抽象的概念，是在较高层次上将企业信息系统中的数据综合、归类并进行分析利用的抽象对象。在逻辑意义上，主题就是某一宏观分析领域所涉及的分析对象。

概念模型设计阶段的主要任务是根据需求分析所得到的决策主题来进行建模，即建立不同主题的信息包图。

信息包图具有 3 个重要的对象：指标、维度和类别。要建立飞机发动机振动分析的信息包图，首先要确定信息包图的 3 个对象。

1．确定指标

在部队的日常维修保障中，主要根据飞参数据中左右发的振动值来判断飞机发动机是否振动过大。一般来说当振动值大于某个临界值时就说明发动机的振动过大，需要对发动机进行检查维修。因此，选取左右发振动值为指标对象。一般来说飞机发动机振动与飞行时间有一定的关系，为了分析这种关系还应该把飞行时间和余寿作为指标对象。其中，余寿=发动机规定寿命-SUM（飞行时间）。

2．确定维度

由于某些原因发动机的振动值一般都随着发动机工作时间的增加而产生上升的趋势，从时间角度来观察发动机的振动值不但可以对故障进行判断，而且可以对故障进行预测，因此应建立时间维。由于地区性的差异（气温、湿度、高度等）和不同航空兵部队的维修情况以及维修保障人员的素质和责任心等因素都对飞机发动机故障产生一定的影响，建立编制维可以更深层次地分析飞机发动机产生故障的原因。另外还要建立飞机维和发动机维，来对不同的飞机和不同的发动机进行故障分析和预测。综上所述，应确定时间维、编制维、飞机维以及发动机维。

3．确定类别

对时间维可以按年→季→月→日→架次来细分；编制维可以按空军→战区空军→师→团来细分或者按空军→直属师（团）来细分。而飞机维和发动机维即按照飞机类别和发动机类别来细分。

信息包图通过二维表格反映多维特征，可以使开发者轻松地设计出多维信息包并与用户建立联系。经过以上分析，设计飞机发动机振动分析信息包如图 2.12 所示。

信息包：飞机发动机振动分析

时间	编制	飞机	发动机
年	空军	机型	发动机型号
季	战区空军	机种	
月	师		
日	团		
架次			

指标：左发振动值、右发振动值、飞行时间、余寿

图 2.12　飞机发动机振动分析信息包图

2.6.3.2 飞参数据仓库的逻辑模型

在传统的数据库逻辑模型设计中，通常应用实体联系方法将概念模型转换为实体关联 E-R 图。而在数据仓库的设计中，使用星型图来表示指标、维度和粒度之间的关系。

星型图中指标实体与信息包图中的指标对象相对应，它是多维查询的焦点，那里存储了用户所关心的真正目标数据。星型图中的维度实体对应着信息包图中的维度对象，位于指标实体的周围并与指标实体相连，提供了指标实体和相关维度实体之间的关系。它是用户观察数据的特定角度，其作用是限制用户查询的结果，过滤出用户想要得到的数据。星型图中的类别实体对应信息包图中的类别对象，它是对维度实体内不同细节程度的描述，以满足不同用户的需要。将飞机发动机振动分析的信息包图转化成飞机发动机振动分析星型图，如图 2.13 所示。

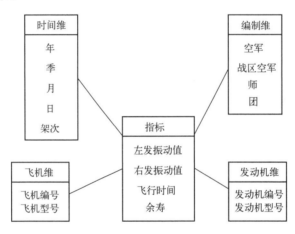

图 2.13　飞机发动机振动分析星型图

2.6.3.3 飞参数据仓库的物理模型

由星型图转化为物理数据模型如图 2.14 所示，分别在星型图的指标实体和维度实体中加入主键信息，就构成了物理数据模型中的事实表和维表，定义事实表和维表的数据标准和键标之后，就可以根据提供的信息建立物理数据库表，进行数据仓库的实现。

数据仓库物理数据模型是由逻辑模型创建的，它只是通过包含键码和模型的物理特性来扩展逻辑模型。物理模型设计是基于数据仓库的逻辑模型和工作负荷进行索引的优化选择，并需要考虑所采用的 DBMS 的特殊的数据访问结构。物理模型设计所做的工作是确定数据的存储结构、索引策略、存放位置、存储空间分配等。

确定数据仓库实现的物理模型，要求设计人员必须做到以下几方面：

（1）要全面了解所选用的数据库管理系统，特别是存储结构和存取方法。

（2）了解数据环境、数据的使用频度、使用方式、数据规模以及响应时间要求等，这些是对时间和空间效率进行平衡和优化的重要依据。

（3）了解外部存储设备的特性，如分块原则，块大小的规定，设备的 I/O 特性等。

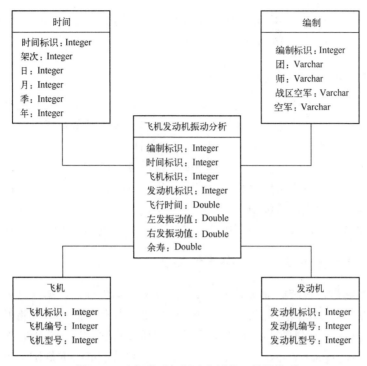

图 2.14　飞机发动机振动分析物理数据模型

2.6.4　飞参数据仓库开发平台的选择

许多公司，特别是数据库厂商和决策信息服务公司，都从自己已有的技术和产品出发，通过技术开发、技术集成等手段进行数据仓库的研究，形成了多种多样的数据仓库解决方案，包括 Microsoft、Sybase、SAS、Platinum、HP、IBM、Informix、Oracle 等。经过比较分析，结合实际情况，选取了 Microsoft SQL Server 作为飞参数据仓库的开发平台。

在微软 SQL Server 上创建数据仓库，可通过数据转换服务（DTS）来有效地访问异构数据。系统的不同组件之间通过微软中心库（Repository）共享元数据。前端工具如 Internet Explore、Access、Excel 等可以通过 OLE DB 这个应用程序编程接口（API）存取数据仓库的数据。

利用微软的数据仓库产品作为开发平台来建设飞参数据仓库具有以下优点：

（1）可以用微软的 SQL Server 作为数据仓库的存储数据库，SQL Server 提供了各种数据库产品中最友好、最易用的系统管理界面。

（2）提供 DTS 作为数据抽取工具。DTS 是最易用、高扩展性、高编程效率的数据抽取工具，它不仅能够从广泛的数据源抽取数据，而且提供市场上最有效的编程方式，以及工作流的任务处理方式；不仅提供调用外部程序的功能，而且提供强大、丰富的被外部程序调用的对象库；能够按计划自动执行数据抽取。

（3）微软的数据仓库产品提供了 OLAP 分析工具。该工具具有以下优点：提供多维型、关系型、混合型 3 种 Cube 存储方式；提供同类产品中最好的对象体系结构，并为访问 OLAP 提供了不同目的和层次的对象库；提供的聚合函数非常丰富，并且用户还可以扩展、定制函数，这有助于建立任何复杂的计算指标；提供一套系统的、专门的访问 Cube 的查询语法 MDX；为具有复杂关系的维提供多种处理方法，能便捷地处理现实世界维层次之间的复杂关系。

2.6.5　飞参数据规范化与预处理

飞行参数处理系统在每次飞行结束后，把磁带上记录的参数转储到磁盘中，转储的过程中同时对飞行信息进行快速处理，飞行信息输入到计算机后就形成了 TD 文件（数据文件）、TE 文件（快速处理结果）和 TS 文件（查询文件），这些文件包含着所有的原始飞行参数信息和ТОПАЗ（飞行参数地面数据处理）系统快速处理后所产生的事件信息。在长期的飞行训练中，一架飞机可以积累大量类似数据，这些数据以一种半结构化甚至非结构化的形式存在着，同时，在数据中还有误码甚至错误存在，为此，在对这样的数据进行储存和处理前，需要对数据进行处理、约简、变换和集成，以使更高层的操作高效地完成。

2.6.6　飞参数据仓库的数据采集和加载

数据仓库系统是在传统的业务系统上发展起来的，其内部的数据来自事务处理系统和外部的各种数据源。企业内各源数据缺少统一的标准，其数据结构、存储平台、系统平台均存在很大的异构性，数据难以转化为有用信息，所以在建设数据仓库时应进行数据的抽取、转换、装载（Extract-Transform-Load，ETL）。ETL 按照统一的规则集成并提高数据的价值，负责完成数据从数据源向目标数据仓库的转化，是实施数据仓库的重要步骤。

经过飞参数据的规范化和预处理并充分理解数据定义后，规划决策主题所需要的数据源及数据定义，制定增量抽取的定义。然后通过一系列的转换来实现将数据从业务模型到分析模型，通过内建的库函数、自定义脚本或其他的扩展方式，实现各种复杂的转换，并且支持调试环境，清楚地监控飞参数据转换的状态。数据转换包括数据格式转换、数据类型转换、数据汇总计算、数据拼接等。但这些工作可以在不同的过程中处理，要视具体情况而定，比如可以在数据抽取时转换，也可以在数据加载时转换。针对系统的各个环节可能出现的数据二义性、重复、不完整、违反业务规则等问题，还要根据实际情况进行相应的数据清洗工作，以确保分析数据的质量。最后将经过转换和清洗的飞参数据加载到飞参数据仓库里面，就形成了飞参数据仓库。飞参数据仓库中数据的采集和加载可以通过 Microsoft SQL Server 的 DTS 来完成，DTS 还可以通过多种方式对飞参数据仓库进行数据更新。

在数据成功载入数据仓库之后，就可以按照需要建立分析多维数据集。在 Analysis Services 中创建维度时，可以采用星型模式、雪花模式、父子维度、虚拟维度以及挖掘模型来定义其层次结构，通过 MOLAP、ROLAP 和 HOLAP 3 种方式来存储多维数据集，设置聚合选项，处理出所需要的聚合体，从而提高查询和分析的效率。

2.6.7　飞参数据仓库的维护

数据仓库的开发是迭代式的逐步完善过程，它要求尽快地让系统运行起来，尽早产生效益；要在系统运行或使用中，不断地理解需求，改善系统；不断地考虑新的需求，完善系统。

维护飞参数据仓库的主要工作如下：

（1）管理日常数据装入的工作，包括刷新数据仓库的当前详细数据，将过时的数据转化成历史数据，清除不再使用的数据。由于飞机每次飞行都会记录飞参数据，所以，应尽量在飞行结束后将数据仓库的当前数据加以更新并及时分析。另外，同型号飞机的飞参数据特征类似，为了保持丰富的数据源，数据仓库中的飞参数据保存时间应较长，一般为 5 到 10 年，对于过期的和某些退役机型的数据应提取其具有代表性的故障数据和综合数据加以保存，为以后的分析提供有用的信息。其余很少使用的数据应转存到其他地方存储。

（2）管理飞参数据仓库的元数据。元数据之所以重要是由于它在数据仓库的整个开发周期中都是必不可少的，数据仓库遵循一种启发式的、反复的开发过程。为了更加有效，数据仓库的用户应该能够对准确和实时的元数据进行访问。管理飞参数据仓库中的元数据应包括以下几个方面：飞参数据仓库表的结构、飞参数据仓库表的属性、飞参数据仓库的源数据、从源数据到飞参数据仓库的映射、数据模型的规格说明和抽取日志等。

（3）利用接口定期从飞参数据文件向飞参数据仓库追加数据，确定飞参数据仓库的数据刷新频率。

2.7　航空维修数据分析系统数据仓库的设计

航空维修管理中积累了大量的历史数据，充分分析这些数据，才能获得能够支持航空维修管理决策的航空维修信息，从而进一步加速航空维修管理信息化建设。

2.7.1　航空维修数据分析系统的需求分析

基于数据仓库的航空维修数据分析系统（Aviation Maintenance Data Analytical System，AMDAS），本质上来说是一个数据仓库系统，是一个基于数据仓库的决策支持系统，系统的需求分析是系统设计的基础。

2.7.1.1　航空维修信息分析

在航空装备使用维护阶段，需要收集大量与装备本身及装备使用维修过程有关的信息，这些信息包括：①装备基本信息，反映装备基本情况的一些基本信息，如装备名称、型号、生产厂家、生产年份、批次等；②使用信息，反映装备使用情况的信息，如使用单位、使用时间和使用强度、役龄、使用环境等；③储存信息，反映装备储存情况的信息，如装备储存条件、储存的时间、质量变化等；④故障信息，反映装备在使用、储存等过程中的故障信息，如故障时间、故障部位、故障原因、故障现象等；⑤维修信息，反映装备故障修复或预防性维修的有关信息，如预防性维修工作的维修级别、维修工作类型、维修时间及消耗的资源等；⑥可靠性信息，反映装备、零部件的可靠性数据，如寿命分布的类型、参数等；⑦维修性信息，反映装备、零部件的维修性数据，如维修时间分布的类型、参数等；⑧备件与其他供应品信息，反映备件和其他供应品的品种、需求与消耗的数量等；⑨人员信息，反映装备相关人员的信息情况，如使用人员情况、维修人员情况等；⑩费用信息，反映装备维修和使用的预算和实际收支信息，如维修费用、使用费用等；⑪维修机构信息，反映各级维修机构、设备、设施等方面的信息；⑫相关信息，如有关政策、法规、标准、制度和使用要求等；⑬其他信息。

上述十余种信息包括了航空维修信息的方方面面，在具体的管理信息系统和数据分析系统、决策支持系统的建立和使用中，应根据实际需要对这些信息进行收集、分类和处理。

2.7.1.2 数据源分析

系统的数据主要来源于航空维修网络信息系统、航空维修保障装备管理系统等软件所积累的历史数据，另外还包括各单位上传的一些文档数据，当然，和结构化数据相比，文档数据数量较少，仅仅是当航空维修网络信息系统不能满足需求时，由各单位按统一格式上传，这些数据绝大部分是以 Excel 格式存在的。

下面以航空维修网络信息系统为例来进行数据源的分析。

1．源系统分析

航空维修网络信息系统是一个多层次、多环节、多专业、相互关联的复杂系统。它是联系研制、生产、使用、维护和后勤保障各部门的纽带，是强化协同办公、提升战斗力、实施信息共享的重要途径。航空维修网络信息系统包括 C/S 和 B/S 两种结构，在数据管理、专业应用中采用 C/S 结构，部门领导和其他办公部门等场所采用 B/S 结构，两种结构共享同一数据库中的数据。系统是多层次的系统，由七套应用软件、三级信息网站组成，彼此相互关联。

系统涵盖空军装备保障各级部门，并与航材、军械等部门进行相关的业务联系，实现日常管理、装备管理、人员管理、安全管理、质量控制、状态监控、定检修理、办公业务处理、作战保障指挥、专业工作计划、文件资料管理、事务处理等功能，达到在装备管理的各个环节建立起有效的信息反馈网络系统。

航空维修网络信息系统数据库包括 150 个数据表、83 个视图。数据库采用的是 SQL Server。

2．源系统数据结构分析

首先分析航空维修网络信息系统常见的数据类型，主要的数据类型如表 2.3 所示。

表 2.3　航空维修网络信息系统主要数据类型

名　　称	数 据 类 型	长　　度
ID	varchar(10)	10
编号	varchar(14)	14
大修次数	Numeric(2)	
发动机号码	varchar(14)	14
发动机型别	varchar(14)	14
发动机序号	smallint	
飞机出厂号码	varchar(10)	10
飞机号	int	
飞行时间	Numeric(16,4)	
分队	varchar(10)	10
机型	varchar(14)	14
军区	varchar(4)	4
起落次数	int	
日期	dateime	
师	varchar(8)	8
团	varchar(8)	8
文化程度	varchar(4)	4
姓名	varchar(8)	8

接下来分析航空维修网络信息系统数据库的数据表构成及其主外键关系，以及各个数据表的具体字段构成。如飞机表以出厂号码作为主键，而在飞机变动登记表中，出厂号码是主键的一部分，也同时作为外键。数据表的具体字段构成情况以飞机变动登记表为例进行明确，如表 2.4 所示。

表 2.4　飞机变动登记表字段构成

名　　称	数 据 类 型	长　　度	关 键 字	说　　　明
ID	varchar(10)	10	True	主键
日期	datetime		False	变动日期
变动类型	varchar(10)	10	False	变动类型（改飞机号、借出、注销等）
飞机号	int		False	变动飞机的飞机号
出厂号码	varchar(10)	10	False	变动飞机的出厂号码
中队	varchar(10)	10	False	变动飞机所属中队
机型	varchar(14)	14	False	变动飞机所属机型
变动说明	varchar(40)	40	False	变动说明
相关单位	varchar(16)	16	False	变动相关单位（相关部队单位、修理厂等）
入库	bit		False	Bit 类型的标记属性

2.7.2　AMDAS 数据仓库的模型设计

2.7.2.1　概念模型设计

在对航空维修数据分析系统需求分析的基础上，确定 AMDAS 数据仓库的主题主要有：故障分析主题、飞机分析主题、发动机分析主题、飞机停飞分析主题、飞机发动机大修分析主题、保障装备分析主题、维修人员分析主题等。

这里将以故障分析主题、飞机分析主题、发动机分析主题这三个基本分析主题为例进行讨论，用三级规范化维度建模方法对 AMDAS 数据仓库进行多维模型的设计。

1．故障分析

对于航空维修信息来说，最有价值的是故障信息，如何从大量的故障数据中分析出规律、挖掘出知识，对于航空维修、装备研制与生产等都有重大指导意义，所以对故障数据的分析和挖掘将作为本系统的重点建设功能。

要建立故障情况分析的信息包图，先要确定信息包图的 3 个对象：维度、类别和指标。

（1）确定维度。一般来说在数据仓库数据模型中，时间维是必须有的，因此首先确定应有时间维，本系统中时间维选取的是日期维的形式；为了对各单位故障情况进行横向对比分析和纵向钻取分析，建立单位维；通过研究现有的故障分析报表，发现对故障情况分析的两个很重要的角度是故障专业和发现时机，为专业角度建立了单独的专业维，而发现时机则作为下面将要提到的故障发现与排除维的一个属性；建立飞机维和发动机维，对不同的机型、飞机以及发动机进行故障分析和预测；通过建立故障件维，从而对故障情况进行更详细的分析；建立地理环境维，对不同地理环境下的故障情况进行分析；在分析故障情况时还需要从故障后果、故障性质、排除方法、判明方法等角度进行分析，将故障后果、故障性质和故障责任合成一个维，称作故障信息维，将排除方法、判明方法和发现时机合成一个维，称作故障发现与排除维。

（2）确定类别。对上面每个维度进行分析，确定它们的类别之间的传递和映射关系，如时间可分为年、季度、月份、日期类别，单位可分为战区、军、师、团、中队类别，飞机维则包含机型和飞机两个类别等。

（3）确定指标。这里的确定指标是指确定用户所需的指标体系。对于该故障分析主题，在上述已经确定了的维度和类别的基础上，通过进一步对数据源的研究，结合故障分析主题的分析目的，识别出排故工时、故障数和误飞次数等指标。

经过以上分析，可得故障分析主题的信息包图如图 2.15 所示。

信息包：故障分析

维度 →

类别 ↓	日期	单位	飞机	发动机	故障件	故障排除	专业	地理环境
	年	战区	机型	发动机型别	故障件型别	故障排除种类	专业	地理环境
	季度	军	飞机	发动机号码	故障件件号			
	月份	师						
	日期	团						
		中队						
指标（量度）：排故工时、故障数、误飞次数								

图 2.15　故障分析信息包图

2．飞机分析

飞机分析主题需进行以下分析：各单位飞机实力统计分析、飞行时间/起落统计分析、飞机剩余寿命情况分析、飞机总使用寿命情况统计、飞机完好率情况统计分析、影响完好率原因分析等。

建立飞机分析信息包图，首先确定维度。通过分析，确定了时间、单位、飞机、机型、气象、现处状况、现处位置等维度。接着分别分析各个维度，确定各个维度的类别，如时间维可分为年、季、月、日四个类别，飞机维可分为机型、飞机两个类别。最后在维度与类别已经确定的基础上，识别出飞机分析的指标如飞机数、飞行时间、起落次数、剩余寿命等。

3．发动机分析

发动机分析主题需进行以下分析：各单位发动机实力统计分析、地面发动机情况、机上发动机情况、各单位发动机余寿统计分析以及发动机空中时间、地面时间统计分析等。

建立发动机分析的信息包图。首先，确定时间、单位、飞机、发动机等 8 个维度，以满足发动机分析的需求。接着对各个维度进行分析，确定其类别。最后确定发动机分析的指标有发动机数、空中时间、地面时间、使用时间和剩余寿命等。

2.7.2.2 逻辑模型设计

AMDAS 数据仓库的逻辑建模主要采用维度建模，维度模型采用一种直观的标准框架结构来表现数据，并允许进行高性能存取，具有非常好的可扩展性。

1. 故障分析

在故障分析信息包图的基础上，利用维度建模技术构造故障分析星型模式，如图 2.16 所示，该故障分析主题从时间、单位、飞机、专业等角度对故障事实进行分析。事实表的外键是由各个维表的主键组合而成，以保证维表与事实表的关联性。

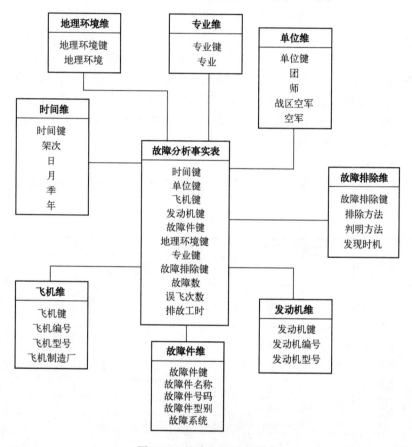

图 2.16　故障分析星型模式

2. 飞机分析

在飞机分析信息包图的基础上，采用维度建模技术，建立飞机分析星型模式。主要从时间、单位、飞机、现处状况和气象等角度对飞机情况进行分析。

3. 发动机分析

在发动机分析信息包图的基础上，利用维度建模技术构造发动机分析星型模式，主要从时间、单位、型别、技术状态等角度来进行分析。

2.7.2.3 物理模型设计

1．数据的存储结构

在物理设计时，要按数据的重要性、使用频率及反应时间的要求对航空维修数据进行分类，并将不同类型的数据分别存储在不同的存储设备中。重要性高、经常存取并对反应时间要求高的数据存放在高速存储设备上；存取频率低或对存取响应时间要求低的数据则可以存放在低速存储设备上。另外在设计时还要考虑数据在特定存储介质上的布局。

2．事实表和维表的设计

主要是将逻辑模型中的事实表和维表转化成物理数据表，即关系数据库中的表。物理模型中的事实表和维表在设计过程中，需要特别注意维表代理键的使用问题。

维表的主键应该是一个由数据仓库管理系统实现并管理的代理键。Kimball 在他的《数据仓库工具箱——维度建模的完全指南》一书中指出："我们强烈推荐用代理键，简单来说，代理键就是在维度中按顺序分配的整数，一般从 1 始，用途仅仅是为了连接事实表和维度表"。代理键有很多的好处，如：代理键可以保证源系统的变化不会对数据仓库系统产生影响，能够跟踪维度属性随时间的变化情况，可以提高系统的查询和处理性能等。

在本系统设计中，创建代理键的方法是在代理键列上使用 IDENTITY 属性。每当一行插入时，标识列通过增加重新定位。应确保代理键上的列数据类型为整数类型，需要针对维度预期的大小选择 Int、Smallint 等。

接下来以故障分析事实表、飞机维表为例说明事实表和维表的物理表设计，如表 2.5、表 2.6 所示。

表 2.5　故障分析事实表

列　　名	数据类型	允许空	关键字
时间键	Int	否	<PK,EK>
单位键	Int	否	<PK,EK>
飞机键	Int	否	<PK,EK>
发动机键	Int	否	<PK,EK>
故障件键	Int	否	<PK,EK>
地理环境键	Smallint	否	<PK,EK>
专业键	Smallint	否	<PK,EK>
故障排除键	Smallint	否	<PK,EK>
排故工时	Numeric(18,2)	是	
故障数	Int	是	
误飞次数	Int	是	

表 2.6　飞机维表

列　　名	数据类型	允许空	关键字
飞机键	Int（IDENTITY(1，1))	否	PK
飞机号	Int	否	
出厂号码	Varchar(10)	否	
机型	Varchar(14)	否	
出厂日期	datetime	是	
飞机制造厂	Varchar(50)	是	

3．确定索引策略

数据仓库的数据量很大，因而需要对数据的存取路径进行仔细的设计和选择。另外，由于数据仓库的数据都是不常更新的，因而还可以设计多种多样的索引结构来提高数据存取效率。

在数据仓库中，可以考虑对各个数据存储建立专用的、复杂的索引，以获得最高的存取效率，因为在数据仓库中的数据是不常更新的，每个数据存储是比较稳定的，因而虽然建立专用的、复杂的索引有一定的代价，但一旦建立起来，维护索引的代价就很小。建立索引的工作，应从主关键字和外部关键字着手，并在以后的迭代中逐步调整和完善索引。这样可以避免索引建立过程中的盲目性，控制索引的总量及维护索引所需的工作量。如果表的规模过大，需建立的索引过多，则应考虑适当地进行表的分拆。

2.7.3 粒度和分割设计

划分粒度是数据仓库设计过程中最重要的问题之一，所谓粒度是指数据仓库中数据单元的详细程度和级别。在数据仓库环境中主要是分析型处理，粒度的划分就直接影响数据仓库中的数据量以及所适合的查询类型。一般将数据粒度划分为详细数据、轻度综合数据、高度综合数据三级。不同粒度级别的数据用于不同类型的分析处理。数据分割是指将逻辑上的一个整体数据分割成较小的、可以独立管理的物理单元并进行存储的方法，以便于数据仓库的重构、重组和恢复，用来提高创建索引和顺序扫描的效率。W. H. Inmon 曾经指出：如果粒度和分割都做得很好的话，那么数据仓库设计和实现中的所有其他问题几乎都可迎刃而解。

2.7.3.1 粒度的设计

在数据仓库的粒度设计中，如果粒度设计得很小，则事实表将不得不记录所有的细节，存储数据所需要的空间将会很大；若设计的粒度很大，则事实表将会相对减小，但决策者不能观察细节数据。所以粒度设计时主要需要权衡两个方面的因素：数据量的大小和分析需求。鉴于费用、效率、访问的便利和更好的查询能力，采用多粒度设计是大多数用户构建数据仓库的较好选择。

经过对 AMDAS 数据仓库的数据量和分析需求进行分析之后，依据上述粒度设计的原则，确定 AMDAS 数据仓库采用多重粒度设计，比如对于故障分析记录，AMDAS 数据仓库将对某单位某机型飞机的故障信息按天、星期、月、季度、年分别进行预先聚合，并形成物化视图，从而提高数据访问和 OLAP 查询的速度。

2.7.3.2 数据分割策略

在数据仓库中保存低粒度数据甚至细节数据是不可避免的，但通常它们的数据量大、增长速度快，因而在粒度划分原则确定下来之后，科学合理的分割策略就显得尤为重要。数据分割的重要性和意义体现在：分割之后小的物理单元能为设计者和操作者在管理数据时提供比大的物理单元更大的灵活性，从加载数据到建立索引，特别是备份数据，都将比大的物理单元更加容易、更加迅速。

数据仓库中的数据分割可以按时间分割，也可以按地理位置、组织单位等标准分割，还可以以各种标准混合分割，其中较常用的是按时间分割。在 AMDAS 数据仓库中，决定采用按年分割,将很大的事实表按年分成几个小事实表。该分割处理可由 SQL Server 中的分区表功能来实现。

2.7.4 ETL 系统设计

ETL 的过程就是数据流动的过程,数据从异构数据源流向统一一致的面向主题的数据仓库,包括数据抽取、转换和装载 3 个过程。其中的转换是广义的转换,又划分成清洗和转换两部分。数据的抽取、清洗、转换和装载形成串行或并行的过程。ETL 的核心是 T 过程,也就是清洗和转换,而抽取和装载一般可以作为清洗转换的输入和输出,或者作为一个单独的部件,其复杂程度没有清洗转换部件高。

ETL 系统按照统一的规则集成并提高数据的价值,负责完成数据从数据源向目标数据仓库转化的过程,是实施数据仓库的重要支撑。在整个数据仓库的建设过程中最难的部分是用户需求分析和模型设计,而 ETL 规则设计和实施则是工作量最大的,一些评估报告指出,在数据仓库项目中,ETL 的工作量要占整个项目的 60%~80%。

ETL 系统的实现有多种方法,可以借助 ETL 工具,如 ORACLE 的 OWB、SQL Server 的 DTS 或 SSIS 服务来实现,也可以通过 SQL 直接访问数据库来抽取数据。借助 ETL 工具使数据仓库数据加载过程变得更灵活、更快速,但是缺少灵活性。SQL 方法的优点是灵活、高效,但是编码复杂,开发难度大。

在航空维修数据分析系统中,ETL 功能的实现采用 SSIS 工具和 SQL 命令相结合的方法,通过在 SSIS 工具中执行 SQL 任务来实现。在实现 ETL 系统的某一子任务时,究竟是选择用 SSIS 工具提供的已封装好的功能还是选择用执行 SQL 语句方式实现,需要具体问题具体分析,以寻求最优的数据加载效率。

2.8 本 章 小 结

本章从数据仓库的定义出发,介绍了数据仓库的数据模型,阐述了联机分析处理技术,讨论了数据仓库的结构和设计,最后通过两个典型案例对武器装备数据仓库的分析和设计进行了详细探讨。

第 3 章　武器装备数据关联规则挖掘

关联规则挖掘是数据挖掘研究的一个重要方面。本章将对关联规则挖掘的概念、经典算法、常见改进算法进行介绍，并对其在航空装备飞行参数数据挖掘中的应用进行案例研究。

3.1　关联规则挖掘基本概念

关联规则挖掘的概念是由 R.Agrawal 等人于 1993 年提出的，它是从大量的、不完全的、有噪声的、模糊的、随机的实际应用数据中，抽取隐含在其中的、人们事先不知道的，但又是潜在有用的关联信息和知识（称关联规则）的过程。

关联规则挖掘的一个典型例子是购物篮分析。该过程通过发现顾客放入其购物篮中不同商品之间的联系，来分析顾客的购买习惯。通过了解哪些商品频繁地被顾客同时购买，这种关联的发现可以帮助零售商制定营销策略。例如，顾客在同一次去超级市场，既购买牛奶，同时也购买面包（和什么类型的面包）的可能性有多大。通过帮助零售商有选择地经销和安排货架，这种信息可以引导销售。例如，将牛奶和面包尽可能放近一些，可以进一步刺激顾客同时购买这些商品。

对购物篮分析问题进行数学建模，可以采用集合的概念进行。购物篮中的每个商品我们都称为项（Item），项的集合称为项集（Item Set，在数据挖掘领域，一般可合写成 Itemset），那么每个购物篮都可以用一个项集来表示，下面给出其严谨的数学定义。

设事务数据库 D，它是与某一任务相关的事务的集合，其中每个事务都是一个项集，简称事务项集，可以用一个唯一的标识号 T_j（$j \in \{1, \cdots, n\}$）来表示。

设 $I = \{I_1, I_2, \cdots, I_m\}$ 为项集，其中 I_j（$j \in \{1, 2, \cdots, m\}$）是项集中每个项的唯一标识号，可以有各种表示方法，比如可以采用自然数来表示，如 $I = \{2,5,6,8,10\}$。包含 k 个项的项集称为 k–项集。比如集合 {computer, financial_management_software} 是一个 2–项集。

设任务相关的数据 $D = \{T_1, T_2, \cdots, T_n\}$ 是数据库事务的集合，也可以称为事务数据库，其中每个事务 T 是项的集合，使得 $T \subseteq I$。每个事务有一个标识符，称作 TID。

设 A、B 是项集，则关联规则是诸如 $A \Rightarrow B$ 的蕴涵式（或称关联模式），其中 $A \subset I$，$B \subset I$，并且 $A \cap B = \phi$。要判定规则 $A \Rightarrow B$ 在任务相关的数据 D 中成立，还需要满足一定的评价标准，常见的评价标准有支持度、置信度等。

1. 支持度（s）与置信度（c）

规则的支持度和置信度是两个规则的兴趣度量值，它们分别表示发现规则的有用性和确定性。

规则 $A \Rightarrow B$ 在事务数据库 D 中的支持度 s 是指 D 中事务包含 $A \cup B$（既包含 A，又包含 B）的概率 $P(A \cup B)$，支持度表示规则的重要性和有用性。

$$support(A \Rightarrow B) = P(A \cup B)$$

规则 $A \Rightarrow B$ 在事务数据库 D 中的置信度 c 是指 D 中包含 A 的事务同时也包含 B 的条件概率 $P(B | A)$，置信度表示规则的有效性或值得信赖的确定性程度。

$$confidence\ (A \Rightarrow B) = P(B | A) = P(A \cup B) / P(A)$$

同时满足最小支持度阈值（min_sup）和最小置信度阈值（min_conf）的规则称作强规则，一般我们用 0% 和 100% 之间的值而不是用 0 到 1 之间的值表示支持度和置信度。在具体的关联规则挖掘问题中，最小支持度阈值和最小置信度阈值的设置可以由用户或领域专家设定。

对上述的购物篮分析问题，如果我们想象全域是商品的集合，则每种商品可以表示为一个布尔变量，表示该商品的有、无。每个篮子则可用一个布尔向量表示。通过分析该布尔向量，得到反映商品频繁关联购买或同时购买的行为模式。这些模式可以用关联规则的形式表示。例如，购买计算机也趋向于同时购买财务管理软件的模式可以用以下关联规则表示：

$$computer \Rightarrow financial\_management\_software[support = 2\%, confidence = 60\%]$$

上面关联规则的支持度 2% 意味着全部事务的 2% 同时购买了计算机和财务管理软件，置信度 60% 表明购买计算机的顾客中 60% 也购买了财务管理软件。如果关联规则满足最小支持度阈值和最小置信度阈值，则这个关联规则被认为是有趣的，它就是一种强规则。

2．期望可信度（c_e）

设事务数据库 D 中有 $e\%$ 的事务支持项集 B，则关联规则 $A \Rightarrow B$ 的期望可信度就是 $e\%$。期望可信度描述了在没有任何条件影响时，项集 B 在所有事务中出现的概率有多大。如果某天共有 1000 个顾客到商场购买商品，其中有 200 个顾客购买了冰箱，则对应关联规则的期望可信度就是 20%。

3．提升度（$lift$）

提升度是置信度与期望可信度的比值。提升度描述项集 A 的出现对项集 B 的出现有多大的影响。因为项集 B 在所有事务中出现的概率是期望可信度，而项集 B 在项集 A 出现的事务中出现的概率是置信度，置信度对期望可信度的比值反映了在加入"项集 A 出现"的这个条件后，项集 B 的出现概率发生了多大的变化。在上面买冰箱的例子中，如果购买微波炉的顾客 70% 也购买了冰箱，则提升度就是 70%/20%=3.5。

以上 4 个评价标准和参数从不同方面对待评价规则进行了度量，可在表 3.1 中进行概括。

表 3.1　各参数的含义及计算公式

名　　称	描　　述	公　　式
支持度（s）	A 和 B 同时出现的概率	$P(A \cup B)$
置信度（c）	在 A 出现的前提下，B 出现的概率	$P(B | A)$
期望可信度（c_e）	B 出现的概率	$P(B)$
提升度（$lift$）	置信度对期望可信度的比值	$P(B | A) / P(B)$

置信度是对关联规则准确度的测量，支持度是对关联规则重要性的衡量。支持度说明了这条规则在所有事务中有多大的代表性，显然支持度越大，关联规则越重要。有些关联规则虽然置信度很高，但支持度却很低，说明关联规则实用的机会很小，因此也不重要。

期望可信度描述了在没有项集 A 的作用下，项集 B 本身的支持度；提升度描述了项集 A 对项集 B 的影响力的大小。提升度越大，说明项集 B 受项集 A 的影响越大。一般情况下，有用的关联规则的提升度都应该大于 1，只有关联规则的置信度大于期望可信度，才说明 A 的出现对 B 的出现有促进作用，也说明了它们之间某种程度的相关性，如果提升度不大于 1，则此关联规则就没有意义了。

目前，大多数关联规则挖掘算法的评价标准都采用支持度—置信度框架，由于这个标准得到了 Apriori 系列算法强有力的支持，它几乎成了关联规则挖掘的通用评价标准。但在实际应用中，按这个标准挖掘出的关联规则并不一定真正有用，有可能是一种误导，于是有学者提出了有趣性（Interesting）这个标准，Klemettinen 等人定义了模板（Template）的概念，用户使用它来确定哪些规则是令人感兴趣的；如果一条规则匹配一个包含的模板（Inclusive Template），则是令人感兴趣的；如果一条规则匹配一个限制的模板（Restrictive Template），则被认为是缺乏兴趣的；如果读者对其他的关联规则评价标准感兴趣，可参阅相关文献。

3.2 Apriori 关联规则挖掘算法

3.2.1 算法基本思路

R.Agrawal 在提出关联规则概念后，对关联规则挖掘进行了大量研究，使之成为一种具有实际意义的数据挖掘技术，其主要的工作包括提出了 A1S 算法、Apriori 算法、AprioriTid 算法、AprioriHybrid 算法等，这些算法主要都是通过对数据库进行多次扫描，反复迭代直至产生全部的频繁项集。在产生频繁项集过程中，这些算法充分利用频繁项集向下封闭性质（Apriori 性质）对频繁项集的产生进行裁剪，从而大幅度提高组合产生的性能。

为了说明什么是频繁项集，首先给出项集模式的定义。

定义 3.1 项集的模式 p：模式 p 是指包含于该项集的子项集，模式 p 在事务集合 D 中的支持度 s 是指事务数据库中包含该模式的所有事务数目与事务数据库总事务数目的比。类似于关联规则的支持度定义，模式的支持度可定义为：

$$s(p) = \frac{\left|\left\{T \mid T \in D \text{ and } T \supseteq P\right\}\right|}{|D|}$$

定义 3.2 频繁模式（Frequent Pattern）：支持度 s 大于最小支持度阈值 ξ（min_sup）的模式，称为频繁模式或称强模式，由于模式的形式是一种项集，因此，也称为频繁项集（Frequent Itemset）。包含 k 个项的频繁项集称为频繁 k–项集，所有的频繁 k–项集记作 L_k。

定义 **3.3** 项集的频率：项集的出现频率是包含项集的事务数，简称为项集频率或计数。可以看出，一个项集是频繁项集的条件是项集的计数大于或等于 min_sup 与 D 中事务总数的乘积，此时，项集的支持度 s 肯定满足最小支持度 min_sup 的要求。

在支持度—置信度框架下，关联规则的发现可以分解为以下两个子问题：首先找出所有的频繁项集及其支持度，然后根据找到的频繁项集导出所有的置信度大于或等于用户指定最小置信度的关联规则。

关联规则挖掘的第一个子问题可以归结为频繁模式的挖掘过程，第二个子问题是在第一个的基础上进行的，工作量相对较小。关联规则挖掘的总体性能是由前者决定的，如何设计合理策略，快速找到所有频繁项集，是算法设计的关键。Apriori 系列算法利用了 Apriori 性质来优化频繁项的发现，其核心思想是：频繁项集的所有非空子集也必须是频繁的；非频繁项集的所有超集都是非频繁项集。

利用 Apriori 性质，Apriori 系列算法使用了一种逐层搜索的迭代方法，k–项集用于探索 $(k+1)$–项集。首先，找出频繁 1 项集的集合，该集合记作 L_1。L_1 用于找频繁 2–项集的集合 L_2，而 L_2 用于找 L_3，如此下去，直到不能找到频繁项集为止。按一般的算法设计方法，搜索频繁项集中的每轮迭代，都需要扫描一次数据库。

那么，如何利用 $(k-1)$–项集探索 k–项集，Apriori 系列算法利用组合的思想，采用连接、剪枝操作来进行。

（1）连接操作。为了找 L_k，通过 L_{k-1} 中的项集进行两两连接，从而产生候选 k–项集的集合，该候选 k 项集的集合记为 C_k。

L_{k-1} 中的两个元素 A 和 B（这两个元素都是项集）执行连接操作（$A \bowtie B$），需要符合一定的条件，具体是要连接的两个项集长度相等（所含元素个数相同），且只能最后一个元素不同，即

$$(A[1] = B[1]) \wedge$$
$$(A[2] = B[2]) \wedge$$
$$\ldots \wedge$$
$$(A[k-2] = B[k-2]) \wedge$$
$$(A[k-1] < B[k-1])$$

设置这样的连接条件，可以有效确保不会有结果冗余的连接操作，以提高连接操作的效率。

（2）剪枝操作。在执行了连接操作，产生了所有候选频繁项集 C_k 后，需要扫描一遍数据库，对所有候选频繁项集进行计数验证，判断是否满足最小计数要求，如果不满足，即删除之，也就是进行了剪枝操作。

3.2.2 算法的伪码表示

Apriori 算法伪码表示见表 3.2。

表 3.2 Apriori 算法伪码表示

方法：main(D, min_sup)
输入：事务数据库 D；最小支持度阈值 min_sup
输出：D 中的频繁项集 L

```
//获取频繁 1 项集
L₁ = find_frequent_1_itemsets(D);
//采用递归方法获取其余频繁项集
for (k = 2; Lₖ₋₁≠∅; k++)
{
    Cₖ = aproiri_gen(Lₖ₋₁,min_sup);
    for each transaction t∈D
    {
        Cₜ = subset(Cₖ,t);
        for each candidate c∈Cₜ
        c.count++;
    }
    Lₖ={c∈Cₖ | c.count≥min_sup}
}
return    L =∪ Lₖ;
```

方法：apriori_gen(Lₖ₋₁, min_sup)
输入：频繁项集 Lₖ₋₁；最小支持度阈值 min_sup
输出：候选频繁项集 Cₖ

```
for each itemset A∈Lₖ₋₁
for each itemset B∈Lₖ₋₁
if (A[1]=B[1])∧
  …∧
  (A[k-2]=B[k-2])∧
  (A[k-1]<B[k-1])
then{
    c = A⋈B; //join step: generate candidates
    if has_infrequent_subset(c,Lₖ₋₁) then
        delete c; // prune step: remove unfrequent cadidate
    else
        add c to Cₖ;
}
return Cₖ;
```

方法：has_infrequent_subset(c, Lₖ₋₁)
输入：候选频繁项集 c；频繁项集 Lₖ₋₁
输出：True 或 False

```
// use priori knowledge
for each (k-1)-subset s of c
if c∉Lₖ₋₁ then
    return TRUE;
return FALSE;
```

下面具体说明 Apriori 算法求解过程。

例 3.1   设某数据库有 4 个事务，见表 3.3。设 min_sup = 50%，min_conf = 80%。请使用 Apriori 算法找出所有频繁项集。

表 3.3　某数据库 D

TID	Date	Items_bought
10	10/15/17	A, C, D
20	10/15/17	B, C, E
30	10/19/17	A, B, C, E
40	10/22/17	B, E

例 3.1 的求解流程见图 3.1。

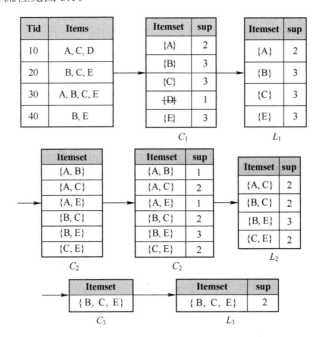

图 3.1　Apriori 算法求解过程示例

Apriori 算法具有坚实的理论基础，它的"产生—检查"方法可以大幅度压缩候选项集的大小，可以有效提高项集组合的效率，但这种提高是有限的，其性能障碍主要体现在两个方面：

（1）大量的连接运算所带来的计算开销。产生候选 k-项集的集合 C_k 需要进行连接运算，C_k 中的每一个项集是对两个只有一个项不同的属于 L_{k-1} 的频繁项集做连接操作来产生。两两连接的结果将带来大量的组合运算。极端情况下，10^4 个频繁 1-项集要生成 10^7 个候选 2-项集；要找尺寸为 100 的频繁模式，最大需先产生 2^{100}（约 10^{30}）个候选集。

（2）在得到 C_k 后，需要判断是否为真正的频繁项集，为此需要扫描数据库。如果频集最多包含 10 个项，那么就需要扫描数据库 10 遍，这会带来很大的 I/O 开销。

在学术界，Apriori 算法的效率一直是讨论的焦点问题。Agrawal 本人也相继提出了一些改进算法，如 AprioriTid、AprioriAll 等。其他学者也提出了许多基于 Apriori 算法框架的优化方法。这里选取几个比较有代表性的优化思路加以介绍。

1．减少或压缩事务的个数

一个常见的情景是，当迭代过程中需要扫描事务数据库时，当一个事务不包含长度为 k 的频繁项集时，则必然不包含长度为 $k+1$ 的项集，这种事务在其后的处理中，可以加上标记或删除，这样在下一遍的扫描中就可以使用较少个数的事务集，这是 AprioriTid 算法的基本思想。

2．基于划分的方法

1995 年 Savasere 等设计了一个基于划分（Partition）的频繁项集生成算法。这个算法先把数据库从逻辑上分成几个互不相交的块，每次单独考虑一个分块。在每个数据块里解决频繁项集的发现问题。这种方法只需要把所处理的分块放入主存，减轻了内存需求，而且为算法的并行处理提供了可能。由于分块后的数据量减少，也使得处理的效率得到提高。

利用对事务数据库划分来提高效率的常见算法，包括 Agrawal 等人提出的并行算法 CD（Count Distribution）、CaD（Candidate Distribution）、DD（Data Distribution）；Cheung 等人提出的基于分布式数据库的 DMA 算法等；毛国君在博士论文中提出的 ISS-DM 算法等。

3．基于 Hash 的方法

1995 年 Park 等提出了一个基于 Hash 技术的产生频繁项集的算法。他通过实验发现寻找频繁项集的主要计算是在生成频繁 2–项集 L_2 上，因此，可以利用这个发现引入 Hash 技术来改进产生频繁 2–项集的方法。这种方法把扫描的项目放到不同的 Hash 桶中，每对项目最多只能在一个特定的桶中，这样可以对每个桶中的项目子集进行测试，减少了候选集生成的代价。这种方法也可以扩展到任何的频繁 k–项集生成上。

4．基于采样的方法

1996 年 Toivonen 提出了一个基于抽样（Sampling）技术的产生频繁项集的算法。这个方法的基本思想是：先使用数据库的抽样数据得到一些可能成立的规则，然后利用数据库的剩余部分验证这些关联规则是否正确。Toivonen 提出的基于抽样的关联规则挖掘算法相当简单，并且可以显著地降低挖掘所付出的 I/O 代价，但是，它的最大问题是抽样数据的选取以及由此产生的结果偏差过大，即存在所谓的数据扭曲（Data Skew）问题。抽样方法是统计学经常使用的技术，虽然它可能得不到非常精确的结果，但是，如果使用适当，可以在满足一定精度的前提下提高挖掘效率。也有人专门针对这一问题进行研究，例如，1998 年 Lin 和 Dunham 提出了使用反扭曲（Anti-skew）技术来改善抽样挖掘的数据扭曲问题。

5．尽量减少数据库的扫描遍数

1997 年 Brin 等提出了一个减少数据库的扫描遍数的算法。具体的考虑是，在验证 k–项集时，一旦我们认为某个（$k+1$）–项集也可能是频繁项集时，就并行地计算这个（$k+1$）–项集的支持度，算法需要的总扫描次数通常少于最大的频繁项集的项数。实验表明，它比 Apriori 算法使用较少的扫描遍数，同时比基于抽样的方法使用更少的候选集。

6．利用各种数据结构

高效的数据结构可以有效优化数据的存储和算法性能，在这方面，Anderson 和 Moore 采用一种 Adtree 的数据结构；Amir、 Feldman 和 Kashi 采用 trie 树；Pasquier 和 Bastide 等使用项目格；胡可云等采用概念格来挖掘关联规则。

7．并行挖掘

利用数据分布技术对数据子集进行挖掘，而且各子集间可以并行进行，因此可针对并行处理机制开发并行挖掘模型和算法。

除了如上算法优化问题，学术界对关联规则挖掘算法的研究，也集中在多维、多层次、量化关联规则挖掘等问题上。这些领域的研究一般对传统的关联规则概念进行扩展，如 Han 等提出的基于概念分层的关联规则算法（即通常所说的广义关联规则挖掘）；Srikant 等提出的挖掘数值维的量化关联规则算法；Bayardo 等提出的受限关联规则挖掘算法。作为关联规则挖掘中的活跃方向，下面将稍微详细地介绍这些问题。

1．多层次关联规则挖掘

对于事务数据库来说，项集中的"项"所展示的概念是有层次的。例如，对于一个分析和决策应用来说，"发动机"是比"涡扇发动机"更高层次的概念，有时候，高层次概念的关联信息比低层次的更有意义，同时，由于数据分布和效率方面的考虑，数据可能在不同层次上存储数据，挖掘多层次关联规则就可能得出更为丰富的知识。

根据规则中涉及的层次，多层次关联规则可以分为同层关联规则和层间关联规则。同层关联规则：如果一个关联规则对应的项目是同一个粒度层次，那么它是同层关联规则，例如，"羽绒服=>酸奶"；层间关联规则：如果在不同的粒度的层次上考虑问题，就可得到层间的关联规则，例如，"夏季服装=>酸奶"。

目前，多层次关联规则挖掘的评估标准基本上沿用了"支持度—置信度"框架。不过，在支持度设置上，还需要考虑层次的影响。多层次关联规则挖掘有两种基本的支持度设置策略。

（1）统一的最小支持度。对所有层次，都使用同一个最小支持度。这样对用户和算法实现来说，相对容易，而且很容易支持层间的关联规则生成。但是弊端也是显然的。主要是不同层次可能考虑问题的精度不同、面向的用户群不同。对于一些用户，可能觉得支持度太小，产生了过多不感兴趣的规则。而对于另外的用户来说，又认为支持度太大，有用信息丢失过多。

（2）不同层次使用不同的最小支持度。每个层次都有自己的最小支持度。较低层次的最小支持度相对较小，而较高层次的最小支持度相对较大。这种方法增加了挖掘的灵活性。但是，也留下了许多相关问题需要解决。首先，不同层次间的支持度应该有所关联，只有正确地刻画这种联系或找到转换方法，才能使生成的关联规则相对客观；另外，由于具有不同的支持度，层间关联规则挖掘也面临着必须设置最小支持度的问题。例如，有人提出层间关联规则应该根据较低层次的最小支持度来定。

对于多层次关联规则挖掘的策略问题，可以根据应用特点，采用灵活的方法来完成，主要有如下策略。

（1）自上而下策略。先找高层的规则，如"夏季服装=>牛奶"，再找它的下一层规则，如"羽绒服=>酸奶"，如此逐层自上而下挖掘。不同层次的支持度可以一样，也可以根据上层的支持度动态生成下层的支持度。

（2）自下而上策略。先找低层的规则，再找它的上一层规则。不同层次的支持度可以动态生成。

（3）固定层次上挖掘策略。用户可以根据情况，在一个固定层次挖掘，如果需要查看其他层次的数据，可以通过上钻和下钻等操作来获得相应的数据。

另外，多层次关联规则可能产生冗余问题。例如，规则"夏季服装=>酸奶"完全包含规则"衬衫=>酸奶"的信息。因此，可能需要考虑规则的部分包含问题、规则的合并问题等。

2．多维关联规则挖掘

在 OLAP 中挖掘多维、多层关联规则是一个很自然的过程。因为 OLAP 本身的基础就是一个多维多层分析工具。在数据挖掘技术引入之前，OLAP 只能做一些简单的统计。有了数据挖掘技术，我们就可以挖掘深层次的规则和知识。

多维关联规则常见的形式有：

（1）维内的关联规则。例如，"年龄（X，20～30）^职业（X，学生）=>购买（X，笔记本电脑）"。这里就涉及 3 个维上的数据：年龄、职业、购买。

（2）混合维关联规则。这类规则允许同一个维重复出现。例如，"年龄（X，20～30）^购买（X，笔记本电脑）=>购买（X，打印机）"。由于同一个维"购买"在规则中重复出现，会为挖掘带来难度。但是，这类规则具有很好的应用价值，近年得到普遍关注。

在挖掘多维关联规则时，还要考虑数值型字段的离散化问题。关于数量关联规则（Quantitative Association Rule）的挖掘问题，接下来我们具体讨论。

3．数量关联规则挖掘

在挖掘关联规则时，考虑不同字段的种类是必要的。对于前面提到的事务数据库而言，它们对应的项目是有限可数的离散问题。但是，对于一般的关系型数据库或数据仓库而言，数值型数据是必须考虑的问题。对于数值型的数据而言，必须进行一定的处理之后才可以使用经典的挖掘方法。

数量关联规则挖掘问题主要集中在如下的几个关键问题上：

（1）数值属性的处理。有两种基本的方法。第一，对数值属性进行离散化处理，这样就映射成布尔型属性，从而可利用已有的方法和算法。这是目前研究比较多的思路。比较著名的有等深度桶方法、部分 K 度完全方法等。等深度桶方法将一个连续属性划分成 N 个互不相交的区间，并把它们进行分箱操作（Binning），使得每个桶的区间数尽量相等；K 度完全方法是根据用户给出的最小支持度和部分完全度，系统自动算出数量属性的区间划分。由最小支持度控制最小区间，由部分完全度控制最大区间，这样可以解决过小支持度给挖掘带来的困难。第二，不直接对数值属性离散化，而是采用统计或模糊方法直接处理它们。直接用数值字段中的原始数据进行分析，可能结合多层次关联规则的概念，在多个层次之间进行比较从而得出一些有用的规则。

（2）规则的优化。对产生的规则进行优化，找出真正感兴趣的规则来。在多维关联规则挖掘中尤为重要，因为可能存在大量的冗余规则。

（3）提高挖掘效率。对于大型数据库或数据仓库而言，数量关联规则挖掘的效率是很关键的问题。需要在连续属性的离散化、频繁集发现、规则产生以及规则优化等诸多方面开展工作。

3.3　FP-growth 关联规则挖掘算法

不论关联规则算法有多少，都可以归纳为两类：一类是产生频繁项集候选项的算法，另一类是不产生候选项的算法。对于前者大多利用 Apriori 性质对候选项集的数目进行压缩，虽然效果非常明显，但在频繁模式较长时，候选频繁项集的数目仍然是惊人的。该类算法主要有两种开销：一种是在 Apriori-Gen 过程中要进行大量的自连接，还有就是要重复扫描数据库，I/O 开销非常巨大。

可以看出，Apriori 算法的主要性能瓶颈在于要产生候选项集，因此，寻求不产生或尽量少产生候选项集可有效提升算法性能。对于不产生候选项集的算法，当前比较成熟的是 J. Han（韩家炜）教授提出的 FP（Frequent-Pattern）增长算法。

3.3.1　算法基本思想

FP-growth 算法采取了一种分治策略：将提供频繁项集的数据库压缩到一棵频繁模式树（简称 FP-Tree），它保留了项集的所有关联信息，然后，采用分而治之的方法，把频繁模式的挖掘分成若干子模式的挖掘问题，对每个子模式的挖掘，仍然可以把其条件模式库压缩到一个新的频繁模式树上，进而递归地采用分而治之的思路进行。

因此，核心的问题是如何建立 FP-Tree，下面通过一个具体的例子来进行说明。

例 3.2　一个记录顾客购买商品记录的数据库见表 3.4，对该事务数据库，设最小支持度计数为 3。请建立其 FP-Tree。

表 3.4　顾客购买商品记录

TID	Items bought
100	{f, a, c, d, g, i, m, p}
200	{a, b, c, f, l, m, o}
300	{b, f, h, j, o}
400	{b, c, k, s, p}
500	{a, f, c, e, l, p, m, n}

FP-Tree 构造过程如下。

（1）扫描数据库一次，得到频繁 1−项集，并把每一条事务记录对应的项集删除非频繁元素后，按支持度递减排序，得到表 3.5。

表 3.5　扫描数据库 1 次并压缩、排序

TID	Items bought	(ordered) frequent items
100	{f, a, c, d, g, i, m, p}	{f, c, a, m, p}
200	{a, b, c, f, l, m, o}	{f, c, a, b, m}
300	{b, f, h, j, o}	{f, b}
400	{b, c, k, s, p}	{c, b, p}
500	{a, f, c, e, l, p, m, n}	{f, c, a, m, p}

（2）再一次扫描数据库，建立 FP-Tree。具体方法是：首先创建树的根节点，用 null 或 "{}" 标记。

对第 1 个事务 "T100: {f, c, a, m, p}"，其顺序包含 5 个项，以此构造树的第一个分支 f→c→a→m→p。该分支具有 5 个节点，其中，f 作为该分支的首节点，链接到树的根节点 "{}" 上。对每个节点，都要标记一个计数，表明该节点被重用的次数。目前，由于 T100 只有一条记录，因此，路径上的所有节点计数都是 1。

对第 2 个事务 "T200: {f, c, a, b, m}"，也要产生一条分支，然而，该分支的前缀 f→c→a 与 T100 分支一样，因此可以共用，也就是说其与 T100 已生成的路径共享前缀 f→c→a。对共用的路径，其上的节点计数要进行累积，于是，f→c→a 路径上的 3 个节点的计数都将变成 2。一般地，当为一个事务考虑增加分支时，沿共同前缀上的每个节点的计数都增加 1（或当前事务的重复计数）。在增加完共享前缀 f→c→a 上的计数后，就在该共享前缀的基础上，派生出一个新的分支 b→m。

为方便树的遍历，可以创建一个项头表，然后为项头表中的每个项建立一个节点链，节点链链接项头表和树中所有出现该项的节点。

对其余事务，我们采用如上方法分别进行处理。这样，当扫描完所有事务之后就可以快速地构建出所需要的 FP-Tree，见图 3.2。

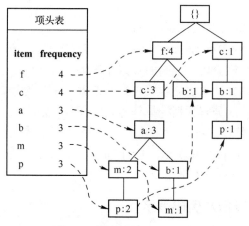

图 3.2　构建的 FP-Tree 示例

FP-Tree 挖掘处理如下。把长度为 1 的频繁模式当作后缀模式，构造每个初始后缀模式的条件模式库（一个"子数据库"，由 FP-Tree 中与后缀模式一起出现的前缀路径集组成）。对于例 3.2，"项头表"元素对应的条件模式库见表 3.6，其中元素 f 的条件模式库为空。

表 3.6　条件模式库

item	cond. pattern base
c	f:3
a	fc:3
b	fca:1, f:1, c:1
m	fca:2, fcab:1
p	fcam:2, cb:1

57

然后，对每个后缀模式，由于它的条件模式库是一个"子数据库"，同样可以构造它的 FP-Tree，可称为条件 FP-Tree。比如，对于后缀模式 m，它的两个前缀形成条件模式库 {fca:2, fcab:1}，这个条件模式库可以产生一个单节点的条件 FP-Tree，见图 3.3。

很显然，m 的条件 FP-Tree 只包含 1 条路径 P，对于单路径的条件 FP-Tree，其上所有节点的组合（f, c, a, fc, fa, ca, fca）再加上后缀模式 m，就是以 m 结尾的所有频繁项集。这样，可以快速给出所有以 m 结尾的频繁项集为：{m, fm, cm, am, fcm, fam, cam, fcam}。

如果某后缀模式对应的条件 FP-Tree 不是单路径，并足够复杂，这时，可以递归地在该条件 FP-Tree 上进行同样的模式拆解操作。

图 3.3　m 的条件 FP-Tree

在递归地得到所有的条件 FP-Tree 后，就可以通过模式链接，直接得到所有的频繁项集。方法是：首先找到最底层条件 FP-Tree 上的所有频繁项集，然后让这些频繁项集连接迭代拆解过程中所有的后缀模式，就可以得到最终需要的所有频繁项集。这个过程的实质是一个短模式通过不停链接后缀模式，从而实现模式长度的增加，可以形象地称为"模式增长"。

概括起来，FP-growth 算法的特点如下：

（1）该算法用 Frequent-Pattern Tree (FP-Tree) 结构压缩数据库，高度浓缩，同时对频繁集的挖掘又是完备的，可避免代价较高的数据库扫描。

（2）采用分而治之的方法来实施频繁项集的挖掘。基本过程是通过把"项头表"中的项分别作为后缀模式，从而分解数据挖掘任务为小任务，进而提高挖掘效率。对每个分治的小任务，生成它的条件模式库，然后根据条件模式库生成它的条件 FP-Tree，对条件 FP-Tree 又可以根据它自己的"项头表"同样进行分而治之。递归地进行以上处理，直到 FP-Tree 为空，或只含唯一的一条路径为止。

3.3.2　算法主要步骤及伪码表示

步骤 1: 从 FP-Tree 到条件模式库

从 FP-Tree 的头表开始，按照每个频繁项的节点链，遍历 FP-Tree，列出能够到达此项的所有前缀路径，得到条件模式库。

步骤 2: 建立条件 FP-Tree

对每个模式库，计算库中每个项的支持度，过滤掉非频繁元素，用条件模式库中的频繁项集建立条件 FP-Tree。

步骤 3: 递归挖掘条件 FP-Tree

递归地在该树上进行挖掘，通过条件 FP-Tree 产生的频繁模式与后缀模式链接实现模式的增长。

FP-Tree 算法伪码见表 3.7。

表 3.7　FP-Tree 算法伪码表示

算法：gen_tree(D)

描述：根据事务数据库或条件模式库生成 FP-Tree 或条件 FP-Tree

输入：事务数据库 D

输出：FP-Tree 或条件 FP-Tree

(a) 扫描事务数据库 D 一次。收集频繁项的集合 F 和它们的支持度。对 F 按支持度降序排序，得到项头表 L。

(b) 创建 FP-Tree 的根节点，以 null 或 "{}" 标记，记该 FP-Tree 为 FPT。

(c) 通过如下代码，得到最终的 FPT。

```
foreach(事务 Tran in D){
    Tran =RemoveNotFreq(Tran); //去掉不频繁的项
    Tran =Sort(Tran，L); //根据项头表顺序排序
    //设 FP-Tree 为 FPT 的根节点为 rootNode
    int curPos =0;
    Node node = FPT.Root;
    while(node!=null && curPos<Tran.Length){
        bool Find=false;
        foreach(Node child in node.Childs){
            if(child.item-name=Tran[curPos].item-name){
                node=child;
                node.count++;
                curPos++;
                Find=True;
                break;
            }
        }
        //如果没有匹配的节点，则为该节点添加分支
        If(!Find){
            Int startPos = curPos + 1;
            for(int i = startPos; i < Tran.Length; i ++){
                node = node.Childs.Add();
                node.count = 1;
                curPos++;
                node.item-name=Tran[i].item-name;
            }
        } // !Find end
    } //while end
} // foreach end
```

(d) return FPT；//返回生成的 FP-Tree 或条件 FP-Tree

方法：procedure FP_growth(Tree T, α)

描述：根据 FP-Tree 或条件 FP-Tree，返回频繁项集

输入：T 为一个 FP-Tree 或条件 FP-Tree，α 为后缀模式

输出：以 α 为后缀模式的频繁项集

```
If T 仅含单个路径 P then
{
    for 路径 P 中节点的每个组合（记作β）
    {
        return β∪α
    }
}
else
foreach（后缀模式 αᵢ in T 的项头表 L）
{
    //获取每个后缀模式 α 的条件模式库，并递归生成条件 FP-Tree
    Database condtionDB=getcondtionDB(T, αᵢ);//获取条件模式库
    If(condtionDB==null)
        Continue;
    Tree ConT=gen_tree(condtionDB);  //生成条件 FP-Tree
    // 递归调用 FP_growth
    FP_growth(ConT, αᵢ∪α)
}
```

3.3.3 算法性能分析

FP-growth 算法将发现长频繁模式的问题转换成递归地发现一些短模式，它优先使用最不频繁的项作后缀，大大降低了搜索开销。

当数据库很大时，构造基于内存的 FP-Tree 是不现实的。一种有趣的替换是首先将数据库划分成投影数据库的集合，然后在每个投影数据库上构造 FP-Tree 并挖掘它。

对 FP-Tree 方法的性能研究表明：对于挖掘长的和短的频繁模式，它都是有效的，并且大约比 Apriori 算法快一个数量级。它也比树–投影算法（Tree-projection）快。主要的原因如下：

（1）不生成候选集，不用候选测试。

（2）使用紧缩的数据结构。

（3）避免重复数据库扫描。

（4）基本操作是计数和建立 FP-Tree。

虽然较 Apriori 类算法有较大的性能提高，但 FP-Tree 算法仍存在着一定的缺点：大量 FP 树节点链将增加数据结构的复杂度和资源的占用；树枝伸展的无序将降低模式检索和挖掘的效率；通过条件模式库的分析产生频繁模式仍然需要进行大量的连接操作。

3.4 关联规则挖掘在飞参记录事件关联分析中的应用

飞参系统是飞行参数记录与处理系统（Flight Data Record and Process System）的简称，是一种对飞机及其系统的工作状态参数进行测量、记录、处理的综合监测系统。飞参系统的使用使部队在飞机维修、辅助飞行训练、飞行事故分析、飞行训练质量评估等各个方面

的保障水平有了很大提高。但目前在飞参系统的使用上还存在着分析手段落后、分析工具欠缺等问题，使大量积累的飞参数据得不到有效利用，因此，探索先进的飞参数据分析手段，从而能够有效地对庞大的飞参数据进行深层分析，并从中发现隐藏在大量数据背后的各种故障、性能、质量信息，进而辅助维修人员和飞行人员在遂行维修保障和训练任务时更好地进行决策。

3.4.1 飞参数据分析的基本概念

飞参数据是由飞参记录仪（Flight Data Recorder，FDR）所记录的标记飞机各系统飞行过程状态参数的数据。某型飞机的飞参数据处理信息流程见图3.4。

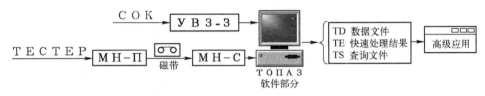

图3.4　某型飞机的飞参数据处理信息流程

某型飞机广泛采用了目前比较先进的传感器技术与信号处理技术，装备了一套飞行参数记录分析系统，它不仅可以记录下包括发动机主要性能参数在内的飞机各部分的飞行过程状态参数，还可同时利用地面飞参处理系统对飞行参数进行处理，对包括发动机在内的飞机各部分进行监控，并可给出处理报告，依此可判断出飞机或发动机的状态。

某型飞机机载ТЕСТЕР系统和СОК系统所记录的飞行信息需要专门的地面处理系统加以分析。ТОПАЗ是俄罗斯苏霍伊设计局最新研制的对机载ТЕСТЕР系统和СОК系统所记录的飞行信息进行快速处理的系统，它包括ТОПАЗ软件系统和外围硬件设备，外围硬件设备包括ТЕСТЕР信息的转录设备МН–П、录音和重现设备МН–С以及СОК信息的录音和重现设备УВЗ–3等。

每次飞行结束后，机载ТЕСТЕР信息由МН–П转录到БК–2磁带上，БК–2磁带再放入МН–С中进行信息重现；СОК信息由УВЗ–3进行重现。重现的信息直接由ТОПАЗ软件读入计算机中进行解码和快速处理，从而生成3个文件：TD数据文件、TE快速处理结果文件和TS查询文件。

在ТОПАЗ软件处理的基础上，可以对飞参数据作进一步的处理，如姿态、仪表和航迹的回放，参数统计分析和趋势分析，飞参信息的数据挖掘等，从而形成飞参数据分析的高级应用。高级应用的重要数据源是TD数据文件，它是无量纲的二进制文件，它以帧的形式保存了所有飞参参数的采样数据。

针对飞参数据的高级分析和处理一直是飞行训练人员、维护人员、飞行安全人员所关注的话题，这方面相关的研究有如下几方面：

（1）飞参数据分析标准化。飞参数据分析是一项技术性很强的工作，它对飞参数据的共享性、应用扩展性有较高的要求，直接导致了飞参数据及分析标准化工作的产生。

（2）飞参数据和飞行数据建模。建模的目的是为数据分析应用提供一个共同的视图，对飞参数据和飞行数据的建模是美国国家航空和宇宙航行局（NASA）工作的一个方面。

（3）飞参数据数据挖掘。这方面的实践见相关文献，比如，有学者用数据挖掘的方法分析飞参数据的频率相关性；也有学者尝试用数据挖掘的方法来扩展 FDR，从而得到一种智能飞参记录仪，使"Black-Box"变成"Glass-Box"。

3.4.2 基于关联规则的飞参记录事件关联分析流程

飞参记录事件是 FDRs 记录下的由飞机各系统产生的告警及状态改变等行为，所有的飞参记录事件组成了飞行状态变化的最明显标志集，对它的分析可以深入揭示飞参记录事件的内在关联，从而为事件的判断和预测打下基础。

基于关联规则的飞参记录事件关联分析是用关联规则的各种算法来分析飞参记录事件，它的处理流程见图 3.5。

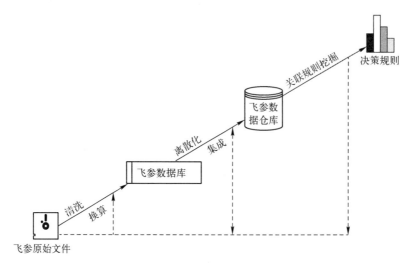

图 3.5 飞参记录事件关联分析流程

（1）数据的清洗。飞参采样数据的失真主要有两种情况：一是由于飞行参数记录系统的故障或传感器的故障导致信号出现偏差；二是电气设备在飞机附近突然起停、电源故障、仪表或电缆故障都可能使信号产生瞬时波动，从而形成脉冲信号，如果它恰好出现在飞参记录系统的采样时刻，就会造成较大的采样失真。因此，在飞参数据处理时，必须对这些失真数据进行清洗，同时，还应区分这些数据失真产生的原因，分清究竟是系统性能的突变，还是数据采集系统的错误，这就要求选取好参数的上下限。

（2）数据换算。飞机和发动机的工作环境是在不断变化的，每个场次的飞行环境是不同的，即每次飞行的大气温度、湿度、压力等参数并非完全相等，这就使得每次飞行得到的数据之间缺乏可比性，因此必须将每次飞行飞参记录的飞机、发动机数据换算到标准状态，以便于不同飞行时间记录的参数之间的比较。

（3）连续属性的离散化。对于连续值属性的飞参记录事件，可以对之进行离散化处理，采用划分区间的方法来减少给定连续属性值的个数，并用区间号来代替实际的数值。

（4）飞参数据集成。对不同飞机、不同架次的采集数据经过清洗、换算、连续属性离散化后结合起来存放到一个一致的数据储存（如数据仓库）中。

（5）关联规则挖掘。是用关联规则的挖掘算法和引擎，在经过预处理的飞参数据库和数据仓库中挖掘出有趣的事件关联规则。

3.4.3　飞参记录事件关联挖掘的主要技术问题

飞行参数不同于一般的事务数据库，对它的挖掘和关联分析存在着如下技术问题。

1．飞参记录事件的定义

飞参记录事件是反映飞机各系统状态的事件，但在飞参数据中有大量参数具有连续属性，它们并不反映飞行状态质的改变。为了对这些参数进行挖掘和分析，就要对飞参记录事件的定义进行技术性扩展，具体为：

（1）对于开关型参数，如И С.САУ（САУ 正常）、О.НОСК（前缘襟翼故障）、ПОМЛ（左发喘振）等，每一个采样值均可以作为一个事件（状态改变事件和维持原状态事件）。

（2）对于取值为有限离散点的参数，如ЭКРАН（ЭКРАН告警信息代码），对这样的参数，如果它的数目在可以接受的范围内，则可认为每个离散取值点都是一个事件。

（3）对于连续性参数，如Т4.Л（左发 T4）、ВИБ.Л（左发振动），可以先用区间划定法对参数进行有语义划分，如对于温度参数，可以划分为{超高，高，中等，低，极低}。

通过这种技术性扩展，飞参记录事件挖掘的内涵可以应用到几乎所有参数。

2．飞参数据的储存

按照飞参数据处理的信息流程，一般的飞参高级分析应用都把储存在计算机上的无量纲二进制 TD 文件作为重要的数据源，在直接处理这些文件时存在着如下的问题：

（1）由于是无量纲二进制文件，各参数值的获得需要进行特殊的解码和变换，而且这个过程是非标准的，这将影响飞参数据分析的效率。

（2）飞参数据中存在着普遍的误码和突变点，如果不经过人机交互式地处理和判读就进行分析，将影响分析的准确性。

（3）飞参数据的文件形式决定了它没有部队编制、机号、架次等有用信息；同时，飞参数据的大多数参数没有显式的意义描述，这将不利于数据的宏观统计和分析。

（4）缺乏成熟、可靠、高效的储存系统作支撑，极易发生数据丢失和差错。

这些问题决定了必须为飞参数据储存寻找更为合理的手段，考虑到飞参数据的庞大和非易失性，采用数据仓库将是一种非常有效的解决方案。

3．飞参记录事件关联挖掘的策略

由于飞参参数数量巨大，如果对全部属性的关联关系进行挖掘，系统执行的时间将是不可忍受的，为此，需要在限定属性（参数）范围内进行有指导的挖掘。对于一个具体的挖掘任务来说，首先选取任务相关的若干参数，然后使用如下策略：

（1）一些参数可以只作为组别进行限定。对于作为组别的参数，它只起到区间划分的作用，而不参与频繁模式的寻找过程，可以大大提高关联挖掘的效率。如

Within Engine-State("Fired"):

　　Engine Temperature("Very High") →Engine Air Pressure("High")

其中 Engine-State 就是作为组别参数。

（2）一些参数可以进行绑定挖掘。在某型飞机飞参系统所记录的参数中，有些参数具

有内在的稳定联系，如ＫР.ШАС（收起落架开关）、ЛЕВ.Ш（左起落架状态）、ＨОС.Ш（前起落架状态），对这样的参数可以进行绑定挖掘，即只由一个参数参与频繁模式的搜寻。

3.5 本 章 小 节

本章首先对关联规则挖掘的基本概念和分析方法进行了阐述，重点介绍了经典的Apriori 挖掘算法和高效率的 FP-growth 挖掘算法，通过具体的例子对算法的设计思路及挖掘流程进行了描述，并对基于 Patitioning、Hash、Sampling 等技术的算法优化策略进行了分析，最后对关联挖掘在飞参数据挖掘中的应用进行了探索。

第4章　武器装备数据时间序列相似模式挖掘

相似模式挖掘是时间序列数据挖掘中的一个基础性问题，是数据挖掘领域的研究热点与难点之一，无论是在军事还是民用领域都有着广阔的应用前景。本章从时间序列的视角来分析武器装备数据，重点介绍时间序列数据挖掘中的相似模式挖掘理论和方法，主要包括数据预处理、模式提取与模式匹配、相似模式搜索等内容。

4.1　时间序列相似模式挖掘概述

4.1.1　时间序列的定义

随着现代科技的发展，武器装备的性能不断提高，结构日益复杂化、综合化。为了监测运行状态、保障安全，越来越多的监测传感装置被加装到武器装备上，用于采集武器装备在各个时刻的技术状态信息。

对于这些监测数据，如果仅仅分析某个时刻的数据，只能了解武器装备在该时刻的状态，而无法了解技术状态的演化历史和发展趋势。如果从时间维度上，把这些数据看成一个整体，这些数据就形成了时间序列（Time Series, TS）。以时间序列的视角来分析这些数据，就能够将研究对象的历史、现在和将来作为一个发展过程来看待，得到一些更有意义的信息。

现实世界中大量数据的采集与时间相关，数据具有时间上的关联性，同一现象在不同时间上的相继观察值排列而成的一组数值称为时间序列，如图 4.1 所示。直观地讲，时间序列是指按时间顺序取得的一系列观察值。

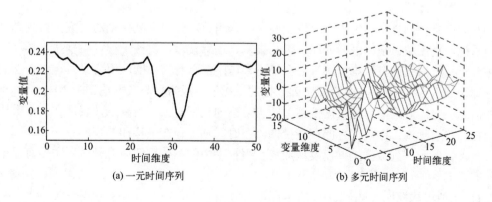

(a) 一元时间序列　　　　(b) 多元时间序列

图 4.1　时间序列示意图

时间序列：一系列记录值 $x_t(j)$ 称为时间序列，其中 t（$t=1,2,\cdots,n$）表示第 t 个时间点，j（$j=1,2,\cdots,m$）表示第 j 个变量，$x_t(j)$ 表示第 j 个变量在第 t 个时间点上的记录值。当 $m=1$ 时，$x_t(j)$ 为一元时间序列（Univariate Time Series, UTS），如图 4.1（a）所示；当 $m>1$ 时，$x_t(j)$ 为多元时间序列（Multivariate Time Series, MTS），如图 4.1（b）所示。

时间序列中的记录值 $x_t(j)$ 可以是多种类型，如离散符号、结构数据、多媒体数据等，通常只考虑狭义时间序列，即 $x_t(j)$ 为实数值的情形。一般用 $m \times n$ 矩阵表示时间序列，m 表示变量数，n 表示时间点数量，矩阵的行代表变量维，列代表时间维。记时间序列 $X = \langle x_1 = (v_1, t_1), x_2 = (v_2, t_2), \cdots, x_n = (v_n, t_n) \rangle$，$x_i = (v_i, t_i)$ 表示时间序列在 t_i 时刻的记录值为 v_i，其中 v_i 是 m 维列向量，时间 t_i 严格递增（$i < j \Leftrightarrow t_i < t_j$）。通常采样间隔时间 $\Delta t = t_{i+1} - t_i$ 为定值，此时将时间序列简记为 $X = \langle x_1, x_2, \cdots, x_n \rangle$。

时间序列是一种普遍存在的数据类型，广泛存在于经济、政治、文化、医疗、交通、国防等多个领域。例如：某地区的逐月降水量、股市逐日的交易情况、电力系统逐日负荷量、互联网中关键服务器的通信流量数据、天文方面的重要测量数据、应用于多种行业的人体运动捕捉数据、交换机每小时的业务量、患者的脑电波、Web 页的日访问量等都构成时间序列；此外，一些多媒体数据，如音频、图像等，经过转换后也可以形成时间序列。

在武器装备的使用维护阶段，也会产生许多时间序列数据，例如：航天飞船等重要仪器的运行状态数据、记录飞行状态的飞行数据等。广义上，任何包含变量数据存储的数据集都可以被视为时间序列。

4.1.2 时间序列数据挖掘

随着时间的推移，时间序列数据的存储规模呈现爆炸式增长。时间序列中包含着很多潜在的有用信息，例如：电力系统负荷时序数据体现了电力负荷变化特征、股票时序数据包含着股票变化的规律、飞行数据反映了飞机及机载设备运行状态。时间序列不仅可以揭示某一现象的发展变化规律，而且可以动态地刻画某一现象与其他现象之间的内在关系。

我们对于数据潜在意义的理解还不够，出现了"数据爆炸但知识贫乏"的现象。因此，对时间序列类型数据进行分析，能够帮助人们掌握其中蕴涵的规律，为人们提供有力的决策支持。

时间序列挖掘技术起步于 20 世纪 90 年代，当前对时间序列挖掘的研究正得到越来越多的重视，在图像识别、语音处理、声呐技术、遥感技术、机械工程等工程技术领域以及金融分析、人口统计、地震检测等社会经济领域中都具有广阔的应用前景。一些资深的数据挖掘领域人士甚至认为，对时间序列数据的挖掘已经成为目前数据挖掘中 10 个最具挑战性的问题之一。时间序列是数据挖掘中一类复杂的数据对象，其复杂性表现在：维数比较高，往往含有噪声；在幅度方面存在拉伸，在时间轴上存在平移和伸缩。

目前，时间序列数据挖掘已发展成为数据挖掘中的一个重要研究领域，主要有以下几个研究方向。

1. 相似模式挖掘（Similarity Search）

相似模式挖掘研究主要面向查询需要，它涉及的主要问题是：序列形态的抽象表示、序列间的距离度量、特定挖掘任务的搜索或优化算法的实现。例：在零售市场上找到另一个有相似销售的部门，在股市中找到有相似波动的股票，查找具有相似病情的心电图，在乐谱版权问题上确认两份乐谱是否存在相似性等。

2．趋势分析（Trend Analysis）

包括长期趋势变化、循环变化、季节性变化、随机变化的分析。趋势分析主要针对连续型数值，获得属性随时间变化的趋势，从而制定出长期或短期的预测。

3．周期分析（Periodic Analysis）

周期性分析是指对周期模式的挖掘，即在时间序列数据中找出重复出现的模式。周期模式挖掘可视为一组分片序列为持续时间的序列模式挖掘，分为全周期模式的挖掘、部分周期模式的挖掘及循环或周期关联规则的挖掘。

4．序列模式挖掘（Sequence Patterns Mining）

序列模式挖掘是指挖掘相对时间或其他模式出现频率高的模式，目的是为了寻找一段特定时间以外的可预测行为模式。序列模式的研究对象可以是符号模式，也可以是连续型数据的曲线模式。较早对序列模式挖掘进行的深入研究，主要是针对购物篮的分析。

5．时态关联规则挖掘（Temporal Association Rules Mining）

在数据挖掘领域中，关联规则是目前的一个重要研究方向，应用最为广泛。传统关联规则挖掘很少考虑关联规则的时间适用性，时态关联规则是指带有时态约束的关联规则，每个关联规则都有着其成立的时间区域。

6．异常检测（Outlier Detection）

异常是在数据集中偏离大部分数据的数据，这些数据可能并非随机偏差导致，而是由不同机制所产生，其中可能包含一些特殊信息。时间序列的异常包括序列异常、点异常和模式异常等。时间序列的异常检测是在给定的时间序列数据集中发现明显不同于其他大多数数据的时间序列对象，进而分析这些异常所隐含的信息。

4.1.3 时间序列相似模式挖掘

在时间序列数据挖掘的诸多研究领域中，时间序列相似模式挖掘是一个基础性问题，为完成其他任务（预测、分析等）提供基本工具和研究手段，在基于知识的智能决策中具有广阔的应用前景。

自从 1993 年 Agrawal、Faloutsos 和 Swami 等人发表第一篇关于时间序列相似模式挖掘的研究论文以来，由于广阔的应用前景，该问题引起了数据挖掘领域研究者的极大兴趣，并且成为学术界所关注的热点。许多研究机构和大学纷纷参与到时间序列的研究中，知名国际学术会议及期刊上出现了大量高水平的研究成果。

时间序列模式是指一段时间内序列形态的变化趋势，它体现了系统在一个阶段中的演化规律。时间序列中的一些模式具有明确含义，例如，某个模式的飞行数据对应着一个特定的飞行动作或复杂状态下的潜在故障。

相似模式挖掘以时间序列的典型模式为基础，从海量时间序列中寻找与其形态相似的时间序列。其过程可以描述为：给定时间序列数据集 TB、具有典型模式的查询序列 Q 和相似性度量模型 $Sim(\cdot,\cdot)$，从 TB 中找出与 Q 相似的所有时间序列集合 R，即

$$R = \{X \mid X \in TB \land Sim(Q, X) = True\}$$

其中主要涉及 3 个关键问题：

（1）特征表示。用简洁的形式表达与问题相关的时间序列特征。

（2）相似性度量。以特征表示的结果作为输入，定量刻画两条时间序列的相似程度。

（3）相似序列搜索。以某种相似性度量方法为基础，在时间序列数据集中，寻找与给定模式相似的时间序列。

国内外研究人员对上述问题做了大量的研究工作，取得了许多进展，但由于时间序列的多样性和复杂性，没有一种相似模式挖掘算法能够很好地适应各种情况。目前绝大部分研究是针对一元时间序列，针对多元时间序列的研究还不够成熟，还存在较多尚未解决的问题。本章主要以一元时间序列为描述对象，介绍时间序列相似模式挖掘，内容主要包括数据预处理、特征提取与相似性度量、相似模式搜索等几个方面，各部分的逻辑关系如图 4.2 所示。

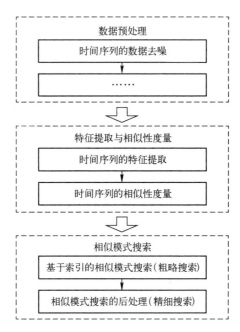

图 4.2 时间序列相似模式挖掘的总体流程

时间序列的数据预处理是基础，它为后续的分析处理提供良好的数据环境；特征提取与相似性度量是核心，它决定着相似模式挖掘的准确性；相似模式搜索是前两个环节的延伸和扩展，它使得在海量数据中寻找给定模式成为可能。

4.2 时间序列数据预处理

由于数据采集和记录设备故障、随机干扰、环境条件突变等原因，武器装备产生的时间序列数据中不可避免地存在着噪声数据，噪声会掩盖真实数据，继而影响后续的分析处理。数据预处理包含的内容很多，下面仅从去除噪声角度介绍时间序列的数据预处理。

4.2.1 基于傅里叶变换的信号去噪

根据经典的傅里叶级数定义,任何一个周期为 T 的函数 $f(t)$ 都可以表示为多个正弦和余弦函数之和,即

$$f(t) = a_0 + \sum_{k=-\infty}^{+\infty} (a_k \cos k\omega_0 t + b_k \sin k\omega_0 t) \tag{4.1}$$

或者表示为更简洁的复指数形式,即

$$f(t) = \sum_{k=-\infty}^{+\infty} c_k e^{jk\omega_0 t}, \quad \omega_0 = \frac{2\pi}{T} \tag{4.2}$$

其中,式(4.1)就是在高等数学中用到的傅里叶级数定义公式。它的特点是工程物理概念清楚,其中的系数可以根据式(4.3)求得

$$a_k = \frac{2}{T} \int_0^T f(t) \cos \frac{2n\pi}{T} t \, dt, \quad k = 0, 1, 2, \cdots$$
$$b_k = \frac{2}{T} \int_0^T f(t) \sin \frac{2n\pi}{T} t \, dt, \quad k = 1, 2, \cdots \tag{4.3}$$

式中, a_k 和 b_k 分别代表了第 k 次谐波的正弦分量和余弦分量的大小。

式(4.2)是信号处理书籍中常用的简洁形式,它实际上是将谐波 $\cos k\omega_0 t$ 和 $\sin k\omega_0 t$ 合并为一个复谐波分量信号 $e^{k\omega_0 t}$ 进行分析,两种表达式可以通过欧拉公式相互推导得出。

式(4.2)中,系数 c_k 通过式(4.4)计算,即

$$c_k = \frac{1}{T} \int_0^T f(t) e^{-jk\omega_0 t} dt \tag{4.4}$$

对于某一个固定的 k 而言,系数 c_k 实际上表征了原信号 $f(t)$ 中第 k 次谐波成分 $e^{k\omega_0 t}$ 的大小。因此,通过傅里叶级数系数 c_k 可以对原信号的谐波成分进行定量的分析。

傅里叶级数主要表征的是周期信号的性质,但工程应用中大量的是非周期的信号,因此,引入了傅里叶变换(Fourier Transform,FT)对非周期信号进行分析,它是进行频率结构分析的重要工具。对于一个时域信号 $x(t)$ 的傅里叶变换为:

$$X(f) = \int_{-\infty}^{+\infty} x(t) e^{-i2\pi ft} dt \tag{4.5}$$

傅里叶逆变换为:

$$x(t) = \int_{-\infty}^{+\infty} X(f) e^{i2\pi ft} dt \tag{4.6}$$

傅里叶变换是从时域到频域的转换,傅里叶逆变换是从频域到时域的转换,转换过程并无信息丢失,所不同的只是表示方法。下面介绍傅里叶变换的一个重要性质——Parseval 定理。

设 $f(t)$ 和 $F(\omega)$ 为傅里叶变换对,用 $f(t) \xrightarrow{F} F(\omega)$ 简单表示,Parseval 定理又称为内积定理,它表明两个信号在时域和频域中的内积之间的关系,即

$$\int_{-\infty}^{+\infty} f_1(t) f_2^*(t) dt = \frac{1}{2\pi} \int_{-\infty}^{+\infty} F_1(\omega) F_2^*(\omega) d\omega \tag{4.7}$$

特别当 $f_1(t) \equiv f_2(t)$ 时,有

$$\int_{-\infty}^{+\infty}\left|f_1(t)\right|^2 \mathrm{d}t = \frac{1}{2\pi}\int_{-\infty}^{+\infty}\left|F(\omega)\right|^2 \mathrm{d}\omega = \int_{-\infty}^{+\infty}\left|F(f)\right|^2 \mathrm{d}f \qquad (4.8)$$

式（4.8）实际上给出了信号的能量关系。在时域和频域的总能量是相等的，因此式（4.8）也称为能量守恒定理。

离散傅里叶变换（DiscreteFourier Transform，DFT）是为适应计算机做傅里叶变换而派生的专用术语。在对信号 $x(t)$ 进行傅里叶变换运算，并在计算机上实现时，需要把信号 $x(t)$ 变为离散数据，并且把计算范围限定在一个有限区间。DFT 基本算法如下：

给定信号 $x(t)=[x_t]$，$t=0,1,\cdots,n-1$，其 n 点的离散傅里叶变换定义为 n 个复数 X_f，$f=0,1,\cdots,n-1$，组成的序列 $\vec{X}$：

$$X_f = 1/\sqrt{n}\sum_{t=0}^{n-1}x_t\exp(-\mathrm{j}2\pi ft/n)，\quad f=0,1,\cdots,n-1 \qquad (4.9)$$

其中 j 为虚单位，信号 $x(t)$ 可通过逆变换进行恢复：

$$x_t = 1/\sqrt{n}\sum_{f=0}^{n-1}X_f\exp(\mathrm{j}2\pi ft/n)，\quad t=0,1,\cdots,n-1 \qquad (4.10)$$

通常认为噪声能量一般集中于高频，而信号频谱分布于一个有限区间。根据这一特点，利用傅里叶变换去噪的基本思路是：对信号进行傅里叶变换；将高频信号的傅里叶变换频谱置零；再经过傅里叶逆变换，还原信号，即可将大部分高频噪声去除。

当信号和噪声的频带相互分离时，上述方法比较有效，但当信号和噪声的频带相互重叠时（比如当信号中混有白噪声时），则效果较差。因此，基于傅里叶变换的去噪方法存在着保护信号局部特性和抑制噪声之间的矛盾。小波变换具有良好的时频局部化性质，为解决这一问题提供了有力的工具。

4.2.2 基于小波变换的信号去噪

小波分析是傅里叶变换和泛函分析共同发展的结果，小波技术在信号去噪中得到了广泛研究并获得了较好的应用效果，已成为信号去噪的主要方法之一。

实践表明，武器装备产生的数据具有非平稳、非线性的特点，信号和噪声的频带往往相互重叠，用传统方法进行去噪，效果较差。小波变换具有低熵性、多分辨性和选择小波基的灵活性等特点，可以较好地刻画信号的非平稳性特征。

小波分析具有多分辨率分析的特点，在低频部分具有较高的频率分辨率和较低的时间分辨率，在高频部分具有较高的时间分辨率和较低的频率分辨率，是分析非平稳信号或具有奇异性信号的有效方法，在信号处理、图像处理、语音识别、故障诊断等领域得到了广泛的应用。目前，小波去噪的基本方法有：基于模极大值的方法、基于小波系数相关性的方法和阈值法等。下面主要介绍小波阈值去噪方法。

4.2.2.1 小波变换

设 $\psi(t)$ 为一平方可积函数，即 $\psi(t)\in L^2(R)$（$L^2(R)$ 表示平方可积的实数空间），若其傅里叶变换 $\psi(\omega)$ 满足条件：

$$C_\psi = \int_R \frac{\left|\psi(\omega)\right|^2}{\left|\omega\right|}\mathrm{d}\omega < \infty \qquad (4.11)$$

则称$\psi(t)$为一个基本小波或母小波。称式（4.11）为小波函数的可容许条件。

将母小波$\psi(t)$进行伸缩和平移，得到函数$\psi_{a,b}(t)$：

$$\psi_{a,b}(t)=\frac{1}{\sqrt{a}}\psi\left(\frac{t-b}{a}\right)a,b\in R;\ a>0 \tag{4.12}$$

式中，a为尺度参数（伸缩因子），b为位移参数（平移因子）。称$\psi_{a,b}(t)$为依赖于参数a和b的小波基函数。

设$\psi(t)$为基本小波，$\psi_{a,b}(t)$为连续小波，对任意的函数$f(t)\in L^2(R)$，连续小波变换（Continuous Wavelet Transform，CWT）定义为：

$$CWT_f(a,b)=<f(t),\psi_{a,b}(t)>=\frac{1}{\sqrt{a}}\int_R f(t)\psi^*\left(\frac{t-b}{a}\right)\mathrm{d}t \tag{4.13}$$

式中，上标*表示共轭，t、a和b均为连续变量。

在实际应用中，考虑到计算的有效性，方便用计算机进行分析、处理，需要对连续小波变换的尺度和平移参数a和b离散化，通常对尺度参数a按幂级数离散化，对位移参数b进行均匀离散取值，即$a=a_0^j$，$b=ka_0^j b_0$，j、k为整数，a_0、b_0为正数，则得到离散小波：

$$\psi_{a_0^j,kb_0}(t)=a_0^{-\frac{j}{2}}\psi[a_0^{-j}(t-ka_0^j b_0)]=a_0^{-\frac{j}{2}}\psi(a_0^{-j}t-kb_0) \tag{4.14}$$

设$\psi_{a_0^j,kb_0}(t)$为离散小波，对任意的函数$f(t)\in L^2(R)$，对应的离散小波变换（Discrete Wavelet Transform，DWT）定义为：

$$DWT_f(a_0^j,kb_0)=\int_R f(t)\psi_{a_0^j,kb_0}^*(t)\mathrm{d}t，\quad j=0,1,2,\cdots,k\in Z \tag{4.15}$$

如果取$a_0=2$、$b_0=1$，则离散小波又称为二进小波，其对应的变换即为二进小波变换。二进小波为：

$$\psi_{j,k}(t)=2^{-\frac{j}{2}}\psi(2^{-j}t-k) \tag{4.16}$$

二进小波变换为：

$$WT_f(j,k)=\int_R f(t)\psi_{j,k}^*(t)\mathrm{d}t \tag{4.17}$$

4.2.2.2 多分辨率分析

Mallat将计算机视觉中的多分辨分析引入到小波分析中，提出了多分辨分析（Multi-resolution Analysis，MRA）的概念。多分辨分析又称多尺度分析，其基本思想就是利用正交小波基的多尺度特性，将信号在不同尺度下分解，通过比较不同尺度下信号分解的结果得到有用的信息。

设函数$\phi(t)\in L^2(R)$，若它的整数位移集合$\{\phi(t-k)\}_{k\in Z}$相互正交，即

$$<\phi(t-k),\phi(t-k')>=\delta(k-k') \tag{4.18}$$

则称函数$\phi(t)$为尺度函数。对尺度函数经过平移k和尺度j上的伸缩，得到一个尺度和位移均可变换的函数集

$$\phi_{j,k}(t)=2^{-\frac{j}{2}}\phi(2^{-j}t-k) \tag{4.19}$$

称每一个尺度 j 上的平移系列 $\phi_{j,k}(t)$ 所组成的空间 V_j 为尺度 j 的尺度空间。

空间 $L^2(R)$ 中的多分辨分析是指 $L^2(R)$ 中满足下列条件的一个空间序列 $\{V_j\}_{j \in Z}$：

（1）单调性：对任意的 $j \in Z$，有 $V_j \subset V_{j-1}$。

（2）逼近性：$\bigcap\limits_{j \in Z} V_j = \{0\}$，$\bigcup\limits_{j=-\infty}^{\infty} V_j = L^2(R)$。

（3）伸缩性：$f(t) \in V_j \Leftrightarrow f(2t) \in V_{j-1}$。

（4）平移不变性：对任意 $k \in Z$，有 $\phi_j(2^{-j}t) \in V_j \Rightarrow \phi_j(2^{-j}t-k) \in V_j$。

（5）Reisz 基存在性：存在 $\phi(t) \in V_0$，使得 $\left\{\phi\left(2^{-j}t-k\right)\right\}_{k \in Z}$ 构成 V_j 的 Riesz 基。

多分辨分析的一系列尺度空间是由同一尺度函数在不同尺度下组成的，即一个多分辨分析对应一个尺度函数。但是由于多分辨概念中的单调性，$\{V_j\}_{j \in Z}$ 相互包含，不具有正交性。为了寻找一组空间的正交基，定义 W_j 为 V_j 的正交补空间，称其为小波空间，可得：

$$L^2(R) = \bigoplus_{j=-\infty}^{\infty} W_j，\quad V_{j-1} = V_j \oplus W_j，\quad W_j \perp V_j \tag{4.20}$$

与小波空间相对应的小波函数为：

$$\psi_{j,k}(t) = 2^{-\frac{j}{2}}\psi(2^{-j}t-k) \tag{4.21}$$

由上述分析可知，小波空间与尺度空间是正交互补的，尺度空间之间相互包含，小波空间之间相互正交。图 4.3 给出了一个三层多分辨分析的空间划分。

V_0				
V_1			W_1	
V_2		W_2		
V_3	W_3			

图 4.3　三层多分辨分析的空间划分

4.2.2.3　Mallat 算法

Mallat 在图像分解与重构的塔式算法启发下，根据多分辨率理论，提出了小波分解与重构的快速算法，称为 Mallat 算法。

设 $A_j f \in V_j$ 和 $D_j f \in W_j$，且 $\phi_{j,k}$ 和 $\psi_{j,k}$ 分别是 V_j 和 W_j 的基函数，则有：

$$A_j f = \sum_{k=-\infty}^{+\infty} c_{j,k}\phi_{j,k} \tag{4.22}$$

$$D_j f = \sum_{k=-\infty}^{+\infty} d_{j,k}\psi_{j,k} \tag{4.23}$$

可以推导出 $\{c_{j,k}\}$ 与 $\{c_{j-1,m}\}$、$\{d_{j,k}\}$ 与 $\{d_{j-1,m}\}$ 满足如下分解关系式：

$$c_{j-1,m} = \sum_{k=-\infty}^{+\infty} h_{0,2m-k}c_{j,k} \tag{4.24}$$

$$d_{j-1,m} = \sum_{k=-\infty}^{+\infty} g_{0,2m-k}d_{j,k} \tag{4.25}$$

这就是 Mallat 算法的分解算法。

重构过程是分解过程的逆过程，重构算法为：

$$c_{j,k} = \sum_{m=-\infty}^{+\infty} h_{1,k-2m} c_{j-1,m} + \sum_{m=-\infty}^{+\infty} g_{1,k-2m} d_{j-1,m} \tag{4.26}$$

其中，$\{h_{0,n}\}$、$\{h_{1,n}\}$、$\{g_{0,n}\}$ 和 $\{g_{1,n}\}$ 是由尺度函数 ϕ 和小波函数 ψ 确定的。

4.2.2.4 小波阈值去噪

一个含噪的一维信号模型可表示为如下形式：

$$s(k) = f(k) + \varepsilon \cdot e(k) \tag{4.27}$$

式中，$s(k)$ 为含噪信号，$f(k)$ 为真实信号，$e(k)$ 为噪声信号。去噪就是从被污染的信号 $s(k)$ 中尽可能地去除噪声信号 $e(k)$ 的影响，较好地还原真实信号 $f(k)$。基于小波变换的去噪方法，利用小波变换中的变尺度特性，对确定信号有一种"集中"能力。如果一个信号的能量集中于小波变换域少数小波系数上，那么，它们的取值必然大于在小波变换域内能量分散的大量信号和噪声的小波系数，将这些携带信号能量较少的小波系数去掉，再利用保留的小波系数重构原始信号，从而达到去噪的目的。

小波阈值去噪方法是一种非线性去噪方法，在最小均方误差意义下达到近似最优，可获得较好的视觉效果，是实现简单、计算量较小的小波去噪方法，因而得到了深入的研究和广泛的应用。

阈值去噪的方法通过阈值将小波系数划为重要的小波系数和非重要的或受噪声干扰的小波系数两类，然后再进行取舍。该方法主要分为下面 3 个步骤：

（1）离散小波变换：选择一个合适的小波进行小波变换，得到各尺度上的小波系数。

（2）小波系数取舍：选择合适的阈值和阈值函数，对小波系数进行选择，去除非重要的或受噪声干扰的小波系数。

（3）小波重构：利用保留的小波系数进行小波逆变换，得到去噪后的信号。

对于小波系数的取舍，选择合适的阈值和阈值函数尤为关键，关系到飞参数据去噪的效果，阈值过小会使去噪不完全，而阈值过大则会造成飞参数据关键特征信息的丢失。

阈值选择一般有 4 种：固定阈值、Stein 无偏似然估计阈值、混合型阈值和最小最大准则阈值。

1. 固定阈值

采用固定的阈值形式，阈值为：

$$\lambda = \sigma \sqrt{2\ln(N)} \tag{4.28}$$

式中，σ 为噪声的标准差，N 为小波系数长度。该方法的统计学依据是在 N 个独立同分布的标准高斯变量中，最大值小于 λ 的概率随着 N 增大而趋于 1。

2. Stein 无偏似然估计阈值

它是一种自适应阈值法，对给定的阈值 λ，得到它的似然估计，再将非似然 λ 最小化，就得到了所选的阈值。

设 W 为一向量，其元素是小波系数平方值，并按由小到大顺序排列，即

$W = [w_1, w_2, \cdots, w_n]$，其中 $w_1 \leqslant w_2 \leqslant \cdots \leqslant w_n$。设一风险向量 R，其元素为：

$$r_i = \left[n - 2i - (n-i)w_i + \sum_{k=1}^{i} w_k \right] \Big/ n, \quad i = 1, 2, \cdots, n \qquad (4.29)$$

以 R 中的最小元素 r_b 为风险值，由 r_b 的下标 b 得到相应的 w_b，则阈值为 $\lambda = \sigma \sqrt{w_b}$，其中 σ 是随机噪声的标准差。

3．最小最大准则阈值

最小最大准则阈值也是一种固定阈值法，它产生一个最小均方误差极值，用于设计估计器。由于被消噪信号可以看成与未知回归函数的估计式相似，这种极值估计器可以在一个给定的函数集中实现最大均方误差最小。

4．选择启发阈值

它是固定阈值和 Stein 无偏似然估计阈值两种阈值的综合，是最优预测变量阈值。对任一阈值，去噪时可选择两种阈值函数：硬阈值函数和软阈值函数。

硬阈值函数：

$$Y = \begin{cases} X & |X| > \lambda \\ 0 & |X| \leqslant \lambda \end{cases} \qquad (4.30)$$

软阈值函数：

$$Y = \begin{cases} sign(X)(|X| - \lambda) & |X| \geqslant \lambda \\ 0 & |X| < \lambda \end{cases} \qquad (4.31)$$

采用软阈值函数去噪方法，对某飞行架次一段长度为 512 的飞行数据进行去噪，采用 sym8 小波，去噪结果如图 4.4 所示。可以看出，去噪后的飞行数据不仅能够很好地保持原始信号的形状，而且波形较为光滑，不存在局部振荡，这说明基于小波变换的去噪方法对飞行数据是适用的。

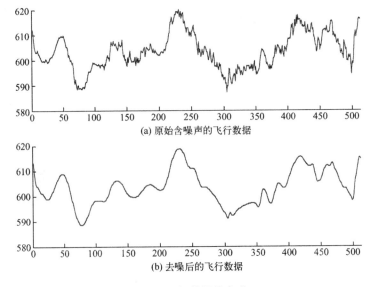

图 4.4 飞行数据的去噪

4.3 时间序列的特征表示

时间序列的维数通常很高，直接在时间序列上进行相似性度量，不但在存储和计算上要花费高昂代价，而且可能会影响算法的准确性和可靠性，因此，特征表示是相似模式挖掘中必不可少的基础环节。

特征提取与问题是强相关的，除了序列的幅度、波动频率、趋势、极值点等常见的特征外，更多的特征必须根据问题本身的性质去研究。好的特征表示方法通常具备以下特征：

1. 降维性

正是由于时间序列的高维特性，人们才要寻找一种合适的时间序列表示法对时间序列进行处理以压缩数据。因此时间序列表示法能够在保证较高压缩比的基础上，遗漏的原始时间序列信息量少，还原时间序列的失真度越小，则该表示方法就越好。

2. 快速性

进行时间序列近似表示的目的就是减少时间序列的数据量，降低后续处理算法的时间复杂度，提高算法效率，因此所选择的时间序列表示法实现越快速越好。

3. 一致性

时间序列近似表示的后续处理是比较两个时间序列的相似性程度，这就要求处理后的时间序列不能够改变相同时间序列之间的关系，即要和原始时间序列在相似性度量上一致，这是最为基本的条件。

4. 准确性

因为要对时间序列做相似性度量的处理，因此就要求不论对时间序列采取何种处理，都必须保证尽可能地减少信息遗漏，尽可能多地保留原始时间序列的局部信息。

下面介绍几种常见的时间序列特征表示方法。

4.3.1 频域表示

频域表示法的基本思想是将时间序列看作是一个离散信号，采用离散傅里叶变换（DFT）或离散小波变换（DWT）将时间序列从时间域映射到频率域空间，用频谱来表示原始时间序列。对于大部分信号而言，能量主要集中在几个主要的频率上，因此可以用很少的几个频率来近似表示原始时间序列，从而达到数据压缩的目的，而且能够较好地保持时间序列的主要形态。

DFT 是最早被运用于时间序列特征提取的方法。对于大部分时间序列，DFT 开头的几个系数集中了信号的绝大部分能量，因此可以选择 DFT 前几个系数作为时间序列的特征，这样时间序列就转换为低维特征向量，不但节省了存储空间，而且降低了时间序列的维数。

DFT 变换的另一个优点是，根据 Parseval 定理，在时间域中两个信号的距离与频率域中的欧氏距离相等，即 DFT 方法具有保持欧氏距离不变的特性。因此可以用最常用的欧氏距离直接对变换后的时间序列进行相似性计算，计算的结果等价于原时间序列的相似性。即使当一些 DFT 系数被舍弃后，时间序列在频率域上的欧氏距离将不大于时间域上的欧氏距离，这满足了下界距离引理（Lower Bounding Distance Lemma），从而保证了相似性查询的完备性。

DFT 特征表示方法的缺点在于它可能会丢失时间序列的局部特征。这是因为傅里叶变换假定信号是稳态的，它的统计特性不随时间改变，其积分区间包括整个时间轴，是从全局角度观察信号的频率构成情况。若信号是时变的非平稳信号，在不同的时刻具有不同的幅值和频率构成，则常规傅里叶变换给出的全局频谱就不具备代表意义。即 DFT 在数据截取的过程中，舍弃了信号的高频成分，平滑了信号的局部极大值和极小值，因而造成了信息的遗漏。

基于离散小波变换（DWT）的特征表示方法是为改进 DFT 局部特征丢失而提出的，其在原理上同 DFT 方法基本类似，也是提取前几个系数作为时间序列的特征。DWT 方法对时间和频率都进行变换，不仅包含频率信息，同时也包含了时间信息；而 DFT 表示方法是对信号的整体变换，只考虑了频率信息。对于给定的时间序列，如果 DWT 和 DFT 保留相同数目的系数，DWT 能保留更精确的近似局部细节，DWT 在很多场合的应用中要比DFT 更加有效。

同 DFT 类似，DWT 具有欧氏距离不变性，能够保证查询的完备性。但其主要缺陷是信号长度必须是 2 的整数次方，无法处理任意长度的时间序列。图 4.5 给出了长度为 4096的飞行数据经过 Harr 小波变换，分别保留 64 个与 128 个 DWT 系数后，恢复得到的序列图形。

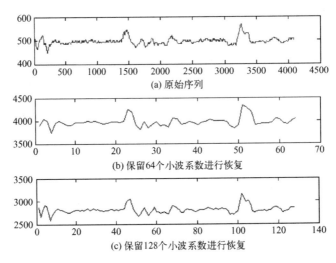

图 4.5　基于小波变换的特征提取示意图

4.3.2　序列分段表示

分段表示是指把时间序列分割为首尾顺次相连的序列段，再依次描述各个序列段的特征，最后把序列段的特征综合起来。分段表示具有数据压缩和过滤的作用，分段的数目决定了对原始时间序列近似的粒度。基于不同的序列分段思想，分段表示包括分段累积近似、分段线性表示等方法。

1. 分段累积近似（Piecewise Aggregate Approximation, PAA）

PAA 方法将时间序列等宽度分割，每个子段用时间序列在该子段上的平均值来表示。长度为 n 的时间序列 $X = \langle x_1, x_2, \cdots, x_n \rangle$ 经过 PAA 表示后转化为长度为 $N(N << n)$ 的时间序列 $Y = \langle y_1, y_2, \cdots, y_N \rangle$（通常 N 为 n 的公因数），其中

$$y_i = \frac{N}{n} \sum_{j=\frac{n}{N}(i-1)+1}^{\frac{n}{N}i} x_j \tag{4.32}$$

当 $N = n$ 的时候，变换后的序列和原始序列是一样的；当 $N = 1$，则变换后的结果即为原始序列的简单算术平均。图 4.6 表示一条长度为 512 的时间序列，当 $N = 16$ 时的 PAA 表示结果，其中每一个子段上包含 32 个观察值。

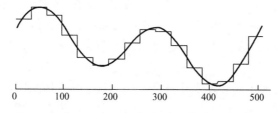

图 4.6　分段累积近似示意图

PAA 方法简单直观，它平滑了时间序列的局部特征，如果原始序列的变化频率越高，变化幅度越大，这种平滑作用也越突出，信息的遗漏也越多。

2. 分段线性表示（Piecewise Linear Representation, PLR）

时间序列的分段线性表示（PLR）是指采用首尾相邻的一系列线段来近似表示时间序列。时间序列的 PLR 表示简单直观，具有许多优点，是一种实用性很强的特征表示方法。图 4.7 示意了 PLR 表示的效果，直观上讲，PLR 表示方法就是用 k 条首尾邻接的直线段来近似表示一条长度为 n（$n > k$）的时间序列。由于直线段数量远远小于时间序列长度，因此使得数据存储、变换和计算等更加高效。

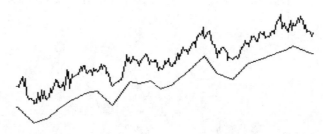

图 4.7　时间序列的分段线性表示

对时间序列 PLR 表示方法的研究主要着眼于两个方面：一是如何选择合适的分段数目，即通过尽量少的分段来拟合原时间序列，且拟合误差在可接受的范围内；二是如何选择合适的分段点，既能将原序列的主要特征保留下来，又能尽量避免序列噪声造成的影响。PLR 算法比较有代表性的包括"滑动窗口""自底向上""自顶向下"等。

（1）滑动窗口（Sliding Window）。从时间序列的第一个点开始一个新的分段，持续向

后增长直到该分段与时间序列的拟合误差超出了某个指定阈值，结束该分段，然后以下一个序列点作为新分段的开始，不断重复上述过程直到时间序列末端。这类算法的优点是简单直观且支持在线分段，缺点是采用这种累计误差的方法选择分段点而没有采取优化分段的措施，在某些情况下会得到很差的近似表示。滑窗方法的时间复杂度为 $O(n*l)$，其中 l 是分段的平均长度。

（2）自底向上（Bottom-Up）。首先得到最精细的线性分段表示，即时间序列上相邻两点组成最小分段。然后计算合并两个相邻分段所产生的拟合误差，合并拟合误差最小的两个邻接分段，直到该拟合误差超过某个指定阈值。自底向上算法的时间复杂度与滑窗方法一样，都是 $O(n*l)$。

（3）自顶向下（Top-Down）。Top-Down 算法是 Bottom-Up 算法的逆过程，首先得到计算时间序列的最粗糙的线性分段表示，即用一条线段来拟合时间序列。然后计算将该线段分割成两条拟合线段所能降低的拟合误差，选择最大拟合误差的分割点，重复上述过程，直到每个分段的误差都不超过某个指定阈值。自顶向下算法的时间复杂度很高，达到 $O(n^2)$。

此外，还有基于特征点的分段线性表示方法，对于具有周期性和模式波动频繁的时间序列，能够有效地实现数据压缩，从而把握时间序列总体模式的变化特征。下面给出一种时间序列分段线性表示和特征点的定义。

设有时间序列 $X=\langle x_1, x_2, \cdots, x_n \rangle$，其线性分段模式表示为：

$$X(t) = \begin{cases} f_1(t, w_1) + e_1(t), & t \in [1, t_1] \\ f_2(t, w_2) + e_2(t), & t \in (t_1, t_2] \\ \quad\vdots \\ f_K(t, w_K) + e_K(t), & t \in (t_{K-1}, n] \end{cases} \tag{4.33}$$

式中，w_i 表示时间区间 $[w_{i-1}, w_i]$ 的两个端点的坐标，$f_i(t, w_i)$ 表示连接模式 w_i 两端点的线性函数，$e_K(t)$ 是一段时间内时间序列与其模式表示之间的误差。

所谓特征点，是指在时间序列变换中视觉上有着相对重要影响的观测点，如图 4.8 所示。

图 4.8 时间序列的特征点

给定常量 $R \geqslant 0$ 和时间序列 $X=\langle x_1, x_2, \cdots, x_n \rangle$，如果满足如下条件之一，则称数据点 x_m $(1 \leqslant m \leqslant n)$ 是一个特征点：

（1） $m = 1$ 或 $m = n$ ；

（2） $x_m - x_{m+i} \geqslant R$ （$1 \leqslant m < m+i \leqslant n$ ； $i = 1, 2, \cdots$）；

（3） $x_m - x_{m-i} \geqslant R$ （$1 \leqslant m-i < m \leqslant n$ ； $i = 1, 2, \cdots$）。

特征点的直观含义是时间序列的起点和终点必为特征点；前后两数据点之差大于或等于 R 的数据点亦为特征点。其中，R 是可控制选取的参数，R 值越大，则被选中的特征点就越少，时间序列线段化描述就越粗；反之，R 值越小，则被选中的特征点就越多，线段化描述越细。

3．界标模型（Landmark Model）

界标模型是一种集相似性模型和数据模型为一体的方法。它用时间序列的一些关键的标志点来描述时间序列，更加接近于人类的直觉和事件记忆行为。当让一个人短时间观察一幅时间序列的曲线图后再重新绘出原图时，最有效的方法是记住波形的每个转折点的位置，然后将它们连接起来，这里的转折点就是该波形的界标点。这些界标点对于人们是很有用的，如股票投资者希望在最低点买进在最高点卖出。基于这种现象，Perng 提出了界标点的概念。

界标点就是时间序列中那些很关键的点或事件，在不同的应用领域会产生不同的界标点，从简单的局部最大、最小点和拐点，到比较复杂的结构都可以定义为界标。从数学角度来定义界标点即是当某个曲线的 n 阶导数为 0 时，则定义该点为 n 阶界标点。因此局部最大、最小点为 1 阶界标点，拐点为 2 阶界标点。

因为界标模型将序列的局部极值点都作为界标加以保留，因此很显然对于大多数含有噪声的非光滑信号而言，在降维的有效性这一点上这种方法还不如 DFT、DWT 或 PAA。为解决这一问题，它以"最小距离/百分比规则"（Minimal Distance/Percentage Principle，MDPP）作为平滑方法来消除噪声干扰。MDPP 的定义为：给定界标序列为 $(t_1, x_1), \cdots, (t_n, x_n)$ ，给定最小距离 D 和最小百分比 P ，如果 (t_i, x_i) 与 (t_{i+1}, x_{i+1}) 满足条件

$$t_{i+1} - t_i < D \text{ 且 } \frac{|x_{i+1} - x_i|}{(|x_i| + |x_{i+1}|)/2} < P \tag{4.34}$$

那么可以将 (t_i, x_i) 与 (t_{i+1}, x_{i+1}) 从界标序列上删除，图 4.9 示意了该平滑过程。

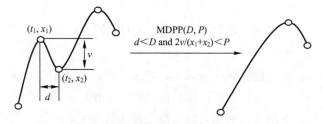

图 4.9　界标模型的 MDPP 平滑方法

4.3.3　符号化表示

时间序列通常是由连续的实数值构成，符号化表示就是通过一些离散化方法将时间序列的实数值或一段时间内的时间序列波形映射到有限的符号表上，将时间序列表示为符号

的有序集合，即字符串。

将原始时间序列转化为符号序列的形式，首先需要将所测数据分割为离散字符。通常采用两种方法划分原始数据：分割区间法和差值法。

图 4.10 为最简单的分割区间法，测量值在分割线之上为 1，之下为 0。对于分割区间法，如果分割区间越多，原始数据转化为符号时间序列就越细化，但是也会带来一些负面的影响，例如对局部扰动的抑制作用减弱，因此要选择合适的分割区间。

符号化表示：0 1 1 1 0 1 0 1 1 0 0

图 4.10 符号化时间序列分割区间法的示意图

图 4.11 中，差值法设定如果相邻的两点差值为正，则为符号 1，如果为负，则为符号 0。

符号化表示：1 1 1 0 0 1 1 1 0 0 1

图 4.11 符号化时间序列差值法的示意图

符号化表示的优点在于可以利用许多字符串研究领域的成果，方便地通过字符串的匹配和索引来实现时间序列的相似性查找。缺点在于选择合适的离散化算法、解释符号的意义以及定义符号之间的相似性度量等方面还存在困难，这些问题需要根据实际的应用背景加以解决。

4.4　时间序列的相似性度量

相似性度量以特征表示的结果作为输入，定量刻画两条时间序列的相似程度，它处于相似模式挖掘的中心环节，决定着相似模式挖掘的匹配精度。相似性度量的难点在于时间序列会呈现多种形变，度量方法应最大程度地支持这些形变。因此，在介绍相似性度量方法之前，先看一下时间序列的各种形变。

4.4.1　时间序列的形变

常见的时间序列形变主要有以下几种，见图 4.12。

（1）振幅平移（Amplitude Shifting）：指两条形态相似的时间序列在不同的水平基准线

上下波动。

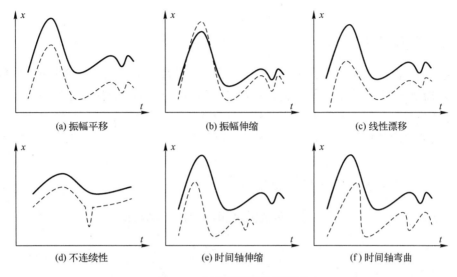

图 4.12　时间序列的各种形变

（2）振幅伸缩（Amplitude Scaling）：指两条形态相似的时间序列以不同的振幅上下波动。

（3）线性漂移（Linear Drift）：指两条时间序列的波形相似，但是其中一条时间序列在受到某种线性因素的影响下，取值呈现线性递增或递减的趋势。线性漂移的数学形式可以近似描述为：

$$X'(t) = X(t) + f(t) \qquad (t = 1, 2, \cdots, n) \tag{4.35}$$

式中，$X(t)$ 表示原时间序列，$X'(t)$ 表示线性漂移后的序列，$f(t)$ 是与时间相关的线性函数。

（4）不连续性（Discontinuity）：指两条时间序列除了在个别时间点或时间段出现间断外，其余大部分时间区间上形态是相似的。

（5）时间轴伸缩（Time Scaling）：指两条时间序列的波形相似，但是波形的宽度按照同一个比例伸缩，也称为时间轴按比例伸缩。

（6）时间轴弯曲（Time Warping）：指两条时间序列的波形相似，但波峰和波谷的位置并不是严格对齐，而是稍有偏差。可以将时间轴伸缩看成时间轴弯曲的一种特殊情况。

由于时间序列本身具有一定的波动性，各种形变通常交织在一起，两条完全相同的时间序列几乎不存在，序列间的差异性是绝对的。当这种差异在一定范围内，可以认为序列相似；随着差异的不断增大，相似程度越来越低，逐渐失去相似性。时间序列的相似性本身是一个比较模糊的问题，它与具体的问题有关，并没有一个统一的标准，因此针对具体问题需要选择一个合适的相似性度量方法。

在时间序列的相似模式挖掘中，通常用距离度量间接地描述相似性。距离与相似性是相反的两个概念，距离越大则相似性越小，距离越小则相似性越大。由于时间序列属于一种复杂的数据对象，加上相似性本身并没有严格的标准，因此定义两个序列之间的距离并不是一件容易的事情，具体的距离度量方式也不是唯一的。下面介绍几种常见的时间序列相似性度量方法。

4.4.2 欧氏距离

欧氏距离（Euclidean Distance）是最常见的一种距离度量，它把长度为 n 的时间序列视为 n 维欧氏空间的一个点，坐标值分别是时间序列在各个时刻的观察值，两条长度为 n 的时间序列的欧氏距离就是 n 维欧氏空间中两个点之间的距离。

给定两条时间序列 $X = (x_1, x_2, \cdots, x_n)$、$Y = (y_1, y_2, \cdots, y_n)$，它们之间的欧氏距离定义为：

$$d(X,Y) = \left(\sum_{i=1}^{n} |x_i - y_i|^2 \right)^{\frac{1}{2}} \tag{4.36}$$

显然，欧氏距离要求两条时间序列的长度相等，且各时刻的观察值一一对应，如图 4.13 所示。

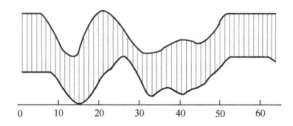

图 4.13　欧氏距离两序列间各点对应关系

欧氏距离是一种距离度量，因为它符合以下 3 个条件：

（1）非负性：$d(X,Y) \geqslant 0$；当且仅当 $X=Y$ 时，$d(X,Y) = 0$；

（2）对称性：$d(X,Y) = d(Y,X)$；

（3）距离三角不等式：$d(Y,Z) \leqslant d(Y,X) + d(X,Z)$。

欧氏距离简单直观，是最常用的一种距离度量，其计算复杂度不高，与序列长度成线性关系。然而，欧氏距离对时间序列的各种形变都比较敏感，虽然通过规范化方法可以消除振幅平移和伸缩的影响，但它要求时间序列的长度必须相等，且对时间轴伸缩和弯曲问题无能为力。

明可夫斯基距离（Minkowski Distance）是对欧氏距离的推广，也称为 L_p 距离。其定义如下：

$$L_p(X,Y) = \left(\sum_{i=1}^{n} |x_i - y_i|^p \right)^{\frac{1}{p}} \tag{4.37}$$

当 $p=1$ 时，称为曼哈顿距离（Manhattan Distance）；当 $p=2$ 时，称为欧氏距离；当 $p = \infty$ 时，明可夫斯基距离表示为：

$$L_\infty(X,Y) = \max_{i=1}^{n} \{ |x_i - y_i| \} \tag{4.38}$$

称为最大距离（Maximum Distance）。

4.4.3 动态时间弯曲距离

Berndt 和 Clifford 把在语音识别中广泛使用的动态时间弯曲（Dynamic Time Warping, DTW）距离引入时间序列的相似性研究中，它以动态规划原理为理论基础，是一项把时间规划和距离测度结合起来的非线性规划技术。DTW 距离不要求两条时间序列的点与点之间进行一一对应的匹配，允许序列点自我复制后再进行对齐匹配，如图 4.14 所示。当时间序列发生时间轴弯曲时，可以在弯曲部分进行自我复制，使两条时间序列之间的相似波形进行对齐匹配。

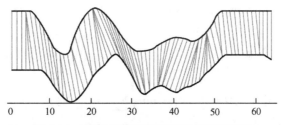

图 4.14 DTW 距离两序列间各点对应关系

设时间序列 $X = (x_1, x_2, \cdots, x_n)$、$Y = (y_1, y_2, \cdots, y_n)$，它们之间的 DTW 距离定义为：

$$D_{\text{dtw}}(X,Y) = D_{\text{base}}(x_1, y_1) + \min \begin{cases} D_{\text{dtw}}(X, Y[2:-]) \\ D_{\text{dtw}}(X[2:-], Y) \\ D_{\text{dtw}}(X[2:-], Y[2:-]) \end{cases} \tag{4.39}$$

式中，$D_{\text{base}}(x_i, y_j)$ 表示序列点 x_i 和 y_j 之间的距离，可以根据情况选择不同的距离度量，通常使用欧氏距离；$X[i:-]$ 表示时间序列 X 的第 i 个元素到最后一个元素组成的子序列。

DTW 距离实际上就是确定序列 X 与 Y 上每个点之间的对齐匹配关系，如图 4.15（b）所示，这种匹配关系可能有很多种，每一种匹配关系可以用一条弯曲路径表示，如图 4.15（c）所示。也就是说，序列间的匹配关系与弯曲路径是一一对应的关系。

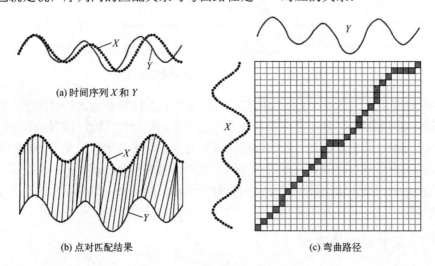

图 4.15 DTW 距离的弯曲路径

弯曲路径必须满足 3 个基本条件：

（1）边界条件。路径必须起始于点 (x_1, y_1)、终止于点 (x_n, y_m)，它表示两个序列的起始点和结束点对应匹配。

（2）连续性。路径上的任意两个相邻点 (x_{i_1}, y_{j_1}) 和 (x_{i_2}, y_{j_2}) 需满足条件：$0 \leqslant |i_1 - i_2| \leqslant 1$，$0 \leqslant |j_1 - j_2| \leqslant 1$。

（3）单调性。若 (x_{i_1}, y_{j_1}) 和 (x_{i_2}, y_{j_2}) 为路径上前后两个点，则须满足：$i_2 - i_1 \geqslant 0$，$j_2 - j_1 \geqslant 0$。

满足上述条件的弯曲路径有很多，每一条弯曲路径都代表一种点对匹配关系。设弯曲路径为 $W = (w_1, w_2, \cdots, w_k, \cdots, w_K)$，$w_k = (i, j)_k$ 是弯曲路径上第 k 个元素，它表示 x_i 与 y_j 建立的匹配关系，路径长度满足 $\max(n, m) \leqslant K < n + m - 1$。

在所有的点对匹配关系中，点对基距离之和的最小值即为 DTW 距离，对应的弯曲路径称为最佳路径。DTW 距离可以表示为：

$$DTW(X, Y) = \min\left\{ \sum_{k=1}^{K} D_{\text{base}}(w_k) \right\} \qquad (4.40)$$

求解最佳路径需要构造一个 m 行 n 列的累积距离矩阵 $M_{m \times n}$，矩阵中的每个元素 $\gamma_{i,j}$ 定义为：

$$\gamma_{i,j} = D_{\text{base}}(x_i, y_j) + \min\{\gamma_{i,j-1}, \gamma_{i-1,j}, \gamma_{i-1,j-1}\} \qquad (4.41)$$

式中，$\gamma_{i,j}$ 即为序列 $X[1:j]$ 与序列 $Y[1:i]$ 的 DTW 距离，因此 $D_{\text{dtw}}(X, Y) = \gamma_{m,n}$，$\gamma_{m,n}$ 可以用动态规划法求解。

设有两个时间序列 $x = (4, 5, 6, 7, 6, 8)$ 和 $y = (3, 4, 3)$，图 4.16 示意了计算 DTW 距离时的累积距离表和最终的动态弯曲路径（$D_{\text{base}}(x_i, y_j) = |x_i - y_j|$），计算结果为 $D_{\text{dtw}}(X, Y) = 14$。

3	2	3	5	8	10	14
4	1	2	4	7	9	13
3	1	3	6	10	13	18
	4	5	6	7	6	8

图 4.16　累积距离的计算及动态弯曲路径

DTW 距离定义了两个序列间的最佳对齐匹配关系，能较好地支持时间序列在时间轴上的弯曲和伸缩等形变，且可以度量两个非等长序列的相似性。时间轴弯曲和伸缩在时间序列中普遍存在，且无法通过一般的规范化或预处理方法来消除，因此 DTW 距离在时间序列相似性度量中被广泛采用。但其存在两个缺陷：时间复杂度较高；不满足距离三角不等式，直接利用距离三角不等式进行索引查询会遗漏正确结果。但其较高的匹配精度和鲁棒性还是吸引了众多研究者的关注，成为当前相似性度量中的研究热点之一。

4.4.4 最长公共子串

当两条时间序列在大部分时间段具有相似的形态，而只在很短的时间范围内发生剧烈突变或间断时，如图 4.12（d）所示，欧氏距离和 DTW 距离都忠实地记录了时间序列的不连续性对时间序列的相似性产生的影响，无法准确地衡量时间序列发生短期突变或间断时的相似性。

最长公共子串（Longest Common Subsequence, LCS）已经在语音识别和文本匹配研究中得到广泛应用，其基本思想是：用最长公共子串的长度来衡量两个字符串的相似程度。

对于时间序列来说，一种直接的方法就是把时间序列的序列值离散化为单个字符，从而把时间序列转换为字符串。将两个符号化后的时间序列的最长公共子串的长度除以时间序列字符串的总长度，就是最基本的 LCS 距离计算方法。

设时间序列 $X = (x_1, x_2, \cdots, x_n)$、$Y = (y_1, y_2, \cdots, y_n)$，它们满足以下两个条件的最长公共子序列分别为 $X' = (x_{i_1}, x_{i_2}, \cdots, x_{i_l})$ 和 $Y' = (y_{j_1}, y_{j_2}, \cdots, y_{j_l})$：

（1）对任意 $1 \leqslant k \leqslant l$，都满足 $i_k < i_{k+1}$，$j_k < j_{k+1}$；

（2）对任意 $1 \leqslant k \leqslant l$，都有 $x_{i_k} = y_{j_k}$。

那么，时间序列 X 和 Y 之间的相似度定义为 $sim(X, Y) = l / n$。最长公共子串能克服时间序列的短期突变或间断带来的相似性问题，但无法处理振幅平移、时间轴伸缩和弯曲等形变。

4.4.5 编辑距离

编辑距离（Edit Distance）是字符串中的一种度量距离，它的基本思想是利用两个字符串之间，其中一个字符串转换成另一个字符串所需要的最少编辑操作次数来衡量字符串的相似性，这里的编辑主要是指插入、替换或者删除一个字符。

这种在编辑距离概念上形成的相似性度量，基本思想就是如果两个时间序列越相似，则将其中一个时间序列变换成另一个所做的操作就越少。它定义一系列的操作过程以及计算这些操作所做功大小的代价函数，利用两个序列间转换所需要的代价之和来表示时间序列的相似性。这就要求将时间序列进行量化和编码，用字符串表示初始时间序列，再采用编辑距离来进行时间序列的相似性度量。

该方法能够充分利用各种成熟的字符串匹配算法，易于理解，但是要求将时间序列进行编辑处理为字符串，转换过程精度不高，容易影响度量效果。

最长公共子串和编辑距离都以时间序列符号化为前提，如何选择合适的离散算法，如何保持变量之间的相互关系，如何合理确定字符表的大小都是符号化方法面临的问题。

以上为时间序列相似性度量的主要方法，它们在不同领域得到应用。各种距离函数都是能反映时间序列相似性的某一侧面，选择某一种距离函数是为了使时间序列相似的特征能够很好地体现出来。每种度量方式都具备一定的优点和缺点，针对不同特性的时间序列，都多多少少存在时间复杂度、准确性等方面的问题，因此针对不同的时间序列，结合不同的时间序列表示方法，应该选择适合的距离函数进行相似性度量。

4.5 时间序列的相似模式搜索

相似模式搜索是以某种相似性度量方法为基础，在时间序列数据集中，寻找与给定模式相似的时间序列。时间序列数据库中的序列数量众多，且相似性度量的计算复杂度较高，如果用指定模式序列逐一与其他序列进行比较，搜索效率很低，在实际应用中往往是不可行的，因此高效的搜索方法是实现相似模式挖掘的关键环节。

4.5.1 相似模式搜索的分类

最常用的时间序列查询方式有两种：k 近邻查询和 ε 范围查询。

（1）k 近邻查询。已知时间序列数据库 $TB = \{S_1, S_2, \cdots, S_t\}$，给定查询序列 Q、距离测度 D 和正整数 k（$k > 1$），从 TB 中找出与 Q 满足距离测度 D 的 k 个最小距离的序列集合 NN，即 $NN = \{Y_i \mid Y_i \in TB, 1 \leqslant i \leqslant k\}$，且 $\forall R_j \in TB - NN$，$\forall Y_i \in NN$，$D(Q, Y_i) \leqslant D(Q, R_j)$（$1 \leqslant i \leqslant k$，$1 \leqslant j \leqslant t - k$）。当 $k = 1$ 时，又称为最近邻查询。

（2）ε 范围查询。已知时间序列数据库 $TB = \{S_1, S_2, \cdots, S_t\}$，给定查询序列 Q、距离测度 D 和阈值 ε，从 TB 中找出所有与 Q 在距离测度 D 上满足 ε 相似的 S_i，即找出 $\{S_i \mid D(Q, S_i) \leqslant \varepsilon, 1 \leqslant i \leqslant t\}$，这个查询过程称为 ε 范围查询。

两种查询方式在一定条件下能够相互转换，如无特殊说明，本章使用的查询方式均为 ε 范围查询。

按照查询对象的不同，相似模式搜索可分为：全序列搜索和子序列搜索。

（1）全序列搜索。已知时间序列数据库 $TB = \{S_1, S_2, \cdots, S_t\}$，给定查询序列 Q、距离测度 D，在距离测度 D 下查找与 Q 相似的所有 $S_i (1 \leqslant i \leqslant t)$ 的过程即为全序列匹配。

（2）子序列搜索。已知时间序列数据库 $TB = \{S_1, S_2, \cdots, S_t\}$，给定查询序列 Q、距离测度 D，在距离测度 D 下查找与 Q 相似的所有 $S_i[j:k]$（$1 \leqslant i \leqslant t, 1 \leqslant j \leqslant k \leqslant |S_i|$）的过程即为子序列匹配。

显然子序列匹配问题要比全序列匹配复杂得多，这种复杂性不仅体现在查询的对象急剧增长，并且会影响到时间序列的模式表示方法、距离度量以及后面将要讨论的索引模型结构的建立方法。

根据查询序列与结果序列的长度是否相等，可分为定长查询和可变长度查询。它由具体的距离测度决定，如：欧氏距离与定长查询对应、DTW 距离与可变长度查询对应。

在时间序列相似模式挖掘的应用中，可变长度的子序列搜索更具实际价值。例如，飞行数据是以架次为单位进行记录的，比较两个架次序列的相似性意义不大，我们关心的往往只是其中较短的一段序列；此外，某种模式（或状态）的持续时间并不固定，在时间序列相似模式搜索问题中，可变长度的子序列匹配问题更具一般性，是更为复杂的一种情况。

4.5.2 查询策略与查询完备性

顺序扫描是一种最直观的查询策略，即用查询序列逐一与数据库中的所有序列进行模式匹配，找出满足相似条件的序列。然而，时间序列数据库包含的序列数量通常很多，子序列数量更为庞大，且相似性度量的计算复杂度较高，因此顺序扫描方法往往是不可行的。为了提高搜索效率，需要一个更好的查询策略。

目前常用的搜索一般都采用如下策略：首先将时间序列映射到低维特征空间，转换为低维空间中的点对象或者其他几何对象；然后采用空间索引结构组织这些低维空间对象；

最后，使用查询序列的低维特征在索引结构上进行查询，通过索引的过滤和剪枝策略来提高查询效率。

相似性度量（例如 DTW 距离）的计算复杂度较高，可能不满足距离三角不等式，因此不能直接用于索引查询。为此需要寻找一种计算更简单，且易于进行索引查询的距离度量来粗略地估计原始距离，称为下界距离，利用它在索引结构上执行查询，过滤掉大部分不满足相似性要求的序列，从而提高查询效率。

下界距离应满足 3 个条件：

（1）正确性：经下界距离过滤得到的候选集包含所有满足条件的序列，即不允许出现漏报。

（2）有效性：下界距离的计算复杂度应尽量低。

（3）紧致性：下界距离的度量结果应尽量逼近 DTW 距离，这样才能使得候选集不致过大，从而减少后处理的计算量。

两步查询策略的基本流程如图 4.17 所示。

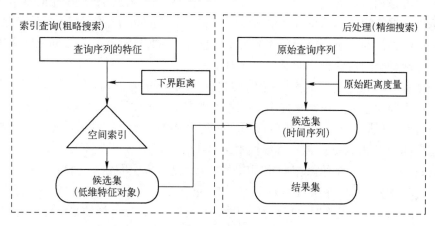

图 4.17　两步查询策略的基本流程

（1）使用下界距离进行索引查询。通过特征表示，将时间序列映射到低维特征空间，采用空间索引结构组织这些低维空间对象；然后使用查询序列的特征、利用下界距离在索引结构上进行查询，通过索引的过滤和剪枝策略来提高查询效率，索引查询结果即为候选集。索引查询是一个过滤步骤，可以视为一个粗略查询过程，去除大部分不满足相似性要求的序列，与时间序列数据库相比，候选集中包含的序列数量大大减少。

（2）使用原始距离对候选集进行后处理。计算查询序列与候选集中每个时间序列的原始距离，去除不符合相似性条件的序列，得到结果集。后处理是一个精炼步骤，通过原始距离对候选集进行精细查询。

查询完备性是衡量查询策略优劣的一个重要标准，它包括两层含义：完全性和准确性。设 S 是数据库 TB 中满足相似性匹配要求的序列集合，R 是实际查询到的序列集合。若 R 是 S 的子集，则查询不是完全的，$S-R$ 表示遗漏的正确结果，称发生漏报（False Dismissals）；相反，若 S 是 R 的子集，则查找是不准确的，$R-S$ 表示引入的错误结果，称发生误报（False Alarms）。

通常查询准确性较容易得到保证，只需结果集中的序列都满足相似模式匹配要求即可。而查询完全性却并不是所有的查询策略都能达到的，有时会为了查询的效率而损失一定的查询完全性。

这里介绍一个引理，满足该引理条件，能够保证时间序列在变换到特征空间后，在索引查询阶段不会发生漏报。

设时间序列 Q 和 C，通过特征提取函数 F 映射到特征空间，为了保证特征空间的搜索不产生漏报，必须满足：

$$D_{\text{feature}}(F(Q), F(C)) \leqslant D_{\text{true}}(Q, C) \tag{4.42}$$

其中 D_{feature} 和 D_{true} 分别表示特征空间和原始空间的距离度量函数，该引理称为下界距离引理。

4.5.3 空间索引结构

搜索速度是相似模式挖掘的一个关键问题，提高搜索速度的核心是空间索引技术。空间索引是指依据空间实体的位置和形状或空间实体之间的某种空间关系，按一定顺序排列的一种数据结构，其中包含空间实体的概要信息（如对象的标识）及指向空间实体数据的指针，它体现了空间位置到空间对象的映射关系。

R-Tree 是一种常见的空间索引技术，最初由 Guttman 于 1984 年提出，随后人们在此基础上针对不同的空间操作需求提出了各种改进方案，如 R^+-Tree、R^*-Tree 等，经过二十多年的发展，逐渐形成了一个枝繁叶茂的空间索引 R-Tree 家族。从其覆盖的广度和深度来看，多维空间索引 R-Tree 就像一维线性索引 B-Tree 一样，是无处不在的。

R-Tree 是一种处理多维数据的空间索引结构，是许多空间索引方法的基础，在空间索引领域中占有重要地位。它把 B-Tree 的思想扩展到多维空间，采用了 B-Tree 分割空间的方法，并在添加、删除操作时采用合并、分解节点的方法，保证树的平衡性。因此，R-Tree 是一棵用来存储高维数据的平衡树。

R-Tree 的节点分为两类：内部节点和叶节点。内部节点包括若干个形如（ptr, R）的项，其中 ptr 是指向树中下一层节点的指针，R 是包括 ptr 所指向节点中的所有最小边界矩形（MBR）的最小矩形。叶节点包括若干个形如（oid, R）的项，其中 oid 是指向目标对象的标识符，R 是目标对象的 MBR。

设 M 为节点包含的最大项数，m（$m \leqslant M/2$）为节点包含的最小项数，则 R-Tree 具有如下特性：

（1）叶节点包括最多 M、最少 m 个项（叶节点同时又是根节点除外）。

（2）叶节点中的每个项（oid, R），R 是包含由 oid 指定的数据对象的 MBR。

（3）内部节点包括最多 M、最少 m 个项（内部节点同时又是根节点除外）。

（4）内部节点中的每个项（ptr, R），R 是包含 ptr 所指向的子节点的所有矩形的 MBR。

（5）根节点最少包括两个子节点（根节点同时又是叶节点除外）。

（6）所有叶节点出现在树的同一层次上。

R-Tree 的平面划分与数据结构如图 4.18 所示。

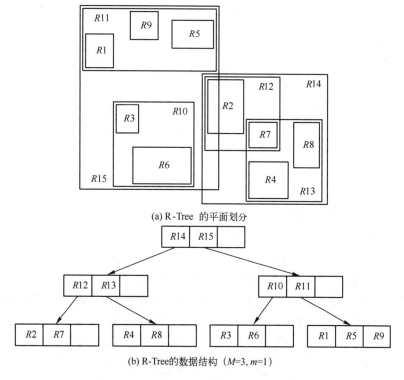

(a) R-Tree 的平面划分

(b) R-Tree的数据结构（$M=3, m=1$）

图 4.18　R-Tree 的平面划分与数据结构

此外，R-Tree 是一种完全动态的空间索引数据结构，插入、删除和查询可以同时进行，并且不需要周期性的索引重组。

4.5.4　相似序列搜索流程

时间序列相似模式搜索主要包括四方面的内容：

（1）对数据库中的时间序列进行特征表示。

（2）用索引结构组织时间序列特征。

（3）用查询序列的特征在索引结构上进行相似性搜索，得到候选集。

（4）对候选集进行后处理，得到最终搜索结果。

下面用一个例子来解释图 4.17 所示的搜索流程。假设搜索方式是全序列搜索，特征表示采用的是离散傅里叶变换，相似性度量方法采用欧氏距离。

对数据库中的所有时间序列进行离散傅里叶变换，提取前 k 个系数作为时间序列的特征；然后，使用空间索引结构（例如 R-Tree）对时间序列的特征进行组织，见图 4.19。

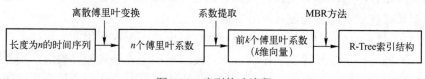

图 4.19　索引构建流程

接下来，使用查询序列的特征（离散傅里叶变换的前 k 个系数），依据下界距离（欧氏距离）在索引结构上执行查询，得到候选集。

最后，把索引查询的候选集映射为时间序列，再用原始距离（欧氏距离）对候选集中的时间序列进行后处理，得到最终查询结果，见图 4.20。

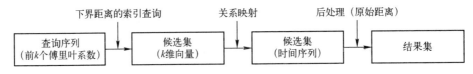

图 4.20　相似模式搜索流程

利用索引结构进行粗略搜索，可以过滤掉大部分不相似序列，与原始时间序列数据库相比，候选集中的序列数量大大减少，因此能够提高搜索速度。但这种搜索方法能保证非漏报吗？也就是说，如果不采用索引技术，用欧氏距离直接对数据库中的时间序列顺序扫描，搜索结果为集合 S；使用以上搜索方法得到的结果是否也为 S 呢？下面进行简要分析。

假设有时间序列 $x = (x_1, x_2, \cdots, x_n)$、$y = (y_1, y_2, \cdots, y_n)$，分别对它们进行离散傅里叶变换，得到 $F(x) = (X_1, X_2, \cdots, X_n)$、$F(y) = (Y_1, Y_2, \cdots, Y_n)$。根据 Parseval 定理有：

$$\left(\sum_{i=1}^{n} |x_i - y_i|^2 \right)^{\frac{1}{2}} = \left(\sum_{i=1}^{n} |X_i - Y_i|^2 \right)^{\frac{1}{2}} \tag{4.43}$$

即离散傅里叶变换能够保持序列的欧氏距离。选取离散傅里叶变换的前 k（$k<n$）个系数作为特征，因此有

$$\left(\sum_{i=1}^{k} |X_i - Y_i|^2 \right)^{\frac{1}{2}} \leqslant \left(\sum_{i=1}^{n} |X_i - Y_i|^2 \right)^{\frac{1}{2}} \tag{4.44}$$

即有

$$\left(\sum_{i=1}^{k} |X_i - Y_i|^2 \right)^{\frac{1}{2}} \leqslant \left(\sum_{i=1}^{n} |x_i - y_i|^2 \right)^{\frac{1}{2}} \tag{4.45}$$

由式（4.45）可知满足下界距离引理，因此搜索过程不会产生漏报，即使用以上搜索方法得到的结果也是 S。

4.5.5　后处理中相似性度量的优化方法

索引查询能够去除大量的不相似序列，减小候选集空间，但由于相似性度量的计算复杂度较高（例如 DTW 距离），用顺序扫描方法进行后处理的计算代价也是不可忽视的。本节将对相似模式搜索中的后处理过程进行优化。

提前终止（Early Abandon）是在时间序列相似模式匹配中采用的一项技术，其递进地计算距离，不断与给定的差异阈值比较，一旦发现累积距离超过差异阈值，则断定最终的距离必将超过差异阈值，此时停止计算。提前终止能够及时停止在不符合条件序列上的相似性计算，从而节省计算资源，提高搜索效率。

例如，设查询序列为 $Q=(4,5,6,7,6,8)$，序列 $C=(3,4,3,4,1,0)$ 是索引查询得到的候选集中的序列，采用欧氏距离进行相似性度量，其中 $\varepsilon=2$。根据 $d(X,Y)\leqslant\varepsilon$ 判断 Q、C 是否相似时，并不需要把整个欧氏距离的结果计算出来再进行相似性判断，只需要计算到 $\sum_{i=1}^{3}|q_i-c_i|^2>4$ 时，即可以终止计算，从而得出 Q、C 不相似的结论，其余的计算则可以省去。

针对 DTW 距离也有相应的后处理优化方法，设时间序列 $Q=\langle q_1,q_2,\cdots,q_n\rangle$、$C=\langle c_1,c_2,\cdots,c_m\rangle$，计算 DTW 距离时，需要构建 $n\times m$ 的累积距离矩阵，矩阵元素 $\gamma_{i,j}$ 的定义见式（4.41），按一定的方向逐行（列）计算矩阵元素 $\gamma_{i,j}$，直至求出 $D_{dtw}(Q,C)=\gamma_{n,m}$。因此需要求解矩阵中全部 $n\times m$ 个元素才能得出 DTW 距离，然后再与差异阈值 ε 比较，若 $D_{dtw}(Q,C)>\varepsilon$ 则 Q、C 不相似，否则相似。

在执行 ε 范围查询时，实质上关注的只是 $D_{dtw}(Q,C)$ 与 ε 的关系，而非 $D_{dtw}(Q,C)$ 的具体值，如果只进行了部分计算就能确定 $D_{dtw}(Q,C)>\varepsilon$，此时可以提前终止其余矩阵元素的计算。

设多元时间序列 $Q=\langle q_1,q_2,\cdots,q_n\rangle$、$C=\langle c_1,c_2,\cdots,c_m\rangle$，累积距离矩阵中的元素 $\gamma_{i,j}$（$1\leqslant i\leqslant n$，$1\leqslant j\leqslant m$），若 $\exists i$（$1\leqslant i\leqslant n$）、$\forall j$（$1\leqslant j\leqslant m$）（或 $\exists j$（$1\leqslant j\leqslant m$）$\forall i$（$1\leqslant i\leqslant n$））均有 $\gamma_{i,j}>\varepsilon$，则 $D_{dtw}(Q,C)>\varepsilon$。

这说明若累积距离矩阵一行（列）中的元素均大于 ε，则 $D_{dtw}(Q,C)>\varepsilon$。据此给出 DTW 距离计算的优化策略：构建累积距离矩阵，按照一定方向逐行（列）计算矩阵元素；当完成矩阵中一行（列）的计算后，如果该行（列）上的所有元素都大于阈值 ε，则计算提前终止。

下面给出 DTW 距离的优化算法 DTW_Optimized(Q，C，ε)，算法以多元时间序列 $Q=\langle q_1,q_2,\cdots,q_n\rangle$、$C=\langle c_1,c_2,\cdots,c_m\rangle$ 及距离阈值 ε 作为输入，若 Q、C 相似（$D_{dtw}(Q,C)\leqslant\varepsilon$），返回 true，否则返回 false。DTW 距离的优化算法如下。

```
算法 DTW_Optimized (Q，C，ε)
    设 M 为 n×m 的累积距离矩阵
    M[1][1] = D_base(q₁,c₁) ;
    if M[1][1] > ε
        return false ;
    //初始化 M[1][.] (M 的第一行元素)
    for   i = 2  to  m
        M[1][i] = M[1][i-1] + D_base(q₁,cᵢ) ;
    end
    if   Min( M[1][.] ) > ε
        return false ;
    //初始化 M[.][1] (仿照上 5 行代码执行)
    for   i = 2  to  n
        for   j = 2  to  m
            v = Min{ M[i-1][j-1], M[i-1][j], M[i][j-1] };
            M[i][j] = v + D_base(qᵢ,cⱼ) ;
        end
        if   Min( M[i][.] ) > ε
            return false ;
    end
    return   M[n][m] ≤ ε ;
```

4.6 飞行数据相似模式挖掘案例

随着现代科技的发展，飞机采用了先进的智能控制系统和综合航空电子系统，飞机性能在不断提高的同时，结构日益复杂化、综合化。为了监测飞行状态，保障飞行安全，越来越多的监测传感装置被加装到飞机上，用于采集反映飞机技术状态和飞行状态的数据信息，为飞机状态监控和性能分析提供了丰富的数据资源，这些信息主要以飞行数据的形式存在。

在 GJB 2692–96 中对飞行数据记录器的定义为："记录飞行状态、操纵状态和飞机/直升机、发动机有关信息的机载自动记录装置。"飞行数据真实地反映了飞机各系统的工作情况和飞机的各种飞行状态，为开展维修保障、评估飞行训练质量以及调查分析飞行事故提供了必要的客观依据。飞行数据的使用一方面降低了某些分析工作的技术难度，另一方面在处理飞行事件时也可以尽量尊重事实、减小人为因素的干扰。

飞行数据是以时间顺序记录并保存的，在一个时刻同时记录几十个乃至上百个数值，是一种典型的时间序列数据。飞行数据的模式可以表示一段时间内飞行数据所反映飞行过程中机载设备的工作状态（如设备故障）和飞机的飞行状态（如飞行特技动作）。在飞行数据中挖掘特定模式的目的和意义可概括为：

（1）特定模式的飞行数据往往具有明确的物理意义。例如，从海量飞行数据中识别出某个飞行动作，并对动作完成情况进行评估。因为标准飞行动作有比较明确的定义，相当于给定一个查询模式，需要进行的工作是从海量时间序列中找到该模式对应的序列，并评估它们的相似程度，这正是相似模式挖掘要解决的问题。同样的，也可以从飞行数据中识别复杂故障模式或潜在故障模式，从而为故障的预警和诊断服务。

（2）作为对飞行数据进行深层次分析的基础。目前飞行数据应用中存在的主要薄弱环节就是缺乏对长期历史数据进行系统分析的方法和手段，这方面的应用之所以难以突破，是因为飞行数据的数据量太大，且状态千变万化，如何从中选择有效的数据作为分析对象是问题的关键，而特定模式的查询为飞行数据的选择提供了重要技术支撑。

4.6.1 飞行数据相似模式挖掘流程

下面给出飞行数据相似模式挖掘的总体流程，见图 4.21，对图中主要部分及功能进行如下说明。

1. 用户界面

既包括用户提交查询的接口，也包括查询结果的显示界面。用户提交查询时，不仅要输入飞行数据的查询序列，还包括相关参数的设置，如阈值的选取、相似性度量方法的确定等。查询序列经过一系列变换，转换为查询序列的特征，作为索引查询的输入。

2. 搜索过程

这是系统的关键部分，重点是多元时间序列（MTS）匹配模型和匹配模型下界距离的设计。相似性内核还涵盖了序列的模式表示，因为模式表示与距离度量联系紧密，需要整体考虑。

（1）查询序列特征在索引上的搜索可以视为粗略搜索，以匹配模型的下界距离作为过滤条件，搜索结果进入候选集。其特点是执行效率高、速度快，且不会产生漏报，但候选集中会包含误报序列。

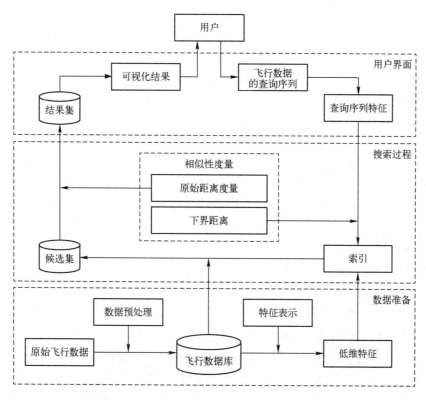

图 4.21　飞行数据相似模式挖掘的总体流程

（2）原始查询序列在候选集中的搜索可以视为精细搜索，以 MTS 匹配模型作为过滤条件，去除误报序列，搜索结果进入结果集。MTS 匹配模型的计算复杂度较高，但同原始搜索空间相比，候选集中的序列数量大大减少，因此该过程的执行时间显著减少。

3. 数据准备

主要包括数据预处理和索引建立两项内容，该过程在执行查询之前已事先完成，一般不需要提交查询时再进行处理。数据预处理包括飞行数据的去噪、缺失飞行数据的填补、特征降维等。

4.6.2　基于相似模式挖掘的飞行训练质量评估

下面以飞行训练质量评估为背景，给出飞行数据相似模式挖掘的一个应用实例，并分析其在飞行数据分析处理中的优势。

飞行数据记录了飞机的飞行状态及飞行员对飞机的操纵信息，这些信息为飞行训练质量评估（民航称为飞行操纵品质监控）提供了相对准确、客观的依据。《中国民航飞行品质监控工作管理规定》把飞行品质监控定义为："机载设备采集和记录的飞行数据对机组操纵、发动机等进行事件探测和趋势分析的一种方法。"

飞行训练质量评估的主要目的是及时发现飞行员操纵、发动机工作状况以及飞机性能等方面存在的问题，对提高飞行员的飞行驾驶技术，保障飞行安全具有重要意义。传统的飞行训练质量评估方法是教练机跟班飞行或飞行过程再现，然而前者仅能监控个别飞行架次，后者虽能监控每一个飞行架次，但花费的时间太长，且需要人工判别，对飞行训练中可能存在的一些粗训、偏训、漏训现象缺乏有效的科学监控手段。因此，基于飞行数据的训练评估方法就显得十分必要，它不仅速度快，而且能够排除人为因素干扰。

飞行动作可分为基本驾驶动作和战术机动动作，基本驾驶动作又包括复杂特技课目和仪表课目，其中复杂特技课目分为水平机动、垂直机动和水平垂直组合机动三大类。典型水平机动包含盘旋、加力盘旋以及水平快速（或慢速）横滚等；典型垂直机动包含半滚倒转、斤斗以及半斤斗翻转等；典型水平垂直组合机动包含上升（或下降）横滚等。

从数据分析的角度看，每个飞行动作都有其特点，都对应着一种多元序列数据模式。根据飞行训练大纲，各种飞行动作对应的飞行数据变化特征不同，表 4.1 给出了某型飞机在完成"水平盘旋"动作时的飞行数据特征，变量一旦超出规定的变化范围，就可以认为飞行员没有按照训练大纲要求完成相应的课目，表中的"—"表示对应数据较小或在飞行动作评判中可以不予考虑。

为了便于飞行员根据实际情况完成飞行动作，飞行大纲虽然给出了对飞行动作的总体要求，但却没有十分具体的动作描述。这样，对于同一种飞行动作，由于飞行员操作水平的差异，就会形成不同的飞行数据特征。

表 4.1　某型飞机"水平盘旋"动作对应的飞行数据特征

飞行动作	坡度/(°)	航向累加变化量/(°)	高度累加变化量/m	速度累加变化量/(km/h)
45°盘旋	≈±45	≈±360	<±500	<±150
最大允许坡度盘旋	>±60	≈±360	—	<±150
减速盘旋	±（60~80）	≈±360	—	<−300

在针对某个飞行动作进行训练评估时，为了使评价结果尽量客观，根据专家经验，事先在该类动作中选择 n 个完成较好、具有代表性的动作数据作为标准样本。将待评价的飞行数据分别与每个标准样本计算相似度，以 n 个相似度的平均值作为评价标准，与标准样本相似度越高的飞行数据，对应的飞行动作完成质量可以被评估为越好。

4.7　本　章　小　结

本章首先介绍了时间序列相似模式挖掘的相关概念，然后依次介绍了时间序列的预处理、特征表示、相似性度量与相似模式搜索，最后给出了一个飞行数据相似模式挖掘的应用案例。

第 5 章 武器装备数据分类挖掘

分类在数据挖掘中是一项非常重要的任务，它提取刻画重要数据类的模型，以便能够使用模型预测类标号未知的对象。分类挖掘出的规则可以用多种形式表示，如分类（IF-THEN）规则、决策树、数学公式或神经网络等。本章重点介绍 ID3、C4.5 决策树方法，SLIQ、SPRINT 算法，贝叶斯和支持向量机方法，结合具体的武器装备数据挖掘案例，从基本思想、算法流程等方面对其进行阐述。

5.1 基 本 概 念

分类的目的是提出一个分类函数或分类模型，通过分类模型将数据对象映射到某一个给定的类别中。分类可用于预测，目的是从历史数据记录中自动推导出新数据的分类描述，从而为实际的类别归属决策提供支持。

数据分类一般分为以下两步：

（1）建立分类模型，描述预定的数据类集或者概念集。通过分析由属性描述的数据库元组来构造模型。假定每个元组属于一个预定义的类，由一个称作类标号属性的属性确定。对于分类，数据元组也称作样本、实例或对象。为建立模型而被分析的数据元组构成训练数据集。训练数据集中的单个元组称作训练样本，并随机地由样本选取。由于提供了每个训练样本的类标号，该步也称作有指导的学习（模型的学习是在被告知每个训练样本属于哪个类的"指导"下进行）。它不同于无指导的学习（比如聚类），无指导学习中每个训练样本的类标号是未知的。通常，训练出来的模型可用分类规则、判定树、数学公式等形式表示。这些规则可以用来对新的数据样本进行分类，也能用来对数据元组的集合进行更好的理解。

（2）使用训练出来的模型进行分类。首先评估模型的预测准确率。一般采用测试集进行验证，测试集是一个具有类标号属性、随机选取并独立于训练样本的元组集合。通过计算测试集中元组被模型正确分类的百分比来评价给定测试集上的分类准确率。如果认为模型的准确率可以接受，就可以用它对类标号未知的数据元组或对象进行分类。例如，根据顾客历史数据中挖掘出的信誉度分类规则来预测新的或未来顾客的信誉度。

目前，分类方法的研究成果较多，常从以下几个方面来评估一个分类方法的好坏。

（1）准确率：模型正确预测新数据类标号的能力。

（2）计算复杂度：方法实现时对时间和空间复杂度的要求。

（3）健壮性：有噪声数据或空缺值数据时模型正确分类或预测的能力。

（4）伸缩性：对于给定的大量数据，有效地构造模型的能力。

（5）可解释性：训练出来的模型能被理解和认识的程度。

5.2 分类挖掘的决策树方法

决策树是用于分类和预测的主要技术之一，决策树学习是以实例为基础的归纳学习算法。它着眼于从一组无次序、无规则的事例中推理出决策树表示形式的分类规则。它采用自顶向下的递归方式，从大量数据记录中，根据内部属性值的比较，从根节点开始向下分支，树的每个节点代表属性的不同取值，每条路径能够被理解为一个决策事件，可推理出不同的结果，在每个分支子节点重复建立向下的节点和分支，叶节点是待划分的类或类分布。决策树分类的关键是树的构造，由每个节点引申每个属性的判别分支。内部节点是属性或属性的集合，叶节点代表样本所属的类或类分布。

决策树算法主要是通过构造决策树来发现数据中蕴涵的分类规则，如何构造精度高、规模小的决策树是决策树算法的核心内容。最早的决策树算法是由 Hunt 等人于 1966 年提出的 CLS，后发展到 ID3，最后又演化为能处理连续属性的 C4.5，另外还有 CART、PUBLIC 等算法。

5.2.1 ID3 算法

ID3 算法是 1986 年由 Quinlan 提出的，它是一种自顶向下的基于信息熵的决策树学习算法，它把 Shannon 的信息论引入到决策树构造算法中，采用信息熵作为属性选择标准，对训练实例集进行分类，并构造决策树来预测如何由测试属性对整个实例空间进行划分。

5.2.1.1 算法的基本原理

先以二分问题（分成两类）说明 ID3 算法的基本原理。设 $E = F_1 \times F_2 \times \cdots \times F_n$ 是 n 维有限向量空间，其中 F_j 是有限离散符号集，E 中的元素 $e = <v_1, v_2, \cdots, v_n>$ 称作实例，其中 $v_j \in F_j, j = 1, 2, \cdots, n$。设 PE 和 NE 是 E 的两个实例集，分别称为正例集和反例集。假设向量空间 E 中的正例集 PE 和反例集 NE 的大小分别为 p 和 n。ID3 算法基于以下两个假设：

（1）在向量空间 E 上的一棵正确决策树对任意实例的分类概率同 E 中正反例的概率一致。

（2）一棵决策树能对一个实例做出正确类别判断所需的信息量为：

$$I(p,n) = -\frac{p}{p+n}\log_2^{\frac{p}{p+n}} - \frac{n}{p+n}\log_2^{\frac{n}{p+n}} \qquad (5.1)$$

如果以属性 A 作为决策树的节点属性，A 具有 v 个值 $\{v_1, v_2, \cdots, v_v\}$，它将 E 分为 v 个子集 $\{E_1, E_2, \cdots, E_v\}$，假设 E_i 中含有 p_i 个正例和 n_i 个反例，子集 E_i 的信息熵为 $I(p_i, n_i)$，以属性 A 为节点进行分类后的期望信息熵为：

$$E(A) = \sum_{i=1}^{v} \frac{p_i + n_i}{p+n} I(p_i, n_i) \qquad (5.2)$$

进而可以得出以 A 作为分类属性的信息增益为：

$$gain(A) = I(p,n) - E(A) \qquad (5.3)$$

ID3 算法选择信息增益 *gain* 值最大的属性作为决策树分类节点。对于一个给定的训练样本数据集，$I(p,n)$ 是一定的，所以 ID3 选择期望信息熵 E 最小的属性作为分类节点。对决策树当前节点递归地计算 *gain* 值，并进行比较，就会生成一棵完整的决策树。

以上是二分问题的分析，很容易将其扩展到多分类问题，设样本集 S 共有 C 类样本，每类样本数为 $P_i, i=1,2,\cdots,C$。如果以属性 A 作为决策树的节点属性，属性 A 具有 v 个值 $v_1, v_2, \cdots, v_v$，它将 E 分为 v 个子集 $\{E_1, E_2, \cdots, E_v\}$，假设 E_r 中含有第 j 类样本的个数为 $\mathrm{Pr}_j, j=1,2,\cdots,C$，那么子集 E_r 的信息量是 $I(E_r)$。

$$I(E_r) = -\sum_{j=1}^{C} \frac{\mathrm{Pr}_j}{|E_r|} \log_2 \frac{\mathrm{Pr}_j}{|E_r|}$$

以 A 为节点进行分类后的期望信息熵为：

$$E(A) = \sum_{i=1}^{v} \frac{|E_r|}{|E|} I(E_r)$$

则计算出每个非类标号属性的 $E(A)$ 后，选择使 $E(A)$ 最小的属性作为分支节点属性，此时得到的信息增益将最大。

ID3 算法以其易于理解的特性受到广泛关注及应用。它的目的是构造与训练数据一致的一棵决策树。在构造决策树时可采用递归策略，从简单到复杂，从顶向下，用信息增益作为指导分支生成的评价函数，信息增益越大的属性对训练越有利。

5.2.1.2 算法的基本策略

具体地，ID3 算法构造决策树的基本策略为：

（1）决策树从代表整个训练样本集全部记录的单个节点（作为根节点）开始。

（2）如果样本记录都在同一个类，则该节点成为树叶，并用该节点中样本所属的类进行标记。

（3）如果样本记录不属于同一个类，则选择一个属性对样本进行分类。算法使用基于熵的度量指标信息增益作为启发信息，从样本属性候选集合中选择能将样本最优分类的属性。该属性成为该节点的"测试"或"判定"属性。注意，在该算法中所有描述性属性都是离散的，连续数值型属性必须离散化。

（4）对选定的测试属性的每个值，创建一个分支，并由此将样本数据划分到各个分支中。

（5）算法递归地使用于上述过程，形成每个划分上的子样本决策树。一旦一个属性被选择为一个节点的测试属性，就排除其在该节点的任何后代节点上做测试属性的可能。

（6）当满足以下条件之一时，以上递归步骤停止：①给定节点上的所有样本数据都属于同一类，即所有记录类标号属性的取值相同；②没有剩余候选属性可以用来进一步划分样本，在此情况下，该节点的数据不属于同一类；③某分支中没有样本记录。

5.2.1.3 算法的形式化描述

ID3 决策树生成算法的形式化描述如下：

```
Decision_Tree(samples, attribute_list)
{
```

```
//决策树生成算法
//samples 是训练样本集，attribute_list 是候选属性集合

//创建节点 node
Node node = new Node();
if (samples 都属于同一个类别 C)then
return node; //返回 N 作为叶节点，并标记类别 C
if attribute_list 为空 then
    return node; //返回 N 作为叶节点，并标记 samples 中数量最多的类别

//选择 attribute_list 中具有最大信息增益的属性 attr
Attribute attr = getMaxGain();
node.Attribute = attr;   //标记节点 node 为 attr

//根据所选属性中的值对 samples 进行划分
for each (AttributeValue value in attr.Values){
    //得到一个条件为 attr =value 的子集
List<Sample> subsamples = GetSubSamples(value);
    If(subsamples.Length =0)
       return;
    else
       Decision_Tree(subsamples, attribute_list-{attr}); //递归调用
    }
}
```

5.2.1.4 算法求解示例

下面选择一个小的训练数据集来对 ID3 算法的分类过程进行说明。根据表 5.1 所示的训练集来判断在某天气状况下某机型的飞机是否适合飞行。

表 5.1 训练数据集

天气	气温	湿度	风力	是否适合飞行
晴	冷	正常	有	适合
多云	热	正常	有	适合
雨	适中	高	有	不适合
晴	热	高	有	不适合
多云	冷	正常	无	适合
雨	冷	正常	有	不适合
晴	适中	高	有	不适合
晴	热	高	无	不适合
多云	冷	正常	有	适合
雨	适中	正常	无	适合
雨	冷	正常	无	不适合

天气	气温	湿度	风力	是否适合飞行
晴	冷	高	无	不适合
雨	热	正常	无	适合
多云	冷	高	无	适合
晴	适中	高	无	适合
多云	适中	正常	有	适合

从表 5.1 可以看出该数据集具有如下特点：属性的取值均是离散型的。如果把"是否适合飞行"作为分类依据，该属性只有两种类别取值，"适合"代表正例，"不适合"代表反例。在本数据集中有 16 个实例，其中 7 个实例属于反例，9 个实例属于正例。

1．计算类别属性信息熵

根据式（5.1），计算分类前类别属性的熵为：

$$I(p,n) = -\frac{9}{16}\log_2\frac{9}{16} - \frac{7}{16}\log_2\frac{7}{16} = 0.9887$$

2．计算非类别属性信息熵

若选择天气为测试属性，天气的取值分别为：ω_1=晴，ω_2=多云，ω_3=雨，其中 $P(\omega_1) = \frac{6}{16}$，$P(\omega_2) = \frac{5}{16}$，$P(\omega_3) = \frac{5}{16}$。取晴的实例中正例有 2 个，反例有 4 个；取多云的 5 个实例中正例有 5 个，反例有 0 个；取雨的实例中正例有 2 个，反例有 3 个。根据式（5.1）和式（5.2），可以得出属性"天气"的期望信息熵：

$$E(天气) = \frac{6}{16}(-\frac{2}{6}\log_2\frac{2}{6} - \frac{4}{6}\log_2\frac{4}{6}) + \frac{5}{16}(-\frac{5}{5}\log_2\frac{5}{5} - 0) + \frac{5}{16}(-\frac{2}{5}\log_2\frac{2}{5} - \frac{3}{5}\log_2\frac{3}{5})$$
$$= 0.6479$$

同理可求得属性"气温""湿度""风力"的期望信息熵：

$$E(气温) = \frac{7}{16}(-\frac{4}{7}\log_2\frac{4}{7} - \frac{3}{7}\log_2\frac{3}{7}) + \frac{4}{16}(-\frac{2}{4}\log_2\frac{2}{4} - \frac{2}{4}\log_2\frac{2}{4}) + \frac{5}{16}(-\frac{3}{5}\log_2\frac{3}{5} - \frac{2}{5}\log_2\frac{2}{5})$$
$$= 0.9845$$

$$E(湿度) = \frac{9}{16}(-\frac{7}{9}\log_2\frac{7}{9} - \frac{2}{9}\log_2\frac{2}{9}) + \frac{7}{16}(-\frac{2}{7}\log_2\frac{2}{7} - \frac{5}{7}\log_2\frac{5}{7}) = 0.8075$$

$$E(风力) = \frac{8}{16}(-\frac{4}{8}\log_2\frac{4}{8} - \frac{4}{8}\log_2\frac{4}{8}) + \frac{8}{16}(-\frac{5}{8}\log_2\frac{5}{8} - \frac{3}{8}\log_2\frac{3}{8}) = 0.9772$$

3．计算信息增益

根据式（5.3），计算各自的信息增益为：

$$gain(天气) = I(p,n) - E(天气) = 0.9887 - 0.6479 = 0.3408$$

$$gain(气温) = I(p,n) - E(气温) = 0.9887 - 0.9845 = 0.0042$$

$$gain(湿度) = I(p,n) - E(湿度) = 0.9887 - 0.8075 = 0.1812$$

$$gain(风力) = I(p,n) - E(风力) = 0.9887 - 0.9772 = 0.0115$$

由此可知，$gain$(天气)的值最大，因此，对于本训练集，根据 ID3 算法的思想，第一个分类属性应该选择"天气"，并产生 3 个分支。分支后，包含子节点的相应样本子集的决策树如图 5.1 所示。

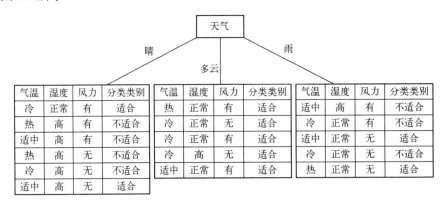

图 5.1　训练集的初始树和子集

4. 递归创建决策树

选择天气作为测试属性之后将训练实例集分为 3 个子集，生成 3 个子节点，对每个子节点递归采用上述方法进行分类直至每个节点中各实例属于同类。

当天气为多云时，易发现其中各实例均是 P 类（适合），故可直接得到叶节点。当天气为晴时，因所属的类不为同一个类，故还需要对它采用上面的方法进行分类。

$$I_{晴}(p,n)=-\frac{2}{6}\log_2\frac{2}{6}-\frac{4}{6}\log_2\frac{4}{6}=0.9281$$

$$E_{晴}(气温)=\frac{2}{6}(-\frac{1}{2}\log_2\frac{1}{2}-\frac{1}{2}\log_2\frac{1}{2})+\frac{2}{6}(-0-\frac{2}{2}\log_2\frac{2}{2})+\frac{2}{6}(-\frac{1}{2}\log_2\frac{1}{2}-\frac{1}{2}\log_2\frac{1}{2})$$
$$=0.6667$$

$$E_{晴}(湿度)=\frac{1}{6}(-\log_2\frac{1}{1}-0)+\frac{5}{6}(-\frac{1}{5}\log_2\frac{1}{5}-\frac{4}{5}\log_2\frac{4}{5})=0.6016$$

$$E_{晴}(风力)=\frac{3}{6}(-\frac{1}{3}\log_2\frac{1}{3}-\frac{2}{3}\log_2\frac{2}{3})+\frac{3}{6}(-\frac{1}{3}\log_2\frac{1}{3}-\frac{2}{3}\log_2\frac{2}{3})=0.9183$$

计算其信息增益为：

$$gain_{晴}(气温)=I_{晴}(p,n)-E_{晴}(气温)=0.9281-0.6667=0.2614$$

$$gain_{晴}(湿度)=I_{晴}(p,n)-E_{晴}(湿度)=0.9281-0.6016=0.3265$$

$$gain_{晴}(风力)=I_{晴}(p,n)-E_{晴}(风力)=0.9281-0.9183=0.0098$$

得到的 $gain_{晴}$(湿度) 最大，即湿度对分类最有帮助，所以选择湿度对天气"晴"的结构进行再次分区，产生两个分支。同理可以对天气为雨时，做出分析，发现气温对分类最有帮助，选择气温对天气"雨"的节点进行再次分类，产生 3 个分支。由此推理，最终得到的决策树如图 5.2 所示。

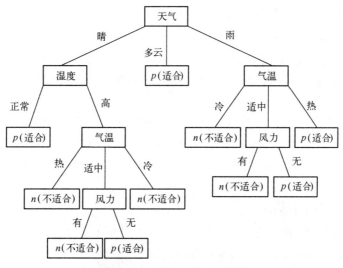

图 5.2　ID3 算法生成的决策树

5.2.2　C4.5 算法

C4.5 算法是一种非常重要的分类算法，被评为数据挖掘十大经典算法之首，它在 ID3 算法的基础上做出了重要改进。C4.5 算法由 Quinlan 提出，用信息增益率代替信息增益度来选择属性，克服了用信息增益选择属性时偏向选择取值多的属性的不足，能够完成对连续属性的离散化处理。

5.2.2.1　信息增益率

信息增益的大小衡量标准是计算每个属性在分类过程中所携带的信息量，属性信息量越大说明对分类的贡献也就越大，信息增益也就越大，反之信息增益就越小。对单一的每个属性，其信息量的计算是比较该属性存在时整个系统所含信息量与剔除该属性时系统所含信息量，两者的差值即为该属性的信息量，也就是信息增益。

信息增益是偏向含有大量值的属性，也就是谁的属性值多谁的信息增益就可能越大，但有些情况下，这种划分对分类没有什么作用。比如在一组数据中以 ID 号为属性标识，每一个 ID 号都对应唯一的元组，因此以 ID 进行分类会使数据得到大量划分，其划分得到的信息量最大，因此信息增益也最大，但是很显然 ID 属性对分类规律的挖掘起不到任何作用。

因此为了解决这个问题，Quinlan 又提出了一个新的划分标准，就是用信息增益率来代替信息增益。信息增益率采用分裂信息值来对信息增益值进行规范化。下面介绍一下信息增益率的公式。

设属性 A 具有 n 个不相同的取值 $\{a_1, a_2, a_3, \cdots, a_n\}$，则样本集 S 可以被 A 划分成 n 个子集 $S_1, S_2, S_3, \cdots, S_n$。$A$ 对 S 进行划分的信息增益率可以表示为如下形式：

$$Gainratio(A) = \frac{Gain(A)}{SplitInfo(A)}$$

其中，$SplitInfo(A) = -\sum_{i=1}^{n} P_i \log_2 P_i$。$P_i = |S_i| / |S|$ 表示属性 A 取值 a_i 时发生的概率，$|S|$ 是

样本集 S 的实例数量，$|S_i|$ 是属性值 A 取值 a_i 时的数量。

5.2.2.2 算法的基本原理

C4.5 算法选取节点的标准是最大信息增益率，具体的算法步骤如下。

（1）对数据源进行数据预处理，将连续型的属性变量进行离散化处理形成决策树的训练集（如果没有连续取值的属性则忽略该步骤）：

① 根据原始数据，找到该连续型属性的最小取值 a_0、最大取值 a_{n+1}。

② 在区间 $[a_0, a_{n+1}]$ 内插入 n 个数值等分为 $n+1$ 个小区间。

③ 分别以 $a_i, i = 1, 2, \cdots, n$ 为分段点，将区间 $[a_0, a_{n+1}]$ 划分为两个子区间；$[a_0, a_i]$，$[a_i, a_{n+1}]$ 对应该连续型的属性变量的两类取值，有 n 种划分方式。

（2）计算每个属性的信息增益和信息增益率。

① 计算属性 A 的信息增益 $Gain(A)$，计算方法和 ID3 算法中的完全一致；

② 计算属性 A 的信息增益率 $Gainratio(A) = \dfrac{Gain(A)}{SplitInfo(A)}$。

对于取值连续的属性而言，分别计算以 $a_i(i = 1, 2, \cdots, n)$ 为分割点，对应分类的信息增益率，选择最大信息增益率，选择最大信息增益率对应的 a_i 作为该属性分类的分割点。

选择信息增益率最大的属性，作为当前的属性节点，得到决策树的根节点。

（3）根节点属性每一个可能的取值对应一个子集，对样本子集递归地执行步骤（2），直到划分的每个子集中的观测数据在分类属性上取值都相同，生成决策树。

（4）根据构造的决策树提取分类规则，对新的数据集进行分类。

5.2.2.3 算法的形式化描述

C4.5 决策树生成算法的形式化描述如下：

```
Decision_Tree C4.5(samples, attribute_list)
 {
 //决策树生成算法
 //samples 是训练样本集，attribute_list 是候选属性集合

 //创建节点 node
 Node node = new Node();
 if (samples  都属于同一个类别 C)then
     return node; //返回 N 作为叶节点，并标记类别 C
 if attribute_list 为空 then
     return node; //返回 N 作为叶节点，并标记 samples 中数量最多的类别

 //选择 attribute_list 中具有最大信息增益率的属性 attr
 Attribute attr = getMaxGainRation();
 node.Attribute = attr;   //标记节点 node 为 attr

 //根据所选择属性中的值对 samples 进行分划
 for each (AttributeValue value in attr.Values){
     //得到一个条件为 attr =value 的子集
     List<Sample> subsamples = GetSubSamples(value);
```

```
            If(subsamples.Length =0)
                return;
            else
                Decision_Tree(subsamples, attribute_list-{attr}); //递归调用
        }
    }
```

5.2.2.4 算法求解示例

下面根据某单位提供的"发动机功率不足"的故障数据来对 C4.5 算法的分类过程进行说明。发动机功率不足故障样本数据如表 5.2 所示。

表 5.2 "发动机功率不足"故障数据

样本	气缸气压	水温	回油温度	耗油量	故障时间	故障编码
1	正常	66	正常	正常	7880	010103
2	偏低	83	正常	正常	3980	010102
3	正常	93	正常	偏低	11010	010101
4	正常	86	正常	正常	18800	010106
5	正常	89	正常	正常	1550	010105
6	正常	88	偏高	正常	1260	010104
7	正常	95	偏高	正常	1660	010103
8	偏低	81	正常	正常	800	010102
9	正常	86	正常	偏低	2640	010101
10	正常	86	正常	偏低	4820	010101
11	正常	105	正常	正常	1210	010105
12	正常	91	正常	正常	18800	010106
13	正常	83	正常	正常	26080	010106
14	正常	103	正常	偏低	13010	010101
15	正常	86	正常	正常	2810	010105
16	正常	65	正常	正常	1550	010103
17	正常	78	偏高	正常	13260	010105
18	正常	89	偏高	正常	5660	010104
19	偏低	78	正常	偏低	6260	010102
20	正常	86	正常	正常	2810	010105

1. 计算分类属性的信息量

对于类别属性"故障编码",属于 010101 的个数为 4 个,属于 010102 的个数为 3 个,属于 010103 的个数为 3 个,属于 010104 的个数为 2 个,属于 010105 的个数为 5 个,属于 010106 的个数为 3 个,分类属性的信息量为:

$$I = -\frac{4}{20}\log_2\frac{4}{20} - \frac{3}{20}\log_2\frac{3}{20} - \frac{3}{20}\log_2\frac{3}{20} - \frac{2}{20}\log_2\frac{2}{20} - \frac{5}{20}\log_2\frac{5}{20} - \frac{3}{20}\log_2\frac{3}{20} = 2.5283$$

2. 对数据源进行数据预处理

对数据源进行数据预处理，将连续型的属性变量"水温"和"故障时间"进行离散化处理形成决策树的训练集。

根据"水温"的原始数据，找到最小取值65、最大取值105；在区间[65,105]内插入7个数值点等分为8个小区间；分别以70、75、80、85、90、95、100为分段点，将区间[65,105]划分为两个子区间；例如[65,70]，(70, 105]对应该连续型的属性变量的两类取值，这样就有7种划分方式。计算在每种划分下的信息增益率如下。

（1）当"水温"的取值为[65,70]和(70, 105]时：

$$E(水温) = \frac{2}{20}(-\frac{2}{2}\log_2\frac{2}{2}) + \frac{18}{20}(-\frac{3}{18}\log_2\frac{3}{18} - \frac{3}{18}\log_2\frac{3}{18} - \frac{4}{18}\log_2\frac{4}{18} - \frac{1}{18}\log_2\frac{1}{18}$$

$$-\frac{2}{18}\log_2\frac{2}{18} - \frac{5}{18}\log_2\frac{5}{18}) = 2.1970$$

$$SplitInfo(水温) = -\frac{2}{20}\log_2\frac{2}{20} - \frac{18}{20}\log_2\frac{18}{20} = 0.469$$

$$Gainratio(水温) = \frac{2.5283 - 1.9885}{0.469} = 0.7064$$

（2）当"水温"的取值为[65,75]和(75, 105]时：

$$E(水温) = \frac{2}{20}(-\frac{2}{2}\log_2\frac{2}{2}) + \frac{18}{20}(-\frac{3}{18}\log_2\frac{3}{18} - \frac{3}{18}\log_2\frac{3}{18} - \frac{4}{18}\log_2\frac{4}{18} - \frac{1}{18}\log_2\frac{1}{18}$$

$$-\frac{2}{18}\log_2\frac{2}{18} - \frac{5}{18}\log_2\frac{5}{18}) = 2.1970$$

$$SplitInfo(水温) = -\frac{2}{20}\log_2\frac{2}{20} - \frac{18}{20}\log_2\frac{18}{20} = 0.469$$

$$Gainratio(水温) = \frac{2.5283 - 2.1970}{0.469} = 0.7064$$

（3）当"水温"的取值为[65,80]和(80, 105]时：

$$E(水温) = \frac{4}{20}(-\frac{1}{4}\log_2\frac{1}{4} - \frac{2}{4}\log_2\frac{2}{4} - \frac{1}{4}\log_2\frac{1}{4}) + \frac{16}{20}(-\frac{4}{16}\log_2\frac{4}{16} - \frac{3}{16}\log_2\frac{3}{16} - \frac{2}{16}\log_2\frac{2}{16}$$

$$-\frac{2}{16}\log_2\frac{2}{18} - \frac{4}{16}\log_2\frac{4}{16} - \frac{1}{16}\log_2\frac{1}{16}) = 2.2622$$

$$SplitInfo(水温) = -\frac{4}{20}\log_2\frac{4}{20} - \frac{16}{20}\log_2\frac{16}{20} = 0.7219$$

$$Gainratio(水温) = \frac{2.5283 - 2.2622}{0.7219} = 0.3686$$

（4）当"水温"的取值为[65,85]和(85, 105]时：

$$E(水温) = \frac{6}{20}(-\frac{2}{6}\log_2\frac{2}{6} - \frac{2}{6}\log_2\frac{2}{6} - \frac{1}{6}\log_2\frac{1}{6} - \frac{1}{6}\log_2\frac{1}{6}) + \frac{14}{20}(-\frac{4}{14}\log_2\frac{4}{14} - \frac{1}{14}\log_2\frac{1}{14}$$

$$-\frac{1}{14}\log_2\frac{1}{14} - \frac{2}{14}\log_2\frac{2}{14} - \frac{4}{14}\log_2\frac{4}{14} - \frac{2}{14}\log_2\frac{2}{14}) = 2.2407$$

$$SplitInfo(水温) = -\frac{6}{20}\log_2\frac{6}{20} - \frac{14}{20}\log_2\frac{14}{20} = 0.8813$$

$$Gainratio(水温) = \frac{2.5283 - 2.2407}{0.8813} = 0.3263$$

（5）当"水温"的取值为[65,90]和(90, 105]时：

$$E(水温) = \frac{15}{20}(-\frac{3}{15}\log_2\frac{3}{15} - \frac{2}{15}\log_2\frac{2}{15} - \frac{4}{15}\log_2\frac{4}{15} - \frac{2}{15}\log_2\frac{2}{15} - \frac{2}{15}\log_2\frac{3}{15} - \frac{2}{15}\log_2\frac{3}{15})$$

$$+ \frac{5}{20}(-\frac{1}{5}\log_2\frac{1}{5} - \frac{2}{5}\log_2\frac{2}{5} - \frac{1}{5}\log_2\frac{1}{5} - \frac{1}{5}\log_2\frac{1}{5}) = 2.3729$$

$$SplitInfo(水温) = -\frac{5}{20}\log_2\frac{5}{20} - \frac{15}{20}\log_2\frac{15}{20} = 0.8113$$

$$Gainratio(水温) = \frac{2.5283 - 2.3729}{0.8113} = 0.1915$$

（6）当"水温"的取值为[65,95]和(95, 105]时：

$$E(水温) = \frac{2}{20}(-\frac{1}{2}\log_2\frac{1}{2} - \frac{1}{2}\log_2\frac{1}{2}) + \frac{18}{20}(-\frac{3}{18}\log_2\frac{3}{18} - \frac{3}{18}\log_2\frac{3}{18} - \frac{4}{18}\log_2\frac{4}{18} - \frac{2}{18}\log_2\frac{2}{18}$$

$$-\frac{3}{18}\log_2\frac{3}{18} - \frac{3}{18}\log_2\frac{3}{18}) = 2.4020$$

$$SplitInfo(水温) = -\frac{2}{20}\log_2\frac{2}{20} - \frac{18}{20}\log_2\frac{18}{20} = 0.469$$

$$Gainratio(水温) = \frac{2.6463 - 2.4020}{0.469} = 0.2693$$

（7）当"水温"的取值为[65,100]和(100, 105]时：

$$E(水温) = \frac{2}{20}(-\frac{1}{2}\log_2\frac{1}{2} - \frac{1}{2}\log_2\frac{1}{2}) + \frac{18}{20}(-\frac{3}{18}\log_2\frac{3}{18} - \frac{3}{18}\log_2\frac{3}{18} - \frac{4}{18}\log_2\frac{4}{18} - \frac{2}{18}\log_2\frac{2}{18}$$

$$-\frac{3}{18}\log_2\frac{3}{18} - \frac{3}{18}\log_2\frac{3}{18}) = 2.4020$$

$$SplitInfo(水温) = -\frac{2}{20}\log_2\frac{2}{20} - \frac{18}{20}\log_2\frac{18}{20} = 0.469$$

$$Gainratio(水温) = \frac{2.6463 - 2.4020}{0.469} = 0.2693$$

选择最大的信息增益率，即当"水温"取值为[65,70]和(70, 105]时作为"水温"的最终信息增益率。同理可以将"故障时间"进行离散化处理。

3. 计算其他属性的信息增益率

（1）对于属性"气缸气压"：

$$E(气缸气压) = \frac{3}{20}(-\frac{3}{3}\log_2\frac{3}{3}) + \frac{17}{20}(-\frac{4}{17}\log_2\frac{4}{17} - \frac{3}{17}\log_2\frac{3}{17} - \frac{2}{17}\log_2\frac{2}{17} - \frac{5}{17}\log_2\frac{5}{17}$$

$$-\frac{3}{17}\log_2\frac{3}{17}) = 1.9184$$

$$SplitInfo(气缸气压) = -\frac{3}{20}\log_2\frac{3}{20} - \frac{17}{20}\log_2\frac{17}{20} = 0.6099$$

$$Gainratio(气缸气压) = \frac{2.5283 - 1.9184}{0.6099} = 1$$

（2）对于属性"回油温度"：

$$E(\text{回油温度}) = \frac{4}{20}(-\frac{2}{4}\log_2\frac{2}{4} - \frac{1}{4}\log_2\frac{1}{4} - \frac{1}{4}\log_2\frac{1}{4}) + \frac{16}{20}(-\frac{4}{16}\log_2\frac{4}{16} - \frac{3}{16}\log_2\frac{3}{16} - \frac{2}{16}\log_2\frac{2}{16}$$
$$-\frac{4}{16}\log_2\frac{4}{16} - \frac{3}{16}\log_2\frac{3}{16}) = 2.1245$$

$$SplitInfo(\text{回油温度}) = -\frac{4}{20}\log_2\frac{4}{20} - \frac{16}{20}\log_2\frac{16}{20} = 0.7219$$

$$Gainratio(\text{回油温度}) = \frac{2.5283 - 2.1245}{0.7219} = 0.5594$$

（3）对于属性"耗油量"：

$$E(\text{耗油量}) = \frac{5}{20}(-\frac{1}{5}\log_2\frac{1}{5} - \frac{4}{5}\log_2\frac{4}{5}) + \frac{15}{20}(-\frac{2}{15}\log_2\frac{2}{15} - \frac{3}{15}\log_2\frac{3}{15} - \frac{2}{15}\log_2\frac{2}{15}$$
$$-\frac{5}{15}\log_2\frac{5}{15} - \frac{3}{15}\log_2\frac{3}{15}) = 1.8547$$

$$SplitInfo(\text{耗油量}) = -\frac{5}{20}\log_2\frac{5}{20} - \frac{15}{20}\log_2\frac{15}{20} = 0.8113$$

$$Gainratio(\text{耗油量}) = \frac{2.5283 - 1.8547}{0.8113} = 0.8303$$

从以上的计算结果可以看出，"气缸气压"的信息增益率最大，也就是说气缸气压的信息对分类帮助最大，所以选择气缸气压属性作为测试属性，产生如图5.3所示的根节点。

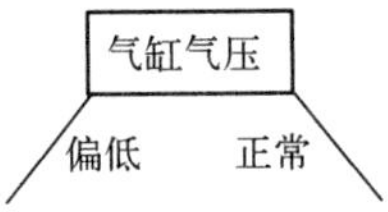

图 5.3　用 C4.5 算法生成的决策树根节点

4. 用递归的方法建立决策树

以"气缸气压"属性为根节点，将数据集分为"正常"和"偏低"两个子集，生成两个叶节点，接着再利用递归的方法计算每个属性的条件熵和信息增益率。

当"气缸气压"选择"偏低"时，正好对应 3 个"故障编号"为 010102 的例子，故直接得到叶节点。当"气缸气压"选择"正常"时，对于类别属性"故障编码"，属于 010101 的个数为 4 个，属于 010102 的个数为 0 个，属于 010103 的个数为 3 个，属于 010104 的个数为 2 个，属于 010105 的个数为 5 个，属于 010106 的个数为 3 个，按照上面的方法进行递归运算。

$$I_1 = -\frac{4}{17}\log_2\frac{4}{17} - \frac{3}{17}\log_2\frac{3}{17} - \frac{2}{17}\log_2\frac{2}{17} - \frac{5}{17}\log_2\frac{5}{17} - \frac{3}{17}\log_2\frac{3}{17} = 2.2569$$

（1）对于属性"回油温度"：

$$E(\text{回油温度}) = \frac{4}{17}(-\frac{2}{4}\log_2\frac{2}{4} - \frac{1}{4}\log_2\frac{1}{4} - \frac{1}{4}\log_2\frac{1}{4}) + \frac{13}{17}(-\frac{4}{13}\log_2\frac{4}{13} - \frac{2}{13}\log_2\frac{2}{13}$$
$$-\frac{4}{13}\log_2\frac{4}{13} - \frac{3}{13}\log_2\frac{3}{13}) = 1.8441$$

$$SplitInfo(\text{回油温度}) = -\frac{4}{17}\log_2{\frac{4}{17}} - \frac{13}{17}\log_2{\frac{13}{17}} = 0.7871$$

$$Gainratio(\text{回油温度}) = \frac{2.2569 - 1.8441}{0.7871} = 0.5245$$

（2）对于属性"耗油量"：

$$E(\text{耗油量}) = \frac{4}{17}(-\frac{4}{4}\log_2{\frac{4}{4}}) + \frac{13}{17}(-\frac{2}{13}\log_2{\frac{2}{13}} - \frac{3}{13}\log_2{\frac{3}{13}} - \frac{5}{13}\log_2{\frac{5}{13}}$$

$$-\frac{3}{13}\log_2{\frac{3}{13}}) = 1.4698$$

$$SplitInfo(\text{耗油量}) = -\frac{4}{17}\log_2{\frac{4}{17}} - \frac{13}{17}\log_2{\frac{13}{17}} = 0.7871$$

$$Gainratio(\text{耗油量}) = \frac{2.2569 - 1.4698}{0.7871} = 1$$

可以看出，"耗油量"的信息增益率最大，故当"气缸气压"为"正常"时，应选择"耗油量"作为测试属性。将数据集分为"正常"和"偏低"两个子集，生成两个分支节点，接着再利用递归的方法计算每个属性的条件熵和信息增益率。最终得到的故障决策树如图 5.4 所示。

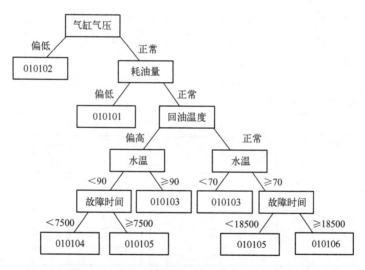

图 5.4　用 C4.5 算法生成的故障分类决策树

5.3　SLIQ：一种快速可扩展的分类算法

SLIQ（Supervised Learning in Quest）算法是 IBM Almaden Research Center 于 1996 年提出的一种高速可伸缩的数据挖掘分类算法，它既可以处理离散属性也可以处理连续属性。

SLIQ 在决策树的构建阶段使用了预排序技术以减少对连续属性测试的计算代价。这种预排序技术与树的广度优先增长策略集成在一起，使 SLIQ 能够处理驻留在磁盘上的大规模数据集。此外，SLIQ 使用了一种快速分割子集算法以确定离散属性标记的节点分支，使用了最短描述长度（Minimum Description Length，MDL）后剪枝技术，该算法代价较小且修剪后的决策树紧凑、精确。

5.3.1 SLIQ 算法的基本概念

5.3.1.1 属性表和类表

SLIQ 为了提升算法的伸缩性，使算法能处理大规模的训练数据，采用了一些特殊的数据结构，比如属性表（Attribute List）和类表（Class List）。其中类表要常驻内存，属性表可以根据数据规模和内存大小，进行动态加载，因此，可有效提高算法对数据规模的适应度。

属性表是一个表格结构，它有两个字段：属性值和指向类表的索引；类表也有两个字段：类标号和决策树叶节点的指针（初始节点指针指向决策树的根节点）。

在算法的预处理阶段，可以完成属性表和类表的建立。具体过程如下：算法的输入是训练样本集（Training Data），首先分解训练样本，对附加在样本上的类标号建立一个类表。类表的第 i 项对应训练样本集中的第 i 个样本，类表仅有一张且必须常驻内存。

然后为训练样本集中的每个属性均建立一个属性表，在建立属性表的过程中，可以对每个数值属性进行排序。

比如对于图 5.5 所示的训练数据集，可以建立图 5.6 所示的 1 个类表和 2 个属性表。在预处理时，类表中所有的节点指针都指向待建立决策树的根节点。在随后决策树的构建过程中，每次只需要处理一个属性表，于是只要有足够的内存存储类表和一个属性表，就可以处理驻留在磁盘上的大量数据集的分类。因此，类表必须常驻内存，而属性表则可放在磁盘上，当需要时再调入内存。

Humidity	Temperature	Class
30	65	G
23	15	B
40	75	G
55	40	B
55	100	G
45	60	G

图 5.5　训练数据集示例

Humidity 属性表

Humidity	Index
23	2
30	1
40	3
45	6
55	5
55	4

Temperature 属性表

Temperature	Index
15	2
40	4
60	6
65	1
75	3
100	5

类表

	Class	Leaf
1	G	N1
2	B	N1
3	G	N1
4	B	N1
5	G	N1
6	G	N1

图 5.6　预处理后的类表和属性表

对于连续属性对应的属性表初始化后，对其按照属性值进行排序，即可生成有序的属性表序列。这是 SLIQ 算法中对属性进行的仅有的一次排序，也是 SLIQ 算法的重要优点之一。排序完成后，属性表中的索引值 i 是属性值指向类表的指针。完成属性表的排序后，数据初始化工作就完成了。

5.3.1.2 基尼系数（Gini Index）

一般决策树中，使用信息量作为评价节点分裂质量的参数。SLIQ 算法中，我们使用基尼系数代替信息增益（Information Gain），基尼系数比信息量性能更好，而且计算方便。

对包含 k 个类的数据集 S，$gini(S)$ 定义为：

$$gini(S) = 1 - \sum_{j=1}^{k} p_j \times p_j$$

式中，p_j 是 S 中第 j 类数据的频率，k 是样本记录的类别总数。$gini$ 越小，信息增益量越大，节点分裂质量越好。如果将集合 S 分割成 S_1 和 S_2 两个部分，那么分割后的 $gini$ 就是：

$$gini_{\text{split}}(S) = (n_1/n) * gini(S_1) + (n_2/n) * gini(S_2)$$

式中，n、n_1、n_2 分别为 S、S_1、S_2 的记录数。

为了更方便地计算一个节点采用一个属性进行分支后的 $gini$ 值，SLIQ 引入了类矩形表（Histogram）的概念。类矩形表附加在决策树的每个节点上，存放每个节点当前的类分布信息，即左、右子树中每个类各拥有多少条记录。

例如，图 5.5 的例子中，假设在属性 Humidity 上使用分支 Humidity ≤ 35 对决策树根节点进行分支，则产生的左右两个分支的类矩形表见图 5.7。

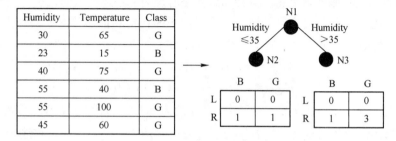

图 5.7　类矩形表的概念

利用类矩形表，很容易算出节点采用某属性在某分裂点进行分支后的 $gini$ 值，对于图 5.7 来说，分支后的 $gini$ 值为：

$$gini = \frac{2}{6}\left(1 - \left(\frac{1}{2} \times \frac{1}{2} + \frac{1}{2} \times \frac{1}{2}\right)\right) + \frac{4}{6}\left(1 - \left(\frac{1}{4} \times \frac{1}{4} + \frac{3}{4} \times \frac{3}{4}\right)\right) = \frac{5}{12}$$

5.3.2　SLIQ 算法的基本原理

5.3.2.1　节点的分裂方法

SLIQ 生成的是一棵二叉树，在每个叶节点需要选择一个测试属性，并构造一个测试条件，满足此条件的被分到左子树，不满足的被分配到右子树。因此，SLIQ 属性的最佳分裂策略应包括两方面内容：选择最佳的分裂属性，并确定该属性的最佳分裂点。

对于数值型连续属性 A，假定其测试条件为 $A \leq v$，可以先对数值型属性的值排序，假设排序后的结果为 $v_1, v_2, \cdots, v_n$，如果分裂点设为两个节点 v_i, v_j 的中间点 $(v_i + v_j)/2$，则属性 A 的分裂方案有 $n-1$ 种可能，取其中 $gini$ 值最小的一个作为分裂点即可。

对于离散型属性，设 $S(A)$ 为 A 的所有可能的值，由于是二叉树，因此可寻找当分裂成子集 S' 和 $S-S'$ 两个分支时的 $gini$ 值，当 $gini$ 最小的时候，就是最佳分裂方案。显然，

这是一个对集合 S 的所有子集进行遍历的过程,其所有组合次数为 $2^{|S|}$ 次,计算代价非常庞大,SLIQ 采用贪心算法来对此进行一定程度的优化。

该贪心算法是:若属性 A 所有可能值的集合 S 的笛卡儿乘积小于一个阈值 *MAXSETSIZE*,则直接计算 S 的所有子集。否则先将一个集合 C 置为空集,另一个集合 D 包含所有的值。然后反复地从 D 中选取一个值移至 C 中,直到没有合适的值可以选取。选择移动的值应满足条件:移动后导致 gini 值减小并且与移动其他值相比其 gini 值是最小的。

5.3.2.2 分支的剪枝算法

SLIQ 的剪枝算法 MDL 属于迟滞剪枝(pos-prunning)技术。它的目标是生成一棵描述长度最小的决策树。MDL 原理认为:最好的编码模型是描述数据代价最小的模型。如果模型 M 对数据集 D 进行编码,那么描述代价:

$$cost(M,D) = cost(D \mid M) + cost(M)$$

式中,$cost(D \mid M)$ 表示用模型 M 对数据 D 编码的代价,单位为 bits;$cost(M)$ 表示描述模型本身所需的编码长度。

SLIQ 使用 MDL 修剪算法得到的模型满足下述条件:描述模型的代价与模型的分类错误之和最小。描述模型的代价包括描述决策树结构的代价和描述分支方案的代价。假设 t 是决策树的一个节点,那么计算它的子树代价的方法如下:

$$C_{\text{leaf}}(t) = L(t) + E(t)$$
$$C_{\text{both}}(t) = L(t) + L_{\text{test}} + C(t_1) + C(t_2)$$

式中,$C_{\text{leaf}}(t)$ 表示剪去 t 的所有子树,把 t 变为叶节点的代价。$L(t)$ 表示描述树的结构的代价,因为决策树的节点要么没有子节点,要么有两个子节点,所以描述一个树节点只需要一个比特,于是我们令 $L(t)$ 为 1。$E(t)$ 表示叶节点 t 的分类错误,即节点 t 中与 t 的类标号不一致样本的个数。

$C_{\text{both}}(t)$ 表示保留 t 的两个子树的代价。t_1 和 t_2 表示 t 的两个子节点。L_{test} 表示描述分支方案的代价,如果节点 t 的分支属性是数值属性,那么根据经验可以假设 L_{test} 是一个常数 1;如果节点 t 的分支属性是分类属性,那么首先计算在决策树中用该属性作为分支属性的节点个数 n,然后计算这部分代价为 $\log_2 n$。

修剪的方法是,当 $C_{\text{leaf}}(t)$ 小于 $C_{\text{both}}(t)$ 时,剪去节点 t 的两个子节点,将 t 转化为一个叶节点。否则,保留 t 的两个子节点。修剪算法是一个自底向上的递归过程,因为我们保证每个节点的子树的代价最小,所以整个决策树模型的代价也是最小的。

5.3.2.3 算法的框架及步骤

首先介绍整个算法的框架,然后对几个关键步骤作详细的解释。

1. 算法的总流程

输入数据:训练集,配置信息(决策树大小);

输出数据:用线性方式表示的二分决策树。

```
SLIQ(samples)
{
    // samples:训练样本集
```

```
        创建根节点 root；
        创建属性表并对连续属性的属性表进行排序；
        创建类表；
        创建决策树节点队列 node_queue；
        将根节点 root 放入队列；
        遍历类表以确定根节点的类直方图的初始信息；
        if 根节点为纯节点
            return root；
        end if
        while node_queue 不空
            EvaluateSplit(attribute_list, class_list);
            for node_queue 中的每个节点
            UpdateLabel(attribute_list, class_list)
              end for
            清除 node_queue 中的内部节点、纯节点；
            将新产生的子节点放入 node_queue；
        end while
        return root；
    }
```

算法的控制结构是一个队列。这个队列存放当前的所有叶节点，这便于实施广度优先的搜索。当队列空时，说明所有的叶子都已经被处理过，这时建树算法结束。

2. 树的构建

树的构建阶段的任务是使用所有的训练样本，找出用来划分这些样本的属性和属性值，根据这些属性和属性值分支决策树的节点，把原来属于这些节点的样本归入到它们的子节点中去，最后生成一棵决策树，这棵决策树的每一个叶节点所包含的样本都来自同一个类。

树的构建主要分为两个步骤：第一步，扫描每个属性表，计算当前每个叶节点的最优分支方案；第二步，使用最优的分支方案生成训练样本集的划分，并修改类表指针。重复以上两个步骤，直到所有的叶节点都是"纯节点"，即它们都只含有来自同一个类的样本。

1）计算最优分支方案

为了确定最优分支方案，我们选择 *gini* 指标作为评估不同分支方案优劣的指标。数值属性 *gini* 指标的计算在扫描数值属性表的同时进行。每次扫描到属性表的一个表项，首先更新该表项对应的叶节点的类矩形表,然后判断下一个表项的值是否与当前表项的值相同。如果相同，那么就按照相同的方法处理下一个表项；否则，找出所有类矩形表被更新的叶节点，计算它们各自的 *gini* 指标，如果得到的 *gini* 指标值小于节点原先保存的值（初始值为 1），那么把新得到的 *gini* 值保存到叶节点中，并且更新分支方案。

由于每个样本必定关联到一个叶节点，因此在扫描完一个属性表后就遍历了当前所有的叶节点，这是一个广度优先过程。具体算法如下：

```
    EvaluateSplit(attribute_list , class_list)
```

```
{
    // class_list 是类表，attribute_list 是属性表
    for 每个候选属性 a
        遍历 a 的属性表；
        if a 是连续属性
            for 属性表中的每个属性值 v
                找到类表中的对应位置
                确定对应的类及叶节点 1，更新 1 的类矩形表
                对节点 1 的分支测试计算分支基尼系数
            end for
            获取 a 的最佳分裂点
        end if
        if a 是离散属性
            获取 a 的最优分支对应的离散值子集
            计算最优分支的基尼系数
        end if
        选择最优分支属性
    end for
}
```

对整个属性表的每个属性进行一次完全的遍历之后，对每个节点而言，最佳分裂方案即用哪个属性进行分类以及分类的阈值是什么都已经形成，把分裂方案存放在决策树的节点内。对每个属性的遍历过程示意如图 5.8 所示。

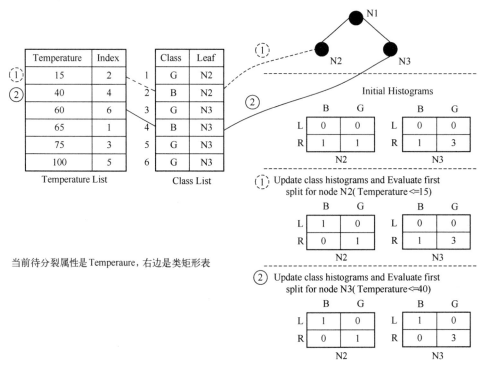

图 5.8　计算最优分支的例子

112

2）执行节点分裂

计算出最优分支方案后，就可以根据当前叶节点中保存的分支方案信息，执行节点分裂。节点分裂的过程是：先找到所有将要用于分裂的属性；然后扫描每个用于分裂的属性表，找到每个表项对应的叶节点，生成该节点的子节点，同时初始化子节点的类矩形表，为下一次执行计算最优分支方案步骤做准备；最后更新类表，使类表的节点指针修改为新节点。更新类表的算法如下：

```
UpdateLabel(attribute_list , class_list)
{
    // class_list 是类表，attribute_list 是属性表
    for  每个被选为分裂属性的属性 a
        遍历 a 的属性表；
        for 属性表中的每个属性值 v
            确定类表中对应项 e；
            根据在 e 指向的节点上进行分支测试找到 v 所属的新类 c；
        将 e 的类标号更新到 c；
        更新在 e 中引用的节点到与类 c 对应的子节点；
            end for
    end for
}
```

因为在新的叶节点中重新分配样本只需要修改类表的节点指针值，属性表保持原来的有序状态不变，所有我们不需要在每个节点处对样本重新排序，过程示意见图 5.9。

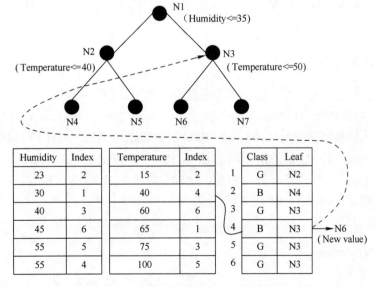

图 5.9　节点分裂示意

5.3.3　算法评价

SLIQ 算法的优点有：

（1）运算速度快，对属性值只做一次排序。

（2）利用整个训练集的所有数据，不做取样处理，不丧失精确度。

（3）轻松处理大型训练集，可以处理数据仓库中的海量历史数据。

（4）低代价的 MDL 剪枝算法。

（5）可处理离散属性和连续属性。

虽然 SLIQ 算法能以更快的速度生成较小的树，而且不限制训练数据的数量和属性的数量。但由于类表需要一直驻留在内存，其大小与输入的记录数成正比。所以当类表不能一次装入内存时，SLIQ 算法需要进行内存与其他储存介质的数据交换，导致其性能下降，从而限制了其可处理记录的数量。

在数据结构的支撑下，SLIQ 算法可并行化。在有多处理器的并行环境中，假设每个处理器都各自拥有独立的主存和辅存。SLIQ 算法可将属性表平均分配给各个处理器，使决策树的生成并行进行。对于类表，可以让每个处理器都有一份，或将它分割后分给各个处理器。根据对类表的不同处理，并行 SLIQ 算法可分为 SLIQ/R 和 SLIQ/D 两种版本。SLIQ/R 为每个处理器都复制一份全局的类表。在各个处理器并行扫描属性表的过程中，对某个处理器中的类表进行的修改都及时更新到各个处理器的类表中。处理器间要不断通信，保证每一时刻各个处理器上的类表一样。SLIQ/D 将类表分割后再平均分给各个处理器。它的问题是，在某个处理器中扫描到的属性项，它对应的类表可能在另一个处理器中，处理器间也要通过通信来更新类表。

5.4　SPRINT：一种可扩展的并行分类算法

5.4.1　基本思想

SLIQ 算法要求类表驻留内存，因而受到内存容量的限制，使得算法的使用具有一定的局限性。当训练集增加导致类表不能全放进内存时，算法就无法高效进行，这限制了 SLIQ 处理数据的最大规模。基于此，1996 年，IBM 的 J.Shafer、R.Agrawal 和 M.Manish 等研究人员提出可伸缩、可并行化的决策树算法 SPRINT (Scalable Parallelizable Induction of Classification Tree)，它采用了一种新的数据结构，消除了 SLIQ 的内存限制，运行速度快，且允许多个处理器协同创建一个决策树模型。

SPRINT 算法的建树过程类似 SLIQ 算法，具体的步骤如下：

```
SPRINT(samples)
  {
      // samples 是当前训练样本集
      创建根节点 N，并建属性表和类表
```

```
        if samples 都属于同一个类别 c
            then 返回 N 作为叶节点，并标记类别 c
        for each 属性 a
        begin
            找出最佳划分将 N 分割为 N1、N2；
            调用 SPRINT (N1)；
            调用 SPRINT (N2)；
        End
    }
```

5.4.2 数据结构

5.4.2.1 属性表（Attribute List）

SPRINT 算法的数据结构与 SLIQ 算法有所不同，它不使用独立的类表，而是为每个属性建立一个属性表，SLIQ 算法的属性表有两个字段：属性值和指向类表的索引，而 SPRINT 算法的属性表则有属性值、类标记、记录索引 3 个字段。

对于不同类型的属性，SPRINT 采用了不同的处理方法：

（1）离散属性。设某属性有 M 个互不相同的取值，将其分割成两个集合，然后评估不同分割方案的 $gini$ 值。在 M 较小时，采用穷举方法，计算所有分割方案的 $gini$ 值；当 M 较大时，采用贪心方法寻找最小 $gini$ 值。即先将一个集合 C 置为空集，另一个集合 D 包含所有的值。然后反复地从 D 中选取一个值，移至 C 中，直到没有可移动的值为止。选择移动的值应满足条件：移动后导致 $gini$ 值减少，且与移动其他值相比其 $gini$ 值是最小的。

（2）数值型属性。某属性的候选分割点为按该属性值排序后相邻属性值的中点。若某属性有 K 个互不相同的取值，则有 $K-1$ 个候选分割点。设属性 A 的某个候选分割点的值为 v，可以先将训练集分成 $A \leqslant v$ 和 $A > v$ 两个部分，然后计算各个候选分割点的 $gini$ 值。

和 SLIQ 算法类似，为了加快速度，避免在每一个树节点的处理上都进行排序，SPRINT 采用了预先排序技术。当确定了分割属性和分割规则后，读取分割属性的列表，并将其划分为两个子集。

5.4.2.2 类矩形表（Histogram）

SPRINT 算法也采用了 SLIQ 算法的类矩形表，其作用是一样的，都是用于计算每一种分割方案的 $giniindex$ 值，但形式和其所表示的含义有所不同。对于连续属性，每一个节点具有两个直方图，分别表示为 C_{above} 和 C_{below}，C_{above} 表示未扫描过的属性记录的类分布情况；C_{below} 表示已扫描过的属性记录的类分布情况。它们表示属性记录在给定节点上的类分布情况。在遍历属性表时，直方图也随之改变。

对于离散属性，每个节点对应一个类矩形表，它包含给定属性上的每一个值的类分布情况。离散属性的类矩形表也称为类计数矩阵（Count Matrix），具体例子见图 5.10。

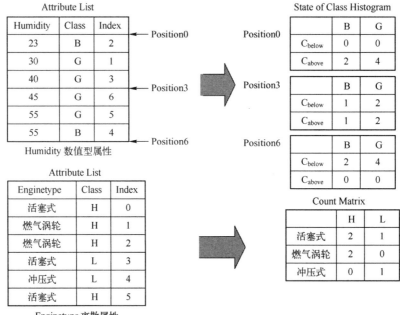

图 5.10 数值型属性和离散属性的直方图表示

5.4.3 具体案例

下面通过一个实例来说明 SPRINT 算法求最优分割点的过程。设有表 5.3 所示数据，在表中，"风险"是类标号属性；"温度"和"发动机类型"是条件属性，其中"温度"是数值型属性，"发动机类型"是离散属性。

表 5.3 汽车发动机故障案例

记录号	温度	发动机类型	风险
1	23	活塞式	高
2	17	燃气涡轮	高
3	43	燃气涡轮	高
4	68	活塞式	低
5	32	冲压式	低
6	20	活塞式	高

第一步，SPRINT 为表中的每一个条件属性创建一个属性表，数值型属性的属性表按属性值排序，生成的属性表如表 5.4、表 5.5 所示。

表 5.4 "温度"属性表

温度	风险	记录号	温度	风险	记录号
17	高	2	32	低	5
20	高	6	43	高	3
23	高	1	68	低	4

116

表 5.5 "发动机类型"属性表

发动机类型	风险	记录号
活塞式	高	1
燃气涡轮	高	2
燃气涡轮	高	3
活塞式	低	4
冲压式	低	5
活塞式	高	6

第二步，计算各属性候选分割点的 gini 值，由于"温度"属性是数值型属性，有 6 个不同的值，因此，需计算 5 个候选分割点，各分割点的 gini 值如表 5.6 所示；由于"发动机类型"是离散属性，有 3 个不同的值，因此，有 8 种不同的分割，各分割点的 gini 值如表 5.7 所示。

表 5.6 "温度"分割点的 gini 值

S_1	S_2	gini 值
温度≤18.5	温度>18.5	0.4
温度≤21.5	温度>21.5	0.333
温度≤27.5	温度>27.5	0.222
温度≤37.5	温度>37.5	0.417
温度≤55.5	温度>55.5	0.267

表 5.7 "发动机类型"分割点的 gini 值

S_1	S_2	gini 值
{}	{活塞式、燃气涡轮、冲压式}	0.444
{活塞式}	{燃气涡轮、冲压式}	0.444
{燃气涡轮}	{活塞式、冲压式}	0.333
{冲压式}	{活塞式、燃气涡轮}	0.267
{活塞式、燃气涡轮}	{冲压式}	0.267
{活塞式、冲压式}	{燃气涡轮}	0.333
{燃气涡轮、冲压式}	{活塞式}	0.444
{活塞式、燃气涡轮、冲压式}	{}	0.444

第三步，选择最优分割点。比较表 5.6 和表 5.7 中的 gini 值，当"温度"为 23～32 的中点值时，gini 的值最小，为最优分割点。这样，可以选择"温度"对数据进行分割，分割后的属性表如表 5.8～表 5.11 所示。

表 5.8 节点 1 的"温度"属性表

温度	风险	记录号
17	高	2
20	高	6
23	高	1

表 5.9 节点 1 的"发动机类型"属性表

发动机类型	风险	记录号
活塞式	高	1
燃气涡轮	高	2
活塞式	高	6

表 5.10 节点 2 的"温度"属性表

温度	风险	记录号
32	低	5
43	高	3
68	低	4

表 5.11 节点 2 的"发动机类型"属性表

发动机类型	风险	记录号
燃气涡轮	高	3
活塞式	低	4
冲压式	低	5

第四步，表 5.8、表 5.9 中的类别为同一类型，节点 1 的划分终止。表 5.10、表 5.11 的类别不是同一类别，需要继续分割，选择那些未曾用于分割的属性为候选分割属性。在本例中，候选的分割属性为"发动机类型"，其分割点的 $gini$ 值如表 5.12 所示。

表 5.12 "发动机类型"分割点的 $gini$ 值

S_1	S_2	$gini$ 值
{}	{活塞式、燃气涡轮、冲压式}	0.444
{活塞式}	{燃气涡轮、冲压式}	0.333
{燃气涡轮}	{活塞式、冲压式}	0
{冲压式}	{活塞式、燃气涡轮}	0.333
{活塞式、燃气涡轮}	{冲压式}	0.333
{活塞式、冲压式}	{燃气涡轮}	0
{燃气涡轮，冲压式}	{活塞式}	0.333
{活塞式、燃气涡轮、冲压式}	{}	0.444

第五步，选择最优分割点。比较表 5.12 的 $gini$ 值，当发动机类型分割为{燃气涡轮}和{活塞式、冲压式}时，$gini$ 的值最小，为最优分割点。根据发动机类型对节点 2 进行分割，分割后的属性表如表 5.13～表 5.16 所示。

表 5.13 节点 3 的"温度"属性表

温度	风险	记录号
43	高	3

表 5.14 节点 3 的"发动机类型"属性表

发动机类型	风险	记录号
燃气涡轮	高	3

表 5.15	节点 4 的 "温度" 属性表	
温度	风险	记录号
32	低	5
68	低	4

表 5.16	节点 4 的 "发动机类型" 属性表	
发动机类型	风险	记录号
活塞式	低	4
冲压式	低	5

此时，表中的类别均为同一类别，节点 3 的划分终止。生成的决策树如图 5.11 所示。

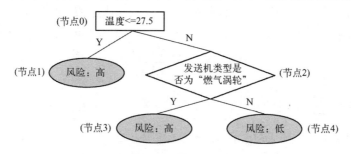

图 5.11 汽车发动机故障生成的决策树

5.5 贝叶斯分类方法

5.5.1 贝叶斯理论相关知识

5.5.1.1 条件概率和全概率公式

条件概率是概率论中一个重要概念。假设 A、B 是两个事件，在事件 A 发生的情况下，事件 B 发生的概率，就称为事件 B 在给定事件 A 的条件概率（又称为后验概率），表示为 $P(B|A)$。相对地，$P(A)$ 被称为先验概率。

条件概率的定义如下：设事件 A、B 是两个事件，且 $P(A)>0$，称 $P(B|A) = \dfrac{P(AB)}{P(A)}$ 为在事件 A 发生条件下事件 B 的条件概率。

乘法定理：设任意两事件 A、B，并且 $P(A)>0$，$P(B)>0$，则有

$$P(AB) = P(B|A)P(A)$$

乘法定理不仅适用两个事件，对于多个事件的情况同样适用，假设 $A_1, A_2, \cdots, A_n$ 为 n 个事件，$n \geq 2$，且 $P(A_1A_2\cdots A_{n-1})>0$，则有

$$P(A_1A_2\cdots A_n) = P(A_n|A_1A_2\cdots A_{n-1})P(A_{n-1}|A_1A_2\cdots A_{n-2})\cdots \times P(A_2|A_1)P(A_1)$$

全概率公式：设实验 E 的样本空间为 S，A 为 E 的事件，$B_1, B_2, \cdots, B_n$ 为 S 的一个划分，并且 $P(B_i)>0$，$i=1,2,\cdots,n$，则对于任意事件 A 都有

$$P(A) = P(A|B_1)P(B_1) + P(A|B_2)P(B_2) + \cdots + P(A|B_n)P(B_n)$$

5.5.1.2 贝叶斯定理和贝叶斯决策准则

有了条件概率公式和全概率公式的基础，下面介绍贝叶斯定理：

设实验 E 的样本空间为 S，A 为 E 的事件，$B_1,B_2,\cdots,B_n$ 为 S 的一个划分，并且 $P(A)>0$，$P(B_i)>0$，$i=1,2,\cdots,n$，则 $P(B_i|A)=\dfrac{P(A|B_i)P(B_i)}{\displaystyle\sum_{j=1}^{n}P(A|B_j)P(B_j)}$，$i=1,2,\cdots,n$ 就称为贝叶斯公式，即贝叶斯定理。

假设 $\Omega=\{C_1,C_2,\cdots,C_m\}$ 是有 m 个不同类别的集合，特征向量 $\boldsymbol{X}$ 是 d 维向量，$P(\boldsymbol{X}|C_i)$ 是特征向量 $\boldsymbol{X}$ 在类别 C_i 状态下的条件概率，$P(C_i)$ 为类别 C_i 的先验概率。根据前面所述的贝叶斯公式，后验概率 $P(C_i|\boldsymbol{X})$ 的计算公式为：

$$P(C_i|\boldsymbol{X})=\frac{P(\boldsymbol{X}|C_i)}{P(\boldsymbol{X})}P(C_i)$$

式中，$P(\boldsymbol{X})=\displaystyle\sum_{j=1}^{m}P(\boldsymbol{X}|C_j)P(C_j)$。

贝叶斯决策准则为：如果对于任意 $i\neq j$，都有 $P(C_i|\boldsymbol{X})>P(C_j|\boldsymbol{X})$ 成立，则样本模式 $\boldsymbol{X}$ 被判定为类别 C_i。

5.5.1.3 极大后验假设和极大似然假设

根据贝叶斯公式可得到一种计算后验概率的方法：在一定假设的条件下，根据先验概率和统计样本数据得到的概率，可以计算出后验概率。

令 $P(h)$ 是假设 h 的先验概率，它表示 h 是正确假设的概率，$P(D)$ 表示的是训练样本 D 的先验概率，$P(D|h)$ 表示在假设 h 正确的条件下样本 D 发生或出现的概率。根据贝叶斯公式，可以计算在给定训练样本 D 的前提下 h 的概率，也就是 h 的后验概率。具体计算公式如下：

$$P(h|D)=\frac{P(D|h)P(h)}{P(D)}$$

设 H 为类别集合，也就是待选假设集合，即 $h\in H$，极大后验假设（Maximum a Posteriori，MAP）就是学习器获取给定实例集 D 时可能性最大的假设 h，简记为 h_{MAP}，公式为 $h_{\text{MAP}}=\underset{h\in H}{\arg\max}\,P(h|D)$。

利用贝叶斯定理可得：$h_{\text{MAP}}=\underset{h\in H}{\arg\max}\,P(h|D)=\underset{h\in H}{\arg\max}\,\dfrac{P(D|h)P(h)}{P(D)}$，由于 $P(D)$ 与假设 h 无关，一般使用一个归一化因子替代，上式可变为：

$$h_{\text{MAP}}=\underset{h\in H}{\arg\max}\,P(D|h)P(h)$$

运用上述公式就可以进行最基本的分类，根据 MAP 假设判断新实例最可能的类别。因此，围绕贝叶斯分类模型的所有研究都是以 MAP 假设为基础的。

当没有给定类别概率的情形下，可做一个简单假定：假设 H 中每个假设都有相等的先验概率，即对于任意的 h_i，$h_j\in H(i\neq j)$，有 $P(h_i)=P(h_j)$，再做进一步简化，只需计算 $P(D|h)$ 找到使之达到最大的假设。$P(D|h)$ 被称为极大似然假设（Maximum Likelihood，ML），记为 h_{ML}，公式为 $h_{\text{ML}}=\underset{h\in H}{\arg\max}\,P(D|h)$。

5.5.2　朴素贝叶斯分类算法

1973 年 Duda 和 Hart 提出了朴素贝叶斯网络分类器，该分类器（Naïve Bayesian Classifier）是贝叶斯分类器中最简单的一种。它易于构造，不需要进行结构学习，且算法逻辑简单，只需简单地计算训练实例中各个属性值发生的频率数，就可以估计出每个属性的概率估计值，因而运算速度比同类算法快很多，分类所需的时间也比较短，并且大多数情况下分类精度也比较高，因而得到了广泛的应用。

该分类器将类节点作为根节点，属性节点作为子节点且相互独立，并都以类节点为父节点，具体结构见图 5.12。

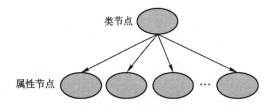

图 5.12　朴素贝叶斯分类器结构图

假设样本空间有 m 个类别 $\{C_1, C_2, \cdots, C_m\}$，数据集有 n 个属性 $A_1, A_2, \cdots, A_n$，给定一未知类别的样本 $X = (x_1, x_2, \cdots, x_n)$，其中 x_i 表示第 i 个属性的取值，即 $x_i \in A_i$，则可用贝叶斯公式计算样本 $X = (x_1, x_2, \cdots, x_n)$ 属于类别 $C_k (1 \leqslant k \leqslant m)$ 的概率。由贝叶斯公式有：$P(C_k | X) = \dfrac{P(C_k)P(X | C_k)}{P(X)} \propto P(C_k)P(X | C_k)$，即要得到 $P(C_k | X)$ 的值，关键是要计算 $P(X | C_k)$ 和 $P(C_k)$。令 $C(X)$ 为 X 所属的类别标签，由贝叶斯分类准则，如果对于任意 $i \neq j$ 都有 $P(C_i | X) > P(C_j | X)$ 成立，则把未知类别的样本 X 指派给类别 C_i，贝叶斯分类器的计算模型为：

$$U(X) = \arg\max_i P(C_i)P(X | C_i)$$

由于朴素贝叶斯分类器是一种限制型贝叶斯网络，它强调"所有属性节点都是相互独立的假设"，则：

$$P(X | C_i) = \prod_{k=1}^{n} P(x_k | C_i)$$

于是 $U(X) = \arg\max\limits_i P(C_i)\prod\limits_{k=1}^{n} P(x_k | C_i)$。$P(C_i)$ 为先验概率，可通过 $P(C_i) = d_i / d$ 计算得到，其中 d_i 是属于类别 C_i 的训练样本的个数，d 是训练样本的总数。若属性 A_k 是离散的，则概率可由 $P(x_k | C_i) = d_{ik} / d_i$ 计算得到，其中 d_{ik} 是训练样本集合中属于类 C_i 并且属性 A_k 取值为 x_k 的样本个数，d_i 是属于类 C_i 的训练样本的个数。

朴素贝叶斯分类器的具体流程如下：

（1）用一个 n 维特征向量 $\boldsymbol{X} = (x_1, x_2, \cdots, x_n)$ 来表示数据样本，分别描述样本 X 对 n 个属性 $A_1, A_2, \cdots, A_n$ 的 n 个度量。

（2）假定样本空间有 m 个类别状态 $C_1, C_2, \cdots, C_m$。对于给定的一个未知类别标号的数据样本 X，分类算法将 X 判定为具有最高后验概率的类别。也就是说，朴素贝叶斯分类算法将未知类别的样本 X 分配给类别 C_i，当且仅当对于任意的 j，始终有 $P(C_i \mid X) > P(C_j \mid X)$ 成立，其中 $1 \leqslant j \leqslant m, j \neq i$。使 $P(C_i \mid X)$ 取得最大值的类别 C_i 被称为最大后验假定。

（3）由于 $P(X)$ 不依赖于类别状态，对于所有类别它都是一样的，则根据贝叶斯定理，最大化 $P(C_i \mid X)$ 只需要最大化 $P(C_i)P(X \mid C_i)$ 即可。如果类的先验概率未知，则通常假设这些类别的概率是相等的，即 $P(C_1) = P(C_2) = \cdots = P(C_m)$，所以只需要最大化 $P(X \mid C_i)$ 即可，否则就要最大化 $P(C_i)P(X \mid C_i)$。其中可用频率 S_i/S 对 $P(C_i)$ 进行估计计算，S_i 是给定类别 C_i 中训练样本的个数，S 是训练样本的总数。

（4）当实例空间中训练样本的属性较多时，计算 $P(X \mid C_i)$ 可能会比较费时，开销较大，此时可以做属性类条件独立性的假定：在给定样本类别标号的条件下，假定属性值是相互条件独立的，属性之间不存在任何依赖关系。则下面等式成立：$P(X \mid C_i) = \prod_{k=1}^{n} P(x_k \mid C_i)$。其中概率 $P(x_1 \mid C_i), P(x_2 \mid C_i), \cdots, P(x_n \mid C_i)$ 的计算可由样本空间中的训练样本进行估计。实际问题中根据样本属性 A_k 的离散连续性质，考虑下面两种情形：

① 如果属性 A_k 是连续的，则一般假定它服从正态分布，从而来计算类条件概率。

② 如果属性 A_k 是离散的，则 $P(x_k \mid C_i) = S_{ik}/S_i$，其中 S_{ik} 是在实例空间中类别为 C_i 的样本中属性 A_k 上取值为 x_k 的训练样本个数，而 S_i 是属于类别 C_i 的训练样本个数。

（5）对于未知类别的样本 X，对每个类别 C_i 分别计算 $P(C_i)P(X \mid C_i)$。样本 X 被认为属于类别 C_i，当且仅当 $P(C_i)P(X \mid C_i) > P(C_j)P(X \mid C_j), 1 \leqslant j \leqslant m, j \neq i$，也就是说样本 X 被指派到使 $P(C_i)P(X \mid C_i)$ 取得最大值的类别 C_i。

朴素贝叶斯分类算法的描述如下：

```
NaiveBayes(TrainSet,TestSet)
{
        //其中 TrainSet 为训练数据集，TestSet 为测试数据集
        对 TrainSet、TestSet 进行离散化处理和缺失值处理；
        扫描 TrainSet，分别统计其中类别 Ci 的个数 di 和属于类别 Ci 的样本中属性 Ak 取值为 xk
的实例样本个数 dik，构成统计表；
        计算先验概率 P(Ci) = di/d 和条件概率 P(Ak = xk | Ci) = dik/di，构成概率表；
        构建分类模型 U(X) = arg max P(Ci)P(X | Ci)；
                              i
        扫描待分类的 TestSet，调用已得到的统计表、概率表以及构建好的分类准则，得出分类
结果。
}
```

朴素贝叶斯分类算法有诸多优点：逻辑简单、易于实现、可扩展性强、可理解性好、分类过程中算法的时间空间开销比较小；算法比较稳定、分类性能对具有不同数据特点的数据集合差别不大，即具有比较好的健壮性。

朴素贝叶斯分类器的缺点是属性间类条件独立的这个假定，而很多实际问题中这个独立性假设并不成立，如果在属性间存在相关性的实际问题中忽视这一点，会导致分类效果

下降。但一般来说，尽管在实际情况中难以满足朴素贝叶斯模型的属性类条件独立性假定，但它分类预测效果在大多数情况下仍比较精确。原因主要是：

（1）要估计的参数比较少，从而强化了估计的稳定性。

（2）虽然概率估计是有偏的，但人们大多关心的不是它的绝对值，而是它的排列次序，因此有偏的概率估计在某些情况下可能并不要紧。

（3）现实中很多时候已经对数据进行了预处理，比如对变量进行了筛选，可能已经去掉了高度相关的变量。

朴素贝叶斯分类模型虽然在某些不满足独立性假设的情况下分类效果仍比较好，但是大量研究表明可以通过各种改进方法来提高朴素贝叶斯分类器的性能。朴素贝叶斯分类器的改进方法主要有两种：一种是弱化属性的类条件独立性假设，在朴素贝叶斯分类器的基础上构建属性间的相关性，如构建相关性度量公式，增加属性间可能存在的依赖关系；另一种是重构已有的样本属性集，并引入新的样本属性，使得在新的属性集中属性间存在较好的类条件独立关系。

5.5.3　半朴素贝叶斯分类算法

为了突破朴素贝叶斯分类器的条件独立性假设的限制，Kononenko 提出了半朴素贝叶斯分类器（Semi-Naïve Bayesian Classifier，SNBC）的构想，通过改变其结构假设的方式来达到目的。除了结构上的差别之外，SNBC 计算推导过程与朴素贝叶斯相同。SNBC 在模型构建过程中，依照一定的标准将关联程度较大的特征属性合并在一起组合成新属性。在逻辑上 SNBC 中的组合属性与朴素贝叶斯中的特征属性没有根本性差别，SNBC 的各个组合属性之间也是相对于类别属性相互独立的。SNBC 的模型结构见图 5.13。

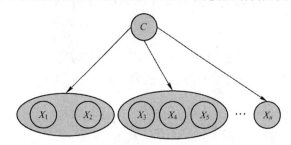

图 5.13　半朴素贝叶斯分类模型结构图

假设有一个数据样本集 $U = \{A_1, A_2, \cdots, A_n, C\}$，其中 $A = \{A_1, A_2, \cdots, A_n\}$ 为条件属性变量集，C 为类属性变量，$B = \{B_1, B_2, \cdots, B_m\}$（$1 \leqslant m \leqslant n$）为属性组的集合，其中属性组间没有交集且所有属性组的并集是整个属性集。

因此，半朴素贝叶斯分类模型 SNBC 与朴素贝叶斯分类模型 NBC 相比更加贴合现实世界的情况，充分考虑了属性之间的依赖关联，通过对属性分组解决了属性依赖关系的表达问题，很好地回避了网络结构学习的复杂过程，保持了朴素贝叶斯性能上的高效性。

但是，缺点也同样鲜明。如条件属性集中互相依赖的属性数量太多，可能出现一个属性组中的属性过多，这将加大属性组中条件概率计算的困难，影响分类器性能。而且，组合属性的划分需要人为地判断哪些属性存在依赖关系,这在某种程度上也给分类造成误差,影响分类效果。

5.5.4 树增广朴素贝叶斯分类算法

树增广朴素贝叶斯(Tree Augmented Naïve Bayesian Classifer,TANBC)模型是1997年由 Fridman 等人提出的一种树状贝叶斯网络,是 Naïve Bayes 的一种改进模型。

5.5.4.1 基本思想及模型

TAN 分类器放松了朴素贝叶斯中的独立假设条件,在属性之间通过添加弧的方式来捕捉相互的依赖关系,从而扩展朴素贝叶斯的结构。事实证明 TAN 的分类效果得到了显著提高,缺点是计算复杂度也相应地提高了,需要耗费更多的计算时间。

假设 $U = \{A_1, A_2, \cdots, A_n, C\}$,其中 $A = \{A_1, A_2, \cdots, A_n\}$ 是条件属性变量集,C 是类属性变量。TAN 分类模型需要满足以下几个限制条件:

(1)类节点是根节点,没有父节点。

(2)类节点是每个属性节点的父节点。

(3)每个属性节点除了类节点外,最多有一个其他的属性节点作为其父节点。

限制条件属性节点的非类别父节点数量的原因,主要是减少搜索空间,减少需要学习的概率参数,使属性依赖关系维持在一定数量下。

因此,树增广朴素贝叶斯分类模型的公式可以表示为:

$$C_{\text{TAN}}(X) = \arg\max_{c_j \in C} P(c_j) \prod_{k=1}^{n} P(a_k \mid \prod_{a_k})$$

其中,当 a_i 没有非类别父节点时,$\prod_{a_k} = \{C_j\}$;当 a_i 有一个非类别父节点时,$\prod_{a_k} = \{C_j, a_k\}$。

TAN 分类器在尽量保持朴素贝叶斯分类器简洁性的前提下,增强了分类器表达属性间依赖关系的能力,是分类器学习效率与表达能力之间一个很好折中。TAN 分类器的结构见图 5.14。

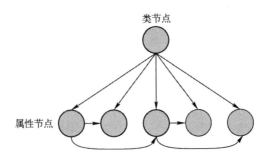

图 5.14 TAN 分类器结构图

5.5.4.2 构造过程

TAN 的构造过程分成结构学习和参数学习两个阶段。其结构学习基本思路是以朴素贝叶斯分类器为基础,在完全图的所有连接弧中搜索,尽可能地选择属性之间有较强依赖关

124

系或改进分类器分类性能较大的弧，使得选到的弧连通所有属性节点构成一个树或者森林。

目前，标准 TAN 分类器的构造有两种方法，一种是 Friedman 等人提出的利用条件互信息实现的基于分布的构造算法（Distribution Based 算法），该构造算法的时间复杂度是 $O(n^2N)$（其中 n 是属性个数，N 是训练实例个数），算法中花费时间最长的处理是条件互信息的计算和最大加权生成树的构造。另一种是由 Keogh 和 Pazzani 提出的基于分类的构造算法（Classification Based 算法），该算法选择使分类精度改进最大的弧作为 TAN 的增强弧，它的时间复杂度为 $O(n^3N)$，由于每条增强弧的选择都需要进行评估，该算法所需的时间比 Distribution Based 所需时间长得多。

下面分别给出两种构造算法的主要步骤。

Distribution Based 算法的步骤如下：

（1）计算每一对属性之间的条件互信息：

$$I(X_i; X_j \mid C) = \sum_{x_i, x_j, c} P(x_i, x_j \mid c) \log_2 \frac{P(x_i, x_j \mid c)}{P(x_i \mid c)P(x_j \mid c)} \quad (i \neq j)$$

（2）构造一个完全无向图，图中每个顶点是属性 $X_1, X_2, \cdots, X_n$，在连接 X_i 和 X_j 的边上标记权值为 $I(X_i; X_j \mid C)$。

（3）构造最大加权生成树。

（4）通过选择一个根变量，在每条边上添加方向，将由此生成的无向树转换为有向树。

（5）增加一个节点 C，增加从 C 到每一个 X_i 的弧，构造一个 TAN 模型。

Classification Based 算法的步骤如下：

（1）将贝叶斯网络初始化为朴素贝叶斯分类器。

（2）评估当前分类器。

（3）在当前分类器中添加每条合法的弧。

（4）如果存在可以改进分类器分类性能的弧，则选择使分类性能改进最大的弧，添加到当前分类器中，并转向（2）；否则返回当前分类器。

5.5.4.3　算法描述

```
TAN(samples)
{
    //输入：训练集 samples = {(x₁,y₁),(x₂,y₂),…,(xₙ,yₙ)}
    //输出：类 cⱼ 及对应的最大概率 P
    初始化图 G（V,E），V={训练集中所有属性节点}，E = ∅
    构建最大加权树：S = ∅；
    for i=1,2,…,n        //n 表示属性节点个数
        for j=1,2,…,n
        {
            计算条件互信息 I(Xᵢ;Xⱼ|C),i ≠ j；
            将 I(Xᵢ;Xⱼ|C) 所对应的节点放入 S 中；
        };
        将 S 中的节点对按 I(Xᵢ;Xⱼ|C) 由大到小顺序排列；
```

从 S 中取出第一对节点，且把这对节点从 S 中删除；

将从 S 中取出的节点对对应的边加到 E 中，遵照被选择的边不能构成回路的原则，构建最大加权树；

选择 V 中的一个节点作为根节点构建有向树。

添加类节点 C

{

    for i=1,2,…,n

        增加 C 作为每个 X_i 的父节点；

}

计算类变量节点 C 的概率

{

    for j=1,2,…,m

    $P_j = \dfrac{a_j}{a}$；　//a_j 是类 c_j 中训练样本数，a 是训练样本总数；

}

计算属性节点 X_i 的条件概率

{

    for j=1,2,…,m

      for i=1,2,…,n

    $P_i = \dfrac{a_{ij}}{a_j}$；　//$a_{ij}$ 是在属性 X_i 上的值与父节点上值分别对应且属于类 c_j 的训练样本数，

a_j 是类 c_j 中样本数。

    }

    求属性节点 $X_1, X_2, …, X_n$ 条件下 c_j 的概率

}

5.6　支持向量机分类方法

支持向量机（Support Vector Machine，SVM）是 20 世纪 70 年代末，AT&Bell 实验室的 Vapnik 等人提出的一种针对小样本训练和分类的机器学习理论，以统计学习理论的 VC 维理论和结构风险最小化原则为基础，根据有限的样本信息在模型的复杂性和学习能力之间寻求最佳折中，以期获得最佳的推广能力。

5.6.1　统计学习理论

统计学习理论被认为是针对小样本估计和预测学习的最佳理论。它从理论上系统地研究了经验风险最小化原则成立的条件、有限样本下经验风险与期望风险的关系以及如何利用这些理论找到新的学习原则和方法等。其核心思想是通过控制学习机器的容量实现对其推广能力的控制。

5.6.1.1　经验风险最小化原则

机器学习的目的是根据给定的训练样本获得对某系统输入/输出之间依赖关系的估计，使它能够对未知输出做出尽可能准确的预测，其基本模型如图 5.15 所示。

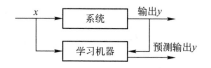

图 5.15　机器学习的基本模型

　　机器学习问题可以形式化描述为：输入变量 x 与输出变量 y 之间存在一定的未知依附关系，这种依附关系可以用联合概率分布概率 $F(x,y)$ 来表示。根据 n 个独立同分布观测样本：$(x_1,y_1),(x_2,y_2),\cdots,(x_n,y_n)$，在一组函数 $\{f(x,w)\}$ 中求一个最优的函数 $f(x,w_0)$，并使得期望风险

$$R(w) = \int L(y,f(x,w))\mathrm{d}F(x,y) \tag{5.4}$$

最小。其中，$f(x,w)$ 称为预测函数集，w 称为函数的广义参数，$L(y,f(x,w))$ 为用 $f(x,w)$ 对 y 进行预测而产生的损耗，即损失函数。

　　原始的学习方法常常是期望风险最小化，即要令式（5.4）定义的期望风险最小，定义为 R_{emp}。但在实际的机器学习中，由于联合概率分布 $F(x,y)$ 通常是未知的，只能在训练样本中才能得到想要的信息。因此，无法直接计算并最小化期望风险，只能利用已知的样本信息，利用概率论中大数定理的思想，用算术平均代替式（5.4）中的数学期望，并定义 $R_{emp}(w) = \dfrac{1}{n}\sum_{i=1}^{n} L(y_i,f(x_i,w))$ 来逼近式（5.4）定义的期望误差。由于 $R_{emp}(w)$ 是利用已知的训练样本，也就是经验数据定义的，因此称为经验风险。用经验风险 $R_{emp}(w)$ 的最小值来代替期望风险 $R(w)$ 的最小值，这一原则就叫做经验风险最小化原则。

　　用经验风险代替期望风险并没有可靠的理论依据，首先，概率论中的大数定理知识说明了当样本趋于无穷多时，$R_{emp}(w)$ 在概念意义上趋近于 $R(w)$，并没有保证使 $R_{emp}(w)$ 最小的 w_{emp}^* 与使 $R(w)$ 最小的 w^* 是同一个点，更不能保证 $R_{emp}(w_{emp}^*)$ 一定能够趋近于 $R(w^*)$。其次，学习机器的复杂性不但要与研究的系统相适应，而且要和有限样本相适应。有限样本情况下，学习机器的复杂性与推广性之间的矛盾不可调和，采用复杂的学习机器容易使经验风险更小，但通常推广性更差。

5.6.1.2　VC 维

　　VC 维（Vapnik-Chervonenkis）被认为是数学和计算机科学中非常重要的定量化概念，它可以用来刻画分类系统的性能。VC 维的直观定义是：对一个指示函数集，如果存在 h 个样本能够被函数集合中的函数按所有可能的 2^h 种形式分开，则称函数集能够把 h 个样本打散，函数集的 VC 维就是它能够打散的最大样本数目 h，若对任意数目的样本都有函数能将它们打散，则函数集的 VC 维是无穷大。有界实函数的 VC 维可以通过用一定的阈值将它转化为指示函数来定义。VC 维反映了函数集的学习能力，VC 维越大则学习机器越复杂，所以 VC 维又是学习机器复杂程度的一种度量。

　　目前尚没有通用的关于任意函数集 VC 维计算的理论，只知道一些特殊函数集的 VC 维，比如 n 维实空间中线性函数的 VC 维是 $n+1$，而 $f(x,\alpha) = \sin(\alpha x)$ 的 VC 维为无穷大。对于一些比较复杂的学习机器，其 VC 维除了与函数集有关外，还受到学习算法的影响。

如何计算 VC 维是当前统计学习理论中有待研究的一个问题。

5.6.1.3 推广能力的界

经验风险和实际风险之间存在的关系称为推广能力的界,它是分析学习机器性能和发展新算法的主要理论基础。对于一个两分类问题,结论是:对指示函数集中的所有函数(包括经验风险最小的函数),经验风险 $R_{emp}(w)$ 和实际风险 $R(w)$ 之间以至少 $1-\eta$ 的概率满足如下关系:

$$R(w) \leqslant R_{emp}(w) + \sqrt{\frac{h(\ln(2n/h)+1)-\ln(\eta/4)}{n}} \tag{5.5}$$

其中 h 是函数集的 VC 维, n 是样本数, η 是满足 $0 \leqslant \eta \leqslant 1$ 的参数。

从上式可以看出,实际风险由两部分组成,第一部分是经验风险,第二部分是 $\Phi(h/N) = \sqrt{\frac{h(\ln(2n/h)+1)-\ln(\eta/4)}{n}}$,称为置信区间(Confidence Interval)。置信区间反映了真实风险和经验风险的上确界,反映了结构复杂所带来的风险,它与学习机器的 VC 维 h 及训练样本数目 n 有关。当 n/h 较小时,置信范围 Φ 就较大,如图 5.16 所示。此时用经验风险近似真实风险就有较大的误差,用经验风险最小化取得的最优解可能具有较差的推广性;如果样本数较多, n/h 较大,则置信范围就会很小,经验风险最小化的最优解就接近实际的最优解。

此外,当样本数 n 固定时, $\Phi(h/N)$ 随着 h 的增大而增大。它表明,在有限训练样本情况下,学习机器的 VC 维越高则置信区间越大,导致真实风险与经验风险之间可能的差别越大。这就是为什么学习机器会出现过学习现象的根本原因。

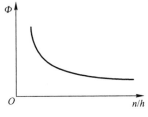

图 5.16 置信范围的变化

5.6.1.4 结构风险最小化原则

传统机器学习方法中普遍采用经验风险最小化原则,由上面的结论可知在有限数据样本时只最小化经验风险是不合理的。因为经验风险和置信区间需要同时最小化,才能得到最小的实际风险 $R(w)$ 。实际上,在传统方法中,选择学习模型和算法的过程就是调整和优化置信范围的过程,如果选择的模型比较适合现有的训练样本(相当于 h/n 值适当),则可以取得较好的效果。譬如应用神经网络时,需要根据实际问题和样本的具体情况来选择不同的网络结构(对应有不同的 VC 维),然后再进行经验风险最小化。

为了更好地考虑经验风险和置信区间的最小化问题,统计学习理论提出一种新的策略:结构风险最小化原则(Structural Risk Minimization),简称 SRM 原则。SRM 原则被看作是统计学习理论和支持向量机的基石。

SRM 原则的基本思想是把函数集 $S = \{f(x_i, w)\}$ 分解为一个函数子集序列 $S_1 \subset S_2 \subset \cdots \subset S_k \subset S$,使各个子集按照 VC 维的大小排列,即 $h_1 \leqslant h_2 \leqslant \cdots \leqslant h_k \leqslant \cdots$,要保证在同一个子集中置信范围相同。这样,要在子集中寻找最小的期望风险,就要折中考虑经验风险和置信范围,使其和最小,如图 5.17 所示。

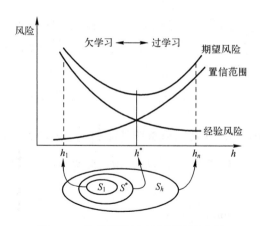

图 5.17　结构风险最小化原则示意图

根据式（5.5），可以得出实现 SRM 有两种方法：一是首先固定置信区间，即要有固定的 VC 维 h 和确定的样本数 n，然后再最小化经验风险，神经网络就是采用的这种方法；二是保持经验风险确定，再来最小化置信区间，支持向量机就是采用的这种思想。

5.6.2　支持向量机分类算法

5.6.2.1　线性可分支持向量机

支持向量机是由求解线性可分情况下的最优超平面发展而来的。最大间隔分类超平面是支持向量机中最简单也是最早提出的模型，它也是 SVM 的主要概念之一。

最优分类超平面可以在保证将两类样本无错误分开的情况下，使得两类的分类距离最大。即在保证经验风险最小（$R_{emp}(w)=0$）的同时，使推广性的界中的置信范围 $\Phi(h/n)$ 最小，从而使真实风险 $R(w)$ 最小。其基本思想可用图 5.18 所示的两维情况来说明。

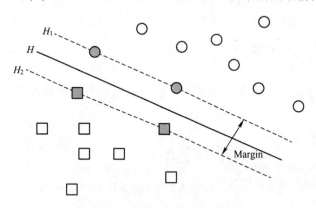

图 5.18　最优分类超平面示意图

假设对于样本集 $(x_1, y_1), (x_2, y_2), \cdots, (x_n, y_n)$，$x \in R^n$，$y \in \{-1, 1\}$，图 5.18 中圆形点和方形点分别表示两类样本，线性可分指的是存在分类线 $H: w \cdot x + b = 0$，能把两类样本没有错误地分开，称为分类线（根据问题维数的不同，可以称分类面、分类超平面）。可以找到两个间隔平面 H_1、H_2，使所有的正类样本都满足 $H_1: w \cdot x + b = +1$，所有的负类样本都满足

$H_2 : w \cdot x + b = -1$，也就是说 H_1、H_2 是离分类线最近且平行于分类线的平面，它们之间的距离叫做分类间隔。H_1、H_2 上的训练样本点称为支持向量，即两类样本中离分类面最近的训练样本，支持向量机正是通过对分类间隔最大化来实现对泛化能力的控制。

根据点到直线的距离计算公式可知，H_1、H_2 间的分类间隔为 $\dfrac{2}{\|w\|}$，如果要使分类间隔最大，等价于使 $\|w\|$ 最小，因此满足约束条件且使 $\dfrac{1}{2}\|w\|^2$ 最小的分类线就是最优分类线。将二维空间推广到高维空间，最优分类线就成为最优分类面，即最优超平面。用数学表达式表示为：

$$\min_{\omega,b} \frac{1}{2}\|w\|^2$$
$$s.t.\ y_i[(w \cdot x_i + b)] - 1 \geqslant 0, i = 1, 2, \cdots, n$$

这是一个凸二次规划优化问题，不便于直接求解，可以利用拉格朗日函数对其对偶问题进行求解，形式是：

$$\max_{\alpha} \sum_{i=1}^{n} \alpha_i - \frac{1}{2}\sum_{i=1}^{n}\sum_{j=1}^{n}\alpha_i\alpha_j y_i y_j (x_i \cdot x_j)$$
$$s.t. \begin{cases} \sum_{i=1}^{n} y_i\alpha_i = 0 \\ \alpha_i \geqslant 0, i = 1, 2, \cdots, n \end{cases}$$

这是一个不等式约束条件下的凸二次规划问题，存在唯一解。

5.6.2.2　线性不可分支持向量机

当训练样本是线性不可分时，解决这类问题有两种思路，一种思路是引入松弛变量 ξ_i，$i = 1, 2, \cdots, n$，即约束条件变为 $y_i[(w \cdot x_i + b)] - 1 + \xi_i \geqslant 0, i = 1, 2, \cdots, n$。这里的松弛变量描述了训练集被错误划分的程度，松弛变量越大，错误划分程度越大。为了达到正确分类的目的，既需要误分程度 $\sum_{i}^{n} \xi_i$ 尽可能小，又需要分类间隔 $\dfrac{2}{\|w\|}$ 尽量大，因此目标函数可定义为 $\dfrac{1}{2}\|w\|^2 + C\sum_{i}^{n} \xi_i$，这里的 C 称为惩罚因子，C 越大表示对错误分类的惩罚越大。这时的优化问题转化为：

$$\min_{\omega,b} \frac{1}{2}\|w\|^2 + C\sum_{i=1}^{n} \xi_i$$
$$s.t.\ y_i\big[(w \cdot x) + b\big] - 1 + \xi_i \geqslant 0,\ i = 1, 2, \cdots, n$$

其对偶问题为：

$$\max_{\alpha} \sum_{i=1}^{n} \alpha_i - \frac{1}{2}\sum_{i=1}^{n}\sum_{j=1}^{n}\alpha_i\alpha_j y_i y_j (x_i \cdot x_j)$$
$$s.t. \begin{cases} \sum_{i=1}^{n} y_i\alpha_i = 0 \\ 0 \leqslant \alpha_i \leqslant C, i = 1, 2, \cdots, n \end{cases}$$

这是一个不等式约束下的凸二次规划问题，存在唯一解。它体现了支持向量机的结构风险最小化原则，将最小化经验风险与最大分类间隔进行折中，有效避免了有些机器学习方法（如神经网络方法）单方面追求经验风险最小而出现的过学习问题，因而支持向量机的分类算法有着良好的推广性。

另一种思路是通过引入核函数来实现线性不可分。即通过非线性函数将低维空间的数据映射到高维空间，使得数据在高维空间变得线性可分。当引入非线性映射的核函数 $K(x_i, x_j) = <\phi(x_i), \phi(x_j)>$ 时，线性不可分支持向量机表达式如下：

$$\max_{\alpha} \sum_{i=1}^{n} \alpha_i - \frac{1}{2} \sum_{i=1}^{n} \sum_{j=1}^{n} \alpha_i \alpha_j y_i y_j K(x_i \cdot x_j)$$

$$s.t. \begin{cases} \sum_{i=1}^{n} y_i \alpha_i = 0 \\ 0 \leqslant \alpha_i \leqslant C, i = 1, 2, \cdots, n \end{cases}$$

核函数是支持向量机中最重要的问题之一，而且核函数的选择必须满足 Mercer 条件，常用的核函数有：

线性核：$K(x_i, x_j) = x_i^T x_j$

多项式核：$K(x_i, x_j) = ((x_i^T, x_j) + c)^d$

高斯核：$K(x_i, x_j) = \exp(-\gamma \|x_i - x_j\|^2), \gamma > 0$

S 型核：$K(x_i, x_j) = \tanh[\beta(x_i^T x_j) + c]$

目前高斯核是使用最广泛的核函数，但随着研究工作的深入和推广，针对不同的问题，核函数的选择会越来越多。

5.6.2.3 多分类支持向量机

上面两节所述的支持向量机方法都是针对两类别的分类问题，但现实中有许多多类别分类问题，因此，研究多分类支持向量机具有重要的现实意义。

处理多分类问题的思路主要有两种：一种方法是一次性解决多类分类问题，即通过修改支持向量机的二次规划形式，使之能够在所有样本的基础上求解一个大的二次规划问题；另一种方法是通过一系列二分类子分类器的求解得到，即按照某种规则构造一系列二分类问题，从而将多分类问题转化为多个二分类问题来求解。

5.7 本 章 小 结

本章从武器装备数据分类挖掘的角度，讲解了 ID3、C4.5、SLIQ、SPRINT、贝叶斯和支持向量机等分类方法，分别从算法思想及原理、形式化描述、算法案例等方面进行了具体阐述。

第6章 武器装备数据聚类挖掘

本章首先介绍聚类分析的基本概念，从基于划分、基于层次、基于密度、基于网格和基于模型等角度对聚类分析的方法进行分类，并详细介绍几种常见聚类算法的思路、流程及应用案例，包括 *k*-means、*k*-medoids、AGNES、DIANA 和 DBSCAN 等。

6.1 聚类分析概述

"物以类聚，人以群分"，聚类是人类的一项最基本的认识活动。聚类的用途非常广泛，可以应用到数据挖掘、机器学习、统计学、模式识别、电子商务、生物信息处理等领域。在生物学中通过对基因数据的聚类，找出功能相似的基因；在地理信息系统中，通过聚类可以找出具有相似用途的区域，辅助石油和矿石开采；在商业上，聚类可以帮助市场分析人员对消费者的消费记录进行分析，从而分析出每类消费者的消费模式，实现消费群体的区分。

6.1.1 聚类分析的基本概念

所谓聚类，就是根据物理对象之间的相似程度，将它们分为若干组，并使得同一组内的数据对象具有较高的相似度，而不同组中的数据对象尽量的不相似。一个聚类就是由一组彼此相似的对象所构成的集合。在许多应用中，可以将一个类中的数据对象作为一个整体来对待。

聚类分析作为多元统计分析的主要分支之一，它是一种通过数据建模简化数据的方法。它的任务是根据数据对象之间的相似性度量把数据集合划分成不同簇（Cluster）的过程。簇是数据对象的集合，聚类分析的目的是使聚类后每一簇中的对象彼此相似，而与其他簇中的对象彼此相异。聚类挖掘与分类挖掘不同，两者之间的区别在于：分类是有监督的学习，它有预先指定的分类标准，而聚类是无监督的学习，它的学习没有任何先验信息做指导。

聚类分析的过程一般包括特征选择或特征提取、聚类算法设计或选择、聚类有效性评价、聚类结果解释 4 个步骤，具体过程示意如图 6.1 所示。

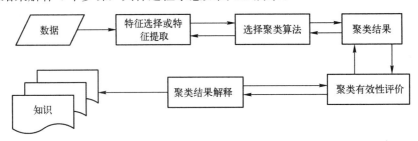

图 6.1 聚类过程示意图

1. 特征选择或特征提取

特征选择是从候选特征中选择可以辨别的特征，而特征提取则利用一些转换从数据的原始特征中生成有用的、新颖的特征。比较而言，特征提取产生的特征更有利于揭示数据结构。然而特征提取生成的特征一般不是物理上可解释的，而特征选择确保了特征原始物理意义的保留。这两种方法对聚类应用的有效性都非常重要。通常情况下，理想的特征应该有利于区分数据属于不同的簇，并且特征容易获得与解释，不受噪声的影响。

2. 聚类算法设计或选择

该步骤通常包括确定一个合适的相似性度量和构造一个聚类评价函数，数据对象根据它们相似与否被分到不同的簇。几乎所有的聚类算法都显式或隐式地定义一些特有的相似性度量，确定了一个相似性度量之后，聚类被构造为一个特定评价函数的优化问题，因此，获得的簇依赖于评价函数的选择。聚类分析在实施过程中往往会存在一定的主观性，由于聚类可以应用于很多领域，在研究的过程中很多聚类算法被提出来，用于解决不同的问题。然而，不同的聚类算法用来解决的问题往往也不同，很难有一个通用的聚类算法。

3. 聚类评价

对于给定的数据集，一般每个聚类算法均能够产生一个划分，对于不同的聚类方法，通常产生不同的簇，甚至同一个聚类算法，由于输入数据的顺序不同或者参数不同也可能影响最终的结果。因此，有效的评价标准和准则是至关重要的。这些评价标准应该是客观的、不倾向于任何算法，并应该能够提供有意义的解释。

4. 聚类结果解释

聚类的最终目标是提供给用户有意义的解释，这样用户可以清晰地理解数据，从而有效地解决遇到的问题。

6.1.2 聚类分析中的数据类型

由于信息采集手段越来越多样，在具体应用中收集到的数据呈现出不同的数据类型。数据对象的复杂多样性对聚类分析提出了更高的要求，要求聚类分析技术能够处理不同类型的数据。不同类型的数据具有不同的性质，在聚类分析时所采用的处理手段也不尽相同。聚类分析中的数据类型一般包括下面几种：

1. 数值型数据（Numerical Data）

该类型的数据也称为定量型数据（Quantitative Data），该类型的数据在每一特征下是用数值来表示的，常用实数或整数来表示，一般有度量单位。数值大小经测量可取得，对它们可以进行比较。一般可分为离散变量和连续变量。离散型变量也称为比率型变量，它的数值常常用自然数或整数单位计算。如某工厂共有多少名职工，一个教室共有多少个座位，一个班级共有多少名学生等，这些都是离散型变量。对于离散型变量，差和比率都是有意义的。连续型变量也称为区间型变量，它在一定区间内可以任意取值，其数值是连续不断的，相邻两个数值可以作无限分割，即可取无限个数值。例如，一桶水的重量、火车的行驶速度、飞机的飞行高度等。对于连续型变量，值之间的差是有意义的，如某地区一年内物价的变化范围、一个人的血压范围等。在对数值型数据进行聚类分析时，度量单位的选取影响聚类分析结果，例如，重量的度量单位选取"千克"与"克"会产生不同的类。

因此，为了避免测量单位选取对聚类结果的影响，在对数值型数据进行聚类时，先要对数据进行标准化处理，这样就可以排除不同特征下测量单位选取对聚类结果的影响。标准化就是将一个属性取值范围投射到一个特定的范围之内，从而消除因度量单位标准不一致而造成对聚类结果的影响。

2. 符号型数据（Categorical Data）

该类型的数据也称为分类型数据，该类型中的数据的变量值是定性的，其取值范围即符号属性的值域是事先确定的并且个数是有限的，属性值之间没有顺序。在对符号型数据进行分析时常用有限的一组字母、符号或整数来表示其属性值。同一特征下的属性值之间不能进行加减法运算，只能进行比较运算。常见的符号属性如显示器的类型、汽车型号、学历、职业、国籍、民族、肤色等。

3. 二值型数据（Binary Data）

该类型的数据是一种特殊的符号型数据。它的每个属性值只有两个，一般用 0 和 1 来表示。二值属性又分为对称二值属性和不对称二值属性。如果 0 和 1 所表示的状态的重要性一样，具有相同的权重，则这样的二值属性是对称的。例如"性别"属性，它们的取值是没有优先权的，可以用"1"表示男性，"0"表示女性。非对称二值属性是指两个属性值的权重不一样，重要性不一样。如果对二值型数据进行聚类分析时，将二值属性看作是数值型属性，采用度量数值型数据的相似性度量方法将会得到错误的结果。

4. 序数型数据（Ordinal Data）

该类型数据中各个取值是有意义的序列。序数型变量的值提供足够多的信息来确定对象之间的有序关系，例如，一年中的四季（春季、夏季、秋季、冬季）、高等院校中教师的职称（教授、副教授、讲师、助教）。序数属性在描述难以用客观方法表示的主观质量评估时是非常有用的。序数型数据的取值大小及差值没有太多价值，一般只关注它们的相对顺序。

5. 混合型数据（Mixed Data）

指同时包括了以上数据类型中的两种或多种。这种类型的数据在实际应用中最为常见，例如，在衡量"人的特征"这一数据时，就需要综合考虑二值型、数值型、符号型等变量。其中人的性别为二值型变量；人的年龄、体重、身高为数值型变量；人的血型、民族为符号型变量。

6.1.3 聚类分析算法的基本要求

聚类分析主要是面向海量数据的，因此，聚类分析算法的可伸缩性、高维数据处理能力、分类属性处理能力等都是算法实践中必须高度关注的。评价一个聚类分析算法的好坏，需要综合考虑如下方面：

1. 对聚类算法效率的要求

许多聚类算法对于规模较小的数据集能够很好地进行聚类，但是，大型数据集中对象的数量往往是巨大的，可能包含有几百万、几千万乃至更多的对象。虽然通过抽样可以减少要处理的数据量，但是抽样会对聚类的精度带来影响，甚至会产生错误的结果。因此，数据挖掘要求聚类算法具有高度的可伸缩性。

2. 处理不同数据类型的能力

算法不仅要能处理数值型数据，还要有处理其他类型数据的能力，包括符号型、序数型、二值型以及混合型数据。随着数据挖掘在商务、科学、医学和其他领域的作用越来越大，应用领域的复杂性需要聚类分析具有更多处理复杂属性的能力。

3. 能够发现任意形状的聚类

多数聚类算法都基于距离来决定聚类。基于距离度量的算法趋向于发现具有相似尺度和密度的球状类。然而，聚类可能是各种形状的，如线形、环形、凹形以及其他各种复杂不规则形状，这就要求聚类算法不仅能够处理球状类，还能处理其他任意形状的聚类。

4. 用于决定输入参数的领域知识最小化

在聚类分析中，许多聚类算法要求用户输入一定的参数，比如簇的数目。输入参数往往影响聚类的结果，通常参数较难确定，尤其是对于含有高维对象的数据集更是如此，如果要求人工输入参数，不但加重了用户的负担，也使得聚类质量难以控制。

5. 处理高维数据的能力

聚类算法应该既能处理属性较少的数据，也能处理属性较多的数据。很多聚类算法仅擅长处理低维数据，在数据维数较低时才能够很好地判断聚类的质量。聚类算法对高维空间数据的处理是非常具有挑战性的工作，尤其是考虑到这样的数据可能高度偏斜并且非常稀疏。为低维数据设计的传统数据分析技术通常不能很好地处理这样的高维数据。

6. 处理噪声数据的能力

在现实世界的数据库中，一般都会包含孤立点、空缺、未知数据或错误的数据。有些聚类方法对于这样的数据较为敏感，可能导致低质量的聚类结果，好的聚类方法应该具有良好的处理噪声的能力。

7. 数据输入顺序对聚类结果影响最小化

有些聚类算法对于输入数据的顺序是敏感的。对于同一个数据集合以不同的顺序提交给同一个算法时，有时会产生差别很大的聚类结果，在具体应用中要尽量避免这种情况的发生。在现实的数据挖掘应用中，研究和开发对数据输入顺序不敏感的聚类算法具有十分重要的意义。

8. 基于约束的聚类

在实际应用中可能需要在各种约束条件下进行聚类。找到既要满足特定的约束，又要具有良好聚类特性的数据分组是一项具有挑战性的任务。一个好的聚类算法应该在考虑这些限制的情况下，仍能够较好地完成聚类任务。

9. 可解释性和可用性

聚类的结果最终都是要面向用户的，聚类得到的信息对用户应该是可理解和可应用的，但是在实际挖掘中有时聚类结果往往不能令人满意。这就要求聚类算法必须与一定的语义环境、语义解释相关联。其中，领域知识对聚类分析算法设计的影响是一个很重要的研究方面。

6.1.4　聚类分析中距离的度量

通常情况下，聚类算法用特征空间中的距离作为度量标准来计算两个样本间的相似度。用 $d(x,y)$ 来表示距离，当距离 $d(x,y)$ 的取值很小时，表示 x 和 y 相似，当距离 $d(x,y)$ 的取值很大时，表示 x 和 y 不相似。

两个样本或对象之间特征的差异可以用距离计算公式来刻画，下面介绍常用的距离函数。

1. 明可夫斯基距离（Minkowski）

假定 x,y 是相应的对象，n 是对象特征的维数。x 和 y 的明可夫斯基距离度量的形式如下：

$$d(x,y) = \left[\sum_{i=1}^{n}\left|x_i - y_i\right|^r\right]^{\frac{1}{r}}$$

当 r 取不同的值时，上述距离度量公式演化为一些特殊的距离度量公式。

当 $r=1$ 时，明可夫斯基距离演化为绝对值距离：

$$d(x,y) = \sum_{i=1}^{n}\left|x_i - y_i\right|$$

当 $r=2$ 时，明可夫斯基距离演化为欧式距离：

$$d(x,y) = \left[\sum_{i=1}^{n}\left|x_i - y_i\right|^2\right]^{\frac{1}{2}}$$

2. 二元特征样本的距离

对于包含一些或全部不连续特征的样本，计算样本间的距离是比较困难的。由于不同类型的特征是不可比的，仅用一个标准作为度量标准是不合适的。假定 x 和 y 分别是 n 维特征，x_i 和 y_i 分别表示每维特征，且 x_i 和 y_i 的取值为二元类型数值 $\{0, 1\}$，则 x 和 y 的距离定义的常规方法是先求出如下几个参数，然后采用 SMC、Jaccard 系数。

a 是样本 x 和 y 中满足 $x_i=y_i=1$ 的二元类型属性的数量。

b 是样本 x 和 y 中满足 $x_i=1$，$y_i=0$ 的二元类型属性的数量。

c 是样本 x 和 y 中满足 $x_i=0$，$y_i=1$ 的二元类型属性的数量。

d 是样本 x 和 y 中满足 $x_i=y_i=0$ 的二元类型属性的数量。

简单匹配系数(Simple Match Coefficient，SMC)为：

$$S_{\text{smc}}(x,y) = \frac{b+c}{a+b+c+d}$$

Jaccard 系数为：

$$S_{\text{jc}}(x,y) = \frac{b+c}{a+b+c}$$

上面所讨论的距离函数都是关于两个样本的距离，为考察聚类的质量，有时需要计算类间的距离，用于衡量样本集合所表示的类之间的差异。下面介绍几种常用的类间距离计算方法。

设有两个类 C_a 和 C_b，它们分别有 m 和 h 个元素，它们的中心分别为 r_a 和 r_b。设元素 $x \in C_a$，$y \in C_b$，这两个元素间的距离记为 $d(x,y)$，假如类间距离记为 $D(C_a, C_b)$。

1. 最短距离法

定义两个类中最靠近的两个元素间的距离为类间距离：

$$D(C_a,C_b)=\min\{d(x,y)|\ x\in C_a,\ y\in C_b\}$$

2. 最长距离法

定义两个类中最远的两个元素间的距离为类间距离：

$$D(C_a,C_b)=\max\{d(x,y)|\ x\in C_a,\ y\in C_b\}$$

3. 中心法

定义两类的两个中心间的距离为类间距离。中心法涉及类的中心的概念，首先定义类中心，然后给出类间距离。

假如 C_i 是一个聚类，其样本数目是 n_i，x 是 C_i 内的一个数据点，即 $x\in C_i$，那么类中心 $\overline{x_i}$ 定义如下：

$$\overline{x}_i = \frac{1}{n_i}\sum_{x\in C_i} x$$

对于两个类 C_a 和 C_b，可根据如上公式计算出其中心分别为 r_a 和 r_b，则 C_a 和 C_b 的类间距离为：

$$D(C_a,C_b)=d(r_a,r_b)$$

6.1.5 聚类分析的具体应用

聚类分析的本质是按物以类聚的原则，对事物进行分类，聚类属于探索性分析方法，聚类分析的标准是保证同类个体具有较大的相似性，而异类个体间具有较大的差异性。聚类分析对没有任何先验知识的问题具有普适性，可广泛应用于没有事先经验、没有统一划分标准等问题的分类。聚类只需根据分类变量就可以实现对事物的分类处理、事物内在规律和隐含信息的挖掘。聚类分析因其普适性强、简单易行、操作成本低而被广泛应用于许多领域。

1. 在医学临床研究中的应用

传统的医学临床诊断多凭借医生的经验，诊断的正确与否取决于医生的知识水平，难以形成客观化、定量化、标准化的体系。聚类分析可以根据各种病征属性对疾病进行分类划分，以实现自动诊断。此外，聚类分析还可指导用药规律和用药方案的制定，并可在药物的主治功效、药性定量分析的基础上，进一步研究药物间的相互作用机理。

2. 在市场营销中的应用

通过聚类分析对客户类型进行划分，有助于企业营销人员了解不同的客户群体，从而根据不同类型客户的行为特征、心理特征制定有针对性的市场计划。例如，聚类分析能够帮助企业寻找出为企业创造价值较大的核心客户群，在此基础上，企业可重点分析该目标客户群的需求特征，集中人力、物力资源拓展该类客户群的市场。应用聚类分析还可以发现消费者的需求差异、客户对产品或服务的满意度大小。另一方面，应用聚类分析进行市场细分后，可帮助企业更好地了解竞争对手在不同市场的竞争实力及市场占有率，从而有效地规避风险，发挥自己的竞争优势，有选择地开拓目标市场。

3. 在城市规划中的应用

应用聚类分析可进行城市区域的划分，例如，根据住宅的类型、价格、地理位置进行住宅类型的划分等，并积极引导政府部门进行区域政策及国土规划的制定。

4. 在地震研究及油田开发中的应用

聚类分析可按地质断层的特点将地震中心划分为不同的类。国内学者针对我国多个地震活动区，进行了地震频数和地震级别的划分，此外，聚类分析还可以应用于油田的勘探领域，通过对油区地震属性的聚类，可以进行未知区域油区分布的预测。

5. 在保险行业的应用

聚类分析可帮助保险公司找出有较高赔偿成本的客户，从而减少对此类客户的推销，此外，还可根据主要的竞争力影响因素，进行保险公司的竞争力分析，帮助企业明确自身定位，引导各项可行性方案的制定，从而提高企业的竞争力。

6.2 基于划分的聚类方法

划分方法（Partitioning Method）的基本思想是：给定一个包含 n 个对象或者元组的数据库，划分方法构建数据的 k 个划分，每个划分表示一个簇，并且 $k \leqslant n$。即划分方法将数据划分为 k 个组，同时满足如下要求：每个组至少包含一个对象，每个对象必须属于且只属于一个组。

主要的划分聚类算法有 k-means 算法、k-medoid 算法、PAM 算法、CLARA 算法、CLARANS 算法等。

6.2.1 k-means 聚类算法

6.2.1.1 算法思想及流程

k-means 聚类算法的主要思想：开始随机选取 k 个对象作为 k 个初始划分类的平均点，对 k 个对象外的其他所有对象，分别计算它们到 k 个平均点的距离，归类到距离最近的平均点所代表的类中。这样，所有的对象都被划分到 k 个类中了，接下来计算出每个新类的平均点，再次对所有的对象进行划分，以形成新的聚类方案。一直重复以上过程，直到如下准则函数收敛。

$$J = \sum_{j=1}^{k} \sum_{x_i \in c_j} \left\| x_i - c_j \right\|^2$$

式中，c_j 为第 j 个簇中心，x_i 为第 i 个簇中的样本。

k-means 聚类算法流程如图 6.2 所示。

算法描述：

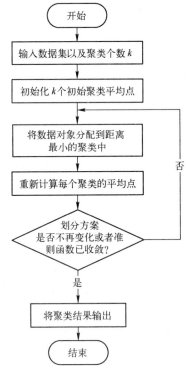

图 6.2 k-means 聚类算法流程图

```
输入：数据集 X，初始划分个数 k。
输出：聚类分析后生成的 k 个聚类。
初始化：从 n 个数据对象中任意选择 k 个对象作为初始聚类中心；
repeat
    //将每个对象赋给距离最小的簇
    根据 k 个平均点，对簇中对象进行划分；
    //计算每个划分后的簇中对象的平均值
    确定新的平均点；
until 平均点不再变化或者准则函数已收敛
```

6.2.1.2 算法求解示例

假设有一个数据样本集合为 X={1,5,10,9,26,32,16,21,14}，将 X 聚为 3 类，即 k=3。随机选择前 3 个数值为初始的聚类中心，即 q_1=1，q_2=5，q_3=10。

第一次迭代：按照 3 个聚类中心，将样本集合分为 3 个簇{1}，{5}，{10, 9, 26, 32, 16, 21, 14}。对于产生的簇，根据欧氏距离公式，分别计算平均值，得到平均点{1, 5, 18.3}，填入第 2 步的 q_1，q_2，q_3 栏中。

第二次迭代：根据计算所得的平均值，调整对象所在的簇，重新聚类。即将所有点按照距离平均点{1,5,18.3}最近的原则重新分配，得到 3 个新的簇{1}，{5, 10, 9}，{26, 32, 16, 21, 14}。分别填入第 2 步 C_1,C_2,C_3 栏中。重新计算簇平均点，得到新的平均点为{1, 8, 21.8}。

依此类推，第 5 次迭代时，得到的 3 个簇与第 4 次迭代的结果相同，而且准则函数 E 收敛，迭代结束。具体的迭代过程与聚类结果如表 6.1 所示。

表 6.1 k-means 聚类算法迭代过程

步骤	q_1	q_2	q_3	C_1	C_2	C_3	E
1	1	5	10	{1}	{5}	{10,9,26,32,16,21,14}	433.43
2	1	5	18.3	{1}	{5,10,9}	{26,32,16,21,14}	230.8
3	1	8	21.8	{1}	{5,10,9,14}	{26,32,16,21}	181.76
4	1	9.5	23.8	{1,5}	{10,9,14,16}	{26,32,21}	101.43
5	3	12.3	26.3	{1,5}	{10,9,14,16}	{26,32,21}	101.43

6.2.1.3 算法优缺点分析

k-means 算法的优点是效率高并且具有较强的可伸缩性。

该算法的缺点包括：

（1）该算法对 k 值具有依赖性，只有在先给出目标聚类个数 k 后才能进行聚类。

（2）只能发现球形的聚类，不适合于发现非凸面形状的聚类。

（3）算法受噪声数据影响比较大，由于采用平均点的概念，少量的噪声数据就会对平均点的计算产生很大干扰。

（4）易陷入局部最优。

在 k-means 算法中一般将误差平方和函数作为聚类的准则函数，聚类问题就变为优化问题，也就是目标函数取极值的问题。目标函数的一个性质是，在空间状态下为一个非凸函数，所以一般会有不止一个的局部极小值。如果算法的初值落入到非凸函数的曲面上，可能会导致偏离了全局最优解的搜索范围，而在算法迭代步骤中都是沿着目标函数值减小的搜索方向进行，所以很容易造成算法陷入局部最优。

6.2.2 *k*-medoids 聚类算法

k-medoids 聚类算法是 *k*-means 聚类算法的改进算法，它的核心思想是已知有 n 个数据对象，将 n 个数据对象划分成 k 个聚类，使得每个聚类中的数据对象到本聚类中心点的距离最短，而到其他的聚类中心点距离较远，*k*-medoids 算法的流程如图 6.3 所示。

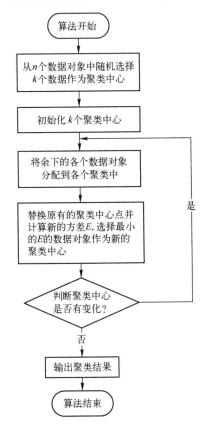

图 6.3　*k*-medoids 聚类算法流程图

具体步骤：

从含有 n 个数据对象的数据集中，任意选取 k 个数据对象作为 k-medoids 聚类的中心，记为 O_j；
repeat
　　分别计算数据集中剩余的数据对象到各个聚类中心的距离，并将其分配到离自己最近的聚类中；
　　随机选择一个非代表对象 O_{random}；
　　计算用 O_{random} 替换一个簇中心点 O_j 的总代价 S；
　　If(S<0) then
　　　　用 O_{random} 替换 O_j，形成新的代表对象集合；
until 不再发生变化

140

  k-medoids 算法是一种基于划分的聚类算法，具有较强的鲁棒性和较高的准确性，且相对于 *k*-means 算法有着明显的优势。在 *k*-means 算法中，用平均点来代表簇，导致其对噪声和孤立点数据非常敏感，而 *k*-medoids 算法用簇中最靠近平均中心的样本中存在的对象（即中心点）来代表该簇，可以有效地消除这种影响。

  k-medoid 算法具有简单易实现的优点，但其时间复杂度与 *n* 成平方关系，当数据集较大时，算法存在计算量大、耗时多、效率低下的缺陷，与 *k*-means 算法一样，它同样存在对初始化敏感、聚类结果多样化等问题。

6.2.3 PAM 聚类算法

  PAM（Partitioning around Medoid，围绕中心点的划分）是最早提出的 *k*-medoid 算法的一种实现，它试图确定 *n* 个对象的 *k* 个划分。PAM 算法的优势在于：

  （1）PAM 算法比较健壮，比 *k*-means 算法有更强的鲁棒性，因为它对噪声和孤立点数据（离其他数据点非常远的数据点）不敏感。

  （2）通过 PAM 算法划分的簇与测试数据的输入顺序无关。

  （3）能够处理不同类型的数据点。

6.2.3.1 算法思想及流程

  先为每个簇随机选择一个初始代表对象（中心点），剩余的对象根据其与代表对象的相异度或距离分配给最近的一个簇。然后反复地用非代表对象来替换代表对象，以提高聚类的质量；聚类质量用代价函数来评估，该函数度量一个非代表对象 O_{random} 是否是当前一个代表对象 O_j 的好的代替，如果是，则进行替换，否则不替换；最后给出正确的划分。

  为了判定一个非代表对象 O_{random} 是否是当前一个代表对象 O_j 的好的替代，对于每一个非代表对象 *p*，考虑下面的 4 种情况（见图 6.4）：

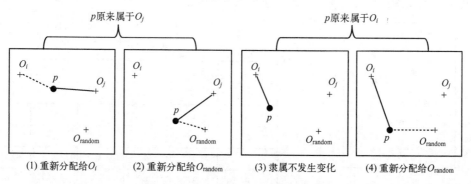

图 6.4 代表对象替换后的代价判断

  第一种情况：*p* 当前隶属于代表对象 O_j，如果 O_j 被 O_{random} 所代替，且 *p* 离 O_i 最近，$i \neq j$，那么 *p* 被重新分配给 O_i。

  第二种情况：*p* 当前隶属于代表对象 O_j，如果 O_j 被 O_{random} 代替，且 *p* 离 O_{random} 最近，那么 *p* 被重新分配给 O_{random}。

  第三种情况：*p* 当前隶属于 O_i，$i \neq j$，如果 O_j 被 O_{random} 代替，而 *p* 仍然离 O_i 最近，那么对象的隶属不发生变化。

第四种情况：p 当前隶属于 O_i，$i \neq j$。如果 O_j 被 O_{random} 代替，且 p 离 O_{random} 最近，那么 p 被重新分配给 O_{random}。

PAM 算法流程如下：

输入：簇的数目 k 和包含 n 个对象的数据库
输出：k 个簇，使得所有对象与其最近中心点的相异度总和最小
在 n 个对象中随意选择 k 个对象作为初始的中心点；
repeat
 指派 n-k 个剩余的对象给离它最近的中心点所代表的簇；
 repeat
  选择一个未选择过的中心点 O_j；
  repeat
   选择一个未选择过的非中心点 O_{random}；
   计算用 O_{random} 代替 O_j 的总代价并记录在总代价集合 {S} 中；
  until 所有的非中心点都被选择过；
 until 所有的中心点都被选择过；
 if{S}中有<0 的元素
 then 找出 {S} 中代价最小的，并用该非中心点替代对应的中心点，形成一个新的 k 个中心点的集合；
 until 没有再发生簇的重新分配，即所有的 S 都大于 0。

6.2.3.2 算法求解示例

给出一个样本数据库，通过 PAM 算法对其进行聚类划分。

假如空间中的 5 个点 {A,B,C,D,E} 如图 6.5 所示，根据所给的数据通过 PAM 算法实现聚类划分（设 $k=2$）。

其中，图 6.5 中各点之间的距离关系如表 6.2 所示。

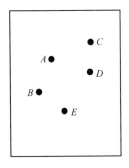

图 6.5 待聚类的样本点

表 6.2 待聚类样本点之间的距离

样本点	A	B	C	D	E
A	0	1	2	2	3
B	1	0	2	4	3
C	2	2	0	1	5
D	2	4	1	0	3
E	3	3	5	3	0

算法执行步骤如下：

（1）建立阶段。随机从 5 个对象中抽取 2 个中心点 {A,B}，则样本被划分为 {A,C,D} 和 {B,E}，如图 6.6 所示。

（2）交换阶段。假定中心点 A、B 分别被非中心点 {C,D,E} 替换，根据 PAM 算法，需要计算下列代价 $S_{A \to C}$、$S_{A \to D}$、$S_{A \to E}$、$S_{B \to C}$、$S_{B \to D}$、$S_{B \to E}$。

以 $S_{A \to C}$ 为例说明计算过程：

① 当 A 被 C 替换以后，A 不再是一个中心点，因为 A 离 B 比 A 离 C 近，A 被分配到 B 中心点代表的簇，$S_A=d(A,B)-d(A,A)=1$。

② B 是一个中心点，当 A 被 C 替换以后，B 不受影响，$S_B=0$。

③ C 原先属于 A 中心点所在的簇，当 A 被 C 替换以后，C 是新中心点，$S_C=d(C,C)-d(C,A)=0-2=-2$。

④ D 原先属于 A 中心点所在的簇，当 A 被 C 替换以后，离 D 最近的中心点是 C，$S_D=d(D,C)-d(D,A)=1-2=-1$。

⑤ E 原先属于 B 中心点所在的簇，当 A 被 C 替换以后，离 E 最近的中心点仍然是 B，$S_E=0$。

因此，$S_{A\rightarrow C}=S_A+S_B+S_C+S_D+S_E=1+0-2-1+0=-2$。

同理，可以计算出 $S_{A\rightarrow D}=-2$，$S_{A\rightarrow E}=-1$，$S_{B\rightarrow C}=-2$，$S_{B\rightarrow D}=-2$，$S_{B\rightarrow E}=-2$。

在代价计算完之后，选择一个最小的代价，通过观察，有多种替换方案可以选择，这里选择第一个最小代价的替换，即用 C 替换 A，这样样本点就被重新划分为 $\{B,A,E\}$ 和 $\{C,D\}$ 两个簇，如图 6.7 所示。

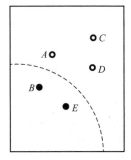
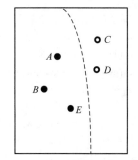

图 6.6　初始中心点为 A,B　　　　图 6.7　第一次迭代后的划分方案

通过上述计算，已经完成了 PAM 算法的第一次迭代。在下次迭代中，将用其他的非中心点 $\{A,D,E\}$ 替换中心点 $\{B,C\}$，找出具有最小代价的替换。一直重复上述过程，直到代价不再减小为止。

6.2.3.3　算法优缺点分析

PAM 算法对小数据集可以取得较为满意的聚类结果。但是，面对中等规模或大规模数据集时，PAM 算法的效率不是很理想，当 n 和 k 的取值较大的时候，PAM 算法的时间开销将会非常大。

6.2.4　CLARANS 聚类算法分析

CLARANS（Cluster Larger Application based upon RANdomized Search），也称为随机搜索聚类算法，该算法的本质是随机重启的局部搜索技术，它尝试在 n 个数据集合中找到 k 个数据对象作为簇中心，每个簇中心代表一个簇，其他非簇中心对象分配给离它距离最近的簇中。

算法的基本思想是：给定 n 个对象的数据集 D 以及结果簇数目 k，CLARANS 算法可描述为对图 $G_{n,k}$ 的搜索，该图中的每个节点均为聚类迭代过程中 k 个中心点的集合，表示

为$\{O_{m1},\cdots,O_{mk}\}$，其中$O_{m1},\cdots,O_{mk}$均为数据集 D 中的对象。图 $G_{n,k}$ 的搜索每次只替换一个中心点，节点 S_1 替换一个中心点后得到的节点 S_2 被称为 S_1 的邻居，可以用一条弧进行连接。如果 $S_1=\{O_{m1},\cdots,O_{mk}\}$，$S_2=\{O_{n1},\cdots,O_{nk}\}$，则$|S_1 \cap S_2|=k-1$，也就是说 S_1 与 S_2 仅有一个对象不同。在随机搜索中，可以随机尝试的邻居数被用户预先定义的参数 maxneighbor（最大邻居数）所定义。如果一个更好的邻居被发现，CLARANS 移到该邻居节点上，处理过程重新开始。否则当前的聚类达到一个局部最优。如果找到局部最优，CLARANS 将从随机选择的节点开始寻找新的局部最优，直到样本数超过预先给定的参数 numlocal（达到局部最优的样本数）为止。由于一个图节点代表一个 k 中心点的集合，所以每个图节点与一个聚类相对应。

算法流程如下：

```
输入：numlocal（达到局部最优的样本数），maxneighbor（最大邻居数）
输出：bestnode（当前最优解），bestcost（当前最小代价）
取 mincost（最小代价）为一个比较大的数；
for(int i = 0; i <numlocal; i ++)
begin
    //重新随机选择初始节点
    取 current（当前节点）为图 G_{n, k} 中的任一节点；
    //进行一次局部搜索
    for(int j = 0; j <maxneighbor; j ++)
    begin
        替换 current 的一个中心点，得到 current 的一个邻居 s；
        if s_cost<current_cost    //其中 s_cost 表示节点 s 的代价，current_cost 表示 current 的代价
        begin
            set current = s;
            current_cost = s_cost;
        end
    end
    //判断一次局部最优搜索结果是否为当前最优
    if current_cost <mincost&&current_cost<bestcost
    begin
        bestnode = current;
        bestcost = current_cost;
    end
end //完成了 numlocal 次局部最优搜索
```

从算法优缺点分析上看，CLARANS 算法的执行效率低，算法复杂度大约为 $O(n^2)$，并且不同的初始节点会导致不同的聚类结果，聚类的结果往往收敛于局部最优，另外，CLARANS 算法对数据输入顺序非常敏感，而且只能处理凸形或球形边界的聚类。

6.3 基于层次的聚类方法

基于层次的聚类方法是将数据对象划分成不同层次上的群。按照层次的形成是自底向

上，还是自顶向下，基于层次的聚类方法可以进一步分为凝聚（Agglomerative）的层次聚类和分裂（Divisive）的层次聚类。这两种类型的层次聚类方法的描述如下：

（1）凝聚的层次聚类。它采用自底向上的策略，首先将每个对象作为一个簇，然后合并这些原子簇为越来越大的簇，直到所有的对象都在一个簇中，或者满足某个终结条件。绝大多数层次聚类方法属于凝聚的层次聚类，它们只是在簇间相似度的定义上有所不同。

（2）分裂的层次聚类。该类聚类方法与凝聚的层次聚类不同，采用自顶向下的策略，它首先将所有对象置于一个簇中，然后逐渐细分为越来越小的簇，直到每个对象自成一簇，或者达到某个终结条件，例如：两个最近的簇之间的距离超过了某个阈值，或者达到了某个希望的簇数目。

基于层次的聚类方法中，一般按照一定的相似性或相异性度量来对聚类进行合并或分解。根据度量方法不同，一般可分为单链接、全链接以及平均链接等。

（1）单链接法（single-linkage，又称最短距离法）：类间距离是两个类中每对对象的最小距离。

（2）全链接法（complete-linkage，又称最大距离法）：类间距离是两个类中每对对象的最大距离。

（3）平均链接法（average-linkage，又称平均距离法）：类间距离是两个类中每对对象的平均距离。

层次聚类算法的优点在于它适用于任意形状的聚类，数据对象的输入顺序不会对聚类结果造成影响，它还可以对孤立点进行过滤。它的缺点是：该类算法的计算复杂性比划分方法要高，另外，类间距离计算方式的选择直接影响到最后的聚类结果。

主要的基于层次的聚类方法包括 CURE 方法、Chameleon 方法、BIRCH 方法等。下面分别进行介绍。

6.3.1 AGNES 聚类算法

AGNES（AGglomerative NESting）算法是凝聚的层次聚类算法。AGNES 算法是将每个对象作为一个簇，然后将这些簇根据某些准则一步步合并。例如：如果簇 C1 中的一个对象和簇 C2 中的一个对象之间的距离是所有属于不同簇的对象间欧氏距离中最小的，C1 和 C2 可以被合并。这是一种单链接方法，其每个簇可以被簇中所有对象代表，两个簇间的相似度由这两个不同簇中距离最近的数据点对的相似度确定。

算法流程如下：

```
输入：包含 n 个对象的数据对象集合，终止时簇的数目 k
输出：k 个簇
将每个对象当成一个初始簇；
repeat
    根据两个簇中最近的数据点，找到最近的两个簇；
    合并最近的两个簇，生成新的簇的集合；
until 达到终止条件指定的簇的数目
```

下面给出一个事务数据库示例，如表 6.3 所示，请通过 AGNES 算法对其进行聚类。

表 6.3　样本事务数据库

序号	属性1	属性2
1	1	1
2	1	2
3	2	1
4	2	2
5	3	4
6	3	5
7	4	4
8	4	5

通过对数据集进行 AGNES 聚类，其步骤见表 6.4。其中：$n=8$，用户输入的终止条件为 2 个簇，初始簇为{1}、{2}、{3}、{4}、{5}、{6}、{7}、{8}。

表 6.4　AGNES 聚类算法步骤

步骤	最近簇的距离	最近的两个簇	合并后的新簇
1	1	{1}，{2}	{1, 2}，{3}，{4}，{5}，{6}，{7}，{8}
2	1	{3}，{4}	{1, 2}，{3, 4}，{5}，{6}，{7}，{8}
3	1	{5}，{6}	{1, 2}，{3, 4}，{5, 6}，{7}，{8}
4	1	{7}，{8}	{1, 2}，{3, 4}，{5, 6}，{7, 8}
5	1	{1,2}，{3,4}	{1, 2, 3, 4}，{5, 6}，{7, 8}
6	1	{5,6}，{7,8}	{1, 2, 3, 4}，{5, 6, 7, 8}

在第 1 步中，根据初始簇计算每个簇之间的距离，找出距离最小的两个簇，进行合并，最小距离为 1，合并后 1、2 点合并为一个簇。

在第 2 步中，对上一次合并后的簇计算簇间距离，找出距离最近的两个簇进行合并，合并后 3、4 点成为一个簇。

在第 3 步中，重复第 2 步的工作，5、6 点合并为一个簇。

在第 4 步中，重复第二步的工作，7、8 点合并为一个簇。

在第 5 步中，合并{1, 2}、{3, 4}为一个包含 4 个点的簇。

在第 6 步中，合并{5, 6}、{7, 8}。由于合并后的簇的数目达到了输入的终止条件，算法结束。

AGNES 算法比较简单，但是经常会遇到合并方案的决策，并且这种决策往往是非常关键的，因为一旦一组对象被合并，下一步的处理将在新生成的簇上进行。已做的处理不能撤销，聚类之间也不能交换对象。另外，这种聚类方法不具有很好的可伸缩性，因为合并的决定需要检查和估算大量的对象或簇。

假定开始时有 n 个簇，在结束时有 1 个簇，那么在主循环中最多有 n 次迭代。在第 i 次迭代中，我们必须在 $n-i+1$ 个簇中找到最靠近的两个聚类。另外算法必须计算所有对象两两之间的距离，因此，该算法的复杂度为 $O(n^2)$，它对于 n 较大的情况是不适用的。

6.3.2　CURE 聚类算法

CURE（Clustering Using REpresentative，利用代表点聚类）聚类算法是由 Guha 等人于 1998 年提出的，它是一种新颖的层次聚类算法。CURE 方法在数据空间中通过选择具有代表性的固定数目的点来表示一个簇，以便识别复杂形状和非均匀大小的聚类；另外，CURE 聚类算法也能较好地处理孤立点问题。

CURE 算法是一种针对大型数据集合的高效的聚类算法，为了提高效率，在处理大量数据时采用了分区、随机取样等方法。随机的样本首先被划分成许多小部分，然后对每个划分的部分进行聚类，以提高处理大数据量的能力。算法的基本思想如下。

（1）CURE 算法采用的是凝聚的层次聚类。最初，每一个对象就是一个相对独立的类，然后根据条件将最为相似的对象进行合并。

（2）采用随机抽样和划分方法来处理大数据集。其中随机抽样的方法能够降低数据处理量，提高 CURE 算法的效率，合适样本的选择一般能够得到比较好的聚类结果。与此同时，CURE 算法还引入了划分方法。首先将样本进行划分，然后针对划分各个部分的对象进行局部聚类得到子类，再对子类进行进一步的聚类。

（3）CURE 算法能够通过收缩因子来调节类的形状，因此，它能够很好地处理非球形的对象分布。

（4）对异常值分阶段消除。CURE 算法执行时，最初每个对象是一个独立的类，然后根据相似度来对对象进行合并。异常值通常与其他对象的距离比较大，造成异常值所在类的对象数目增长非常缓慢或不增长。因此，可分两个阶段来消除噪声数据、异常值影响。第一阶段，将聚类过程中不增长或者增长非常缓慢的类作为异常值消除去。第二阶段，将数目明显较少的类作为异常值消除去。

（5）CURE 算法用多个对象来代表一个类，能够更合理地对非样本对象进行策略分配。完成样本的聚类以后，各类只包含样本对象，对非样本对象还需要按一定的策略进行分配，将其分配到相应的类中去。

CURE 算法的主要步骤如下：

（1）从数据集中随机抽取样本。

（2）根据需求对样本进行初步的划分。

（3）将所划分的区域进行局部的聚类。

（4）消除随机取样中的孤立点，除去增长较慢或者不增长的簇。

（5）对局部的簇进行聚类。

（6）用标签标记相应的簇数据。

CURE 算法的优点：算法中每个簇有多于一个的代表点，使得 CURE 算法可以适应非球形的几何形状；算法对孤立点的处理更加健壮。

算法的缺点：该算法从源数据对象中抽取一个随机样本，基于对此样本的划分进行聚类，如果抽取的样本发生倾斜，则会严重影响聚类结果；另外，该算法不能处理枚举型数据。

6.3.3　Chameleon 聚类算法

Chameleon（变色龙）算法是针对 CURE 和 ROCK 这两个层次聚类算法所存在的不足而提出的。ROCK 算法强调簇的互联性，而忽略了两个不同簇的邻近度信息。CURE 算法考虑了簇的邻近度，但却忽略了簇的互连性。

Chameleon 算法是一个基于动态模型的聚类算法，它的主要思想是通过图划分算法将数据对象划分为相对较小的子簇，然后采用凝聚的层次聚类思路，通过反复合并子类来找到结果簇。

算法主要流程如下。

（1）构造 k-最近邻居图。首先从数据集中随机抽取部分数据，然后两两计算相似度。两个数据点的相似度越大，说明两个数据点越近似。将每一个数据点和其他数据的相似度按照从大到小进行排序，并取前 k 个相似度的值。据此列出相似度矩阵，并将其转化成一个稀疏图。

（2）分割 k-最近邻居图。先对图进行粗糙化，即把相似度大的节点进行合并，进而用一个节点代表，这样可以在不降低运算结果正确度的前提下减少计算的复杂度，然后进行初始划分，将上述粗糙图划分为两部分，这两部分的划分满足最小截断法则。重复上述过程，直至完成划分。

（3）合并子簇形成最终的聚类。将所有子类中相似度函数与互连性函数乘积最大的两个子类进行合并。

Chameleon 是一个探索动态模型的层次聚类算法，作为目前较好的层次聚类算法，具有发现任意形状簇的能力。其主要缺点是：

（1）k-最近邻图中 k 值的确定需要人工进行。

（2）最小二等分的选取困难。

（3）相似度函数的阈值需要人工给定。

6.3.4　BIRCH 聚类算法

BIRCH（Balanced Iterative Reducing and Clustering using Hierarchies）算法使用了一种叫做 CF-树（聚类特征树，即 Clustering Feature Tree）的分层数据结构来对数据点进行动态、增量式聚类。CF-树是存储了层次聚类过程中聚类特征信息的一个加权平衡树，树中每个节点代表一个子聚类，并保持有一个聚类特征向量 CF。每个聚类特征向量是一个三元组，存储一个聚类的统计信息，包含：数据点的数目 N、N 个数据点的线性和及这 N 个数据点的平方和。一个聚类特征树是用于存储聚类特征 CF 的平衡树，它有两个参数：每个节点的最大子节点数和每个子聚类的最大直径。当新数据插入时，就动态地构建该树。与空间索引相似，它也用于把新数据加入到正确的聚类当中。

由于大型数据集通常不能完全装入内存中，为了使 I/O 时间尽可能小，BIRCH 算法把聚类分为两个环节，首先通过构建 CF-树对原数据集进行预聚类，然后在预聚类的基础上进行进一步的多次聚类。该算法的具体过程如下。

（1）预聚类（Precluster）阶段。扫描整个数据集，构建初始聚类特征树（该树保存在内存中），用简洁的汇总信息或者叶节点中的子聚类来代表数据点的密集区域。设置初始化阈值 T，用于控制新簇的直径。扫描数据并将数据点插入到树中，在结束扫描之前，若内存超出范围，则修正阈值，通过重新将旧树的叶节点插入到新的 CF-树中，重建一个新的更小的 CF-树。在所有的旧叶节点重新插入之后，数据扫描从中断点恢复进行。该阶段的流程如图 6.8 所示。

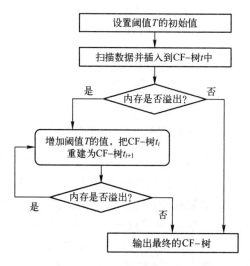

图 6.8　BIRCH 算法第一阶段流程

（2）重新扫描叶节点项，来构建一个更小的 CF-树。通过本阶段可以去除噪声，并从子聚类中得到相对较大的聚类。该阶段的流程如图 6.9 所示。

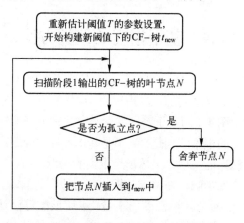

图 6.9　BIRCH 算法第二阶段流程

（3）采用现有的聚类算法对 CF-树的叶节点进行进一步聚类。可以使用现有的基于质心的聚类算法或者其他改进算法，把每一个子聚类当作一个单一的数据点，对这些数据点进行再次聚类，以得到期望的聚类数目或聚类直径。

（4）把第三阶段找到的聚类质心作为种子来创建最终的聚类。其他数据点根据与这些种子所代表聚类的远近，重新分配到各个聚类中，以实现聚类重新提炼的目的。该阶段的流程如图 6.10 所示。

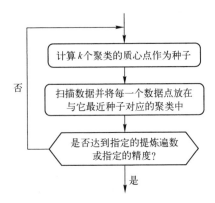

图 6.10　BIRCH 算法第四阶段流程

以上各阶段中，第 2、4 阶段是可选的，它们用来实现聚类过程的优化。建造 CF 树的过程相当于一种预处理，大大减少了总的数据处理量，提高了算法的处理速度。

BIRCH 算法的优点：只对原数据集进行一次初始扫描，所以其计算复杂度是 $O(n)$。这是在 $n \gg K$ 的前提下得到的，其中 K 是子聚类的数目，当 K 接近于 n 时，复杂度就变成 $O(n^2)$。因此，在第一阶段中选择合适的阈值是非常必要的。

算法的缺点：①在初始扫描完成之后，它使用基于质心的方法来形成聚类。当聚类的形状不同或大小各异的情况下，就容易出现问题；②算法采用直径作为控制参数。当类的形状非球形或非均匀大小时，聚类效果不佳；③算法对数据的输入顺序很敏感，还需要用户手工设置一些参数。

6.4　基于密度的聚类方法

基于密度的聚类方法（Density-Based Methods）是为了发现任意形状的簇而设计的。其他大部分聚类方法主要是基于对象之间的距离进行的，这样的方法只能发现球形的簇，在发现任意形状簇时就会面临极大的困难。而基于密度的聚类方法则很好地解决了这一困难。基于密度的聚类方法与其他聚类方法的根本区别是：它不是基于各种各样距离的，而是基于密度的。这样就能克服基于距离的算法只能发现“类球形”聚类的缺点，可以发现任意形状的聚类结果，而且还可以有效地排除噪声的影响，在聚类分析中获得了广泛的研究和应用。

基于密度进行聚类的依据是区域密度而不是距离。该类算法认为，在整个数据空间中，各个簇是由一群稠密数据点组成的，这些稠密数据区域被稀疏数据区域分割，算法的目的是要发现稠密数据点。在聚类过程中，如果数据空间中某块区域点的密度超过了预先定义好的阈值，则将其添加到与之相近的簇中。

基于密度的聚类算法主要有 DBSCAN、OPTICS、DENCLUE 等算法。

6.4.1　DBSCAN 聚类算法

DBSCAN（Density-Based Spatial Clustering of Applications with Noise）是应用广泛的基

于密度的聚类算法，是由 Ester 等人于 1996 年提出的。其基本思想是：一个数据对象，如果在给定的半径范围 ε 内，包含了一定数目（MinPts）的数据对象，也就是具有了一定密度，则可以形成一个簇。该算法聚类速度快，能在带有异常数据的数据集中发现任意形状的聚类，DBSCAN 算法涉及一些与密度有关的定义：如直接密度可达、密度连接、密度可达、聚类簇和异常簇等，它们的具体定义分别如下：

定义 6.1：一个点 p 的 ε 邻接为 $N_\varepsilon(P) = \{o \in D \,|\, dist(p,o) \leqslant \varepsilon\}$。

定义 6.2：核心对象（Core Object）。如果一个点 p 的 ε 邻接点的数目超过阈值 MinPts，则称该点为核心对象。

定义 6.3：直接密度可达（Directly Density Reachable）。如果 p 是核心点，q 在 p 的 ε 邻域内，则 p 直接密度可达 q。

定义 6.4：密度可达（Density-Reachable）。如果存在序列 $p_1, p_2, \cdots, p_n$，其中 $p_1=p$，$p_n=q$，且对于任意 $1 \leqslant i < n$，p_i 直接密度可达 p_{i+1}，那么 p 密度可达 q。

定义 6.5：密度相连（Density-Connected）。如果 o 密度可达 p，且 o 密度可达 q，则 p 和 q 密度相连。

其中，密度可达是直接密度可达的传递；密度相连则是从同一点密度可达的任意两点的对称关系。由此，如果从某个选定的核心点出发，不断向密度可达的区域扩张，将得到一个包括核心点和边界点的最大化区域，区域中任意两点密度相连，这即为一个聚类簇。

算法描述如下：

```
输入：包含 n 个对象的样本库，半径 ε，最少数目 MinPts
输出：所有生成的簇，达到密度的要求
repeat
    从数据库中抽取一个未处理过的点；
    if 抽出的点是核心点 then
        找出所有从该点密度可达的对象，形成一个簇；
    else
        跳出本次循环，寻找下一个点；
until 所有点被处理。
```

下面给出一算法示例，如表 6.5 所示，有一事务数据库，请按 DBSCAN 算法对它进行聚类。

表 6.5　事务数据库示例

序号	属性 1	属性 2	序号	属性 1	属性 2
1	1	0	7	4	1
2	4	0	8	5	1
3	0	1	9	0	2
4	1	1	10	1	2
5	2	1	11	4	2
6	3	1	12	1	3

通过 DBSCAN 算法，对所给的样本进行聚类分析，设 ε =1，MinPts=4。算法执行过程如表 6.6 所示。

表 6.6　DBSCAN 算法执行过程

步骤	选择的点	在 ε 中点的个数	通过计算可达点而找到的新簇
1	1	2	无
2	2	2	无
3	3	3	无
4	4	5	簇 C1：{1, 3, 4, 5, 9, 10, 12}
5	5	3	已在一个簇 C1 中
6	6	3	无
7	7	5	簇 C2：{2, 6, 7, 8, 11}
8	8	2	已在一个簇 C2 中
9	9	3	已在一个簇 C1 中
10	10	4	已在一个簇 C1 中
11	11	2	已在一个簇 C2 中
12	12	2	已在一个簇 C1 中

聚类结果为：{1, 3, 4, 5, 9, 11, 12}，{2, 6, 7, 8, 10}

第 1 步，在样本库中选择序号为 1 的点（下文简称点 1，下同），由于在以它为圆心、以 1 为半径的圆内包含 2 个点（数目小于 4），因此，它不是核心对象，选择下一个点。

第 2 步，选择点 2，由于在以它为圆心、以 1 为半径的圆内包含 2 个点，因此，它也不是核心对象，选择下一个点。

第 3 步，选择点 3，由于在以它为圆心、以 1 为半径的圆内包含 3 个点，因此，它也不是核心对象，选择下一个点。

第 4 步，选择点 4，由于在以它为圆心、以 1 为半径的圆内包含 5 个点，因此，它是核心对象，寻找从它出发可达的点，其中，直接可达的点 4 个，间接可达的点 3 个，形成簇 C1：{1, 3, 4, 5, 9, 10, 12}，选择下一个点。

第 5 步，选择点 5，由于已经在簇 C1 中，选择下一个点。

第 6 步，选择点 6，由于在以它为圆心、以 1 为半径的圆内包含 3 个点，因此，它不是核心对象，选择下一个点。

第 7 步，选择点 7，由于在以它为圆心、以 1 为半径的圆内包含 5 个点，因此，它是核心对象，寻找从它出发可达的点，形成簇 C2：{2, 6, 7, 8, 11}，选择下一个点。

第 8 步，选择点 8，由于已经在簇 C2 中，选择下一个点。

第 9 步，选择点 9，由于已经在簇 C1 中，选择下一个点。

第 10 步，选择点 10，由于已经在簇 C1 中，选择下一个点。

第 11 步，选择点 11，由于已经在簇 C2 中，选择下一个点。

第 12 步，选择点 12，由于已经在簇 C1 中，由于这已经是最后一个点，算法终止。

下面对 DBSCAN 算法的优缺点进行分析。算法具有聚类效率高、速度快，并能够发现空间中任意形状聚类的优点。

但 DBSCAN 算法也具有下面一些缺点：

（1）算法 I/O 消耗很大。由于 DBSCAN 算法是利用对象间的密度可达性来实现的。它通过连续执行查询区域来获取密度可达的对象，一个区域查询返回指定区域中的所有对象。当面对非常大的数据量时，在区域查询上将消耗大量时间，且要求有大的内存量，该算法的 I/O 消耗会很大。

（2）该算法在数据对象的密度不稳定时聚类结果不是很理想。

（3）DBSCAN 算法不适用于维数很高的数据对象，原因在于很难准确地对密度进行定义。

（4）初始聚类参数 ε 和 MinPts 对聚类结果有很大的影响，而这两个参数的取值通常都使用经验值，需要用户自己设定。

6.4.2　OPTICS 聚类算法

OPTICS（Ordering Points to Identify the Clustering Structure）是由 Ankerst 等人于 1999 年提出的，OPTICS 算法是由 DBSCAN 算法发展而来的一种密度聚类算法。为了具备更为精细的刻画能力，OPTICS 算法引入了核心距离和可达距离的概念。

定义 6.6：核心距离（Core-Distance）。p 的核心距离是使得 p 成为核心对象的最小邻域半径 ε。如果 p 不是核心对象，则 p 的核心距离没有定义。

定义 6.7：可达距离（Reachability-Distance）。假定 p 是核心对象 o 的 ε 邻域中的点，那么从 o 到 p 的可达距离是 o 的核心距离和 o 与 p 的欧几里得距离之间的较大值。如果 o 不是核心对象，则 o 到 p 之间的可达距离没有定义。

可达距离与空间密度直接相关，如果某点的所在空间密度大，它从相邻点直接密度可达的距离就小，反之亦然。如果我们想要朝着数据尽量稠密的空间进行扩张，那么可达距离最小的点是最佳的选择。为此，OPTICS 算法用一个可达距离升序排列的有序种子队列（OrderSeeds）存储待扩张的点，以迅速定位稠密空间的数据对象。

OPTICS 算法是一种基于密度的聚类算法，它从一个随机选定的对象出发，朝着数据最为密集的区域扩张，最终将所有对象组织成一个能够反映密度结构的可视化有序序列。然而，由于 OPTICS 算法自身策略的局限，低密度区域的对象往往被累积在结果序列的末尾，使算法的性能未能充分体现。

6.4.3　DENCLUE 聚类算法

DENCLUE（Density-based Clustering）算法是对 DBSCAN 算法的一种改进，该算法是基于密度分布函数上的一种聚类算法。算法的核心思想是：

（1）用一个数学函数来形式化地建模和描述每个数据点的影响因子，通过它可以描述数据点在邻域内对其他数据点的影响力大小，这个数学函数被称为影响函数（Influence Function）。

（2）数据空间的整体密度可以用所有数据点影响函数的总和来进行建模和分析。

（3）通过识别密度吸引点（Density Attractor）来进行聚类，其中全局密度函数的局部最大值被称为密度吸引点。

假设 x 和 y 是 d 维空间 F^d 中的对象。数据对象 y 对 x 的影响函数 $f_B^y : F^d \to R_0^+$，它是根据一个基本的影响函数 $f_B^y(x) = f_B(x,y)$ 来定义的。原则上，影响函数可以是一个任意的函数，它由某个领域内的两个对象之间的距离来决定。

数据空间的整体密度可以用所有点的影响函数之和来进行计算。给定 n 个数据对象，$D = \{x_1, \cdots, x_n\} \subset F^d$，在 $x(x \in F^d)$ 上的密度函数定义如下：

$$f_B^D(x) = \sum_{i=1}^{n} f_B^{x_i}(x)$$

得到全局密度函数之后，通过确定密度吸引点的方法精确地确定簇。密度吸引点是全局密度函数的局部最大值。

DENCLUE 算法与其他算法相比，主要优点有：

（1）DENCLUE 算法有一个坚实的数学基础，概括了包括基于划分的、基于层次的在内的其他聚类方法。

（2）对于含大量"噪声"的数据集，该算法能得到良好的聚类结果。

（3）算法为高维数据集中任意形状的簇提供了简洁的数学描述。

（4）该算法使用了网格单元，只保存关于实际包含数据点的网格单元的信息，通过树型存储结构来管理这些单元，提高了处理速度。

6.5 基于网格的聚类方法

基于网格的聚类方法是把对象空间量化为有限数目的单元，从而形成一个网格结构。然后将要分析的数据的统计信息汇总到其所在的单元格中，通过分析单元格间的聚类特性完成对原始数据的聚类。

基于网格的聚类算法的处理速度很快，因为它的执行时间独立于数据集中数据对象的数目，它只与每一维的网格单元数目有关，而与数据集大小无关。该类算法的缺点是：基于网格的划分使得它只能检测到水平或垂直边界的簇结构，而不能检测到簇的斜边界。另外，随着数据集维数的增加，网格单元呈指数增长，所以该类算法不适用于高维数据集。

典型的基于网格的聚类方法有 STING、WAVE-CLUSTER 等算法。

6.5.1 STING 聚类算法

STING 算法基于多分辨率聚类技术，它将空间区域分成矩形单元。针对不同级别的分辨率，通常存在多个级别的矩形单元，这些单元形成了相应的层次结构，高层的每个单元被划分为多个低一层的单元。每个网格单元属性的统计信息被事先计算和存储，这些统计参数对于查询处理是有用的。

算法采用了层次结构。每个高层单元划分为多个低一层的单元。代表整个空间的根单元所在的层称为第 1 层，根单元的子单元所在的层为第 2 层，如此第 i 层的单元由第 $i+1$

层的子单元组成。除了最底层的叶子单元外，每个单元都由 n 个子单元组成。每个叶子单元包含的对象从几十到几千不等。

每个单元都预先存储了以下信息：对象的个数、对象各个属性的均值、对象各个属性的标准偏差、对象各个属性的最小值、对象各个属性的最大值。对于叶子单元的信息可以直接从数据对象中计算出来，非叶子单元的信息也可以通过其子单元的信息计算获得。

STING 算法实际上是由两个独立的过程组成，先做单元格划分，以形成层次结构，并计算单元格的统计信息，然后是基于网格统计数据进行查询。无论是统计单元格信息阶段还是数据查询阶段都可以并发处理，也可以进行增量更新。

在网格统计数据查询阶段，可以使用自顶向下的方式进行空间数据挖掘查询。尽管单元格中保存的信息在绝大多数的情况下都足以满足查询需要，但是有时候也有可能信息不足而需要向数据源（数据库）查询，所以单元格查询支持类似 SQL 的查询语言。

由于 STING 算法实际只需要扫描一次数据库，并且其基于网格统计信息进行查询，所以具有很高的性能。但是网格的划分粒度对算法的效果影响非常大，粒度过粗的话得到的聚类效果不佳，而粒度过细的话，则又会明显增加计算代价，特别是在高维数据的情况下。

6.5.2　WAVE-CLUSTER 聚类算法

WAVE-CLUSTER 算法也是一种多分辨率的聚类算法，通过小波变换这种信号处理技术将信号分解到多个频率的子波段上，这些子波段反映了不同的分辨率。待聚类的数据通过小波变换之后，将投射到预设定的一个网格结构中，并且保留原数据的密度特征。通过统计网格单元的密度信息，应用网格聚类的方法可以找到变换空间中的密集区域，这些密集区域就是聚簇，而这些密集区域又可反推出原数据，从而得到原数据的聚簇。

WAVE-CLUSTER 算法的主要思想是通过应用小波变换把原始特征空间转化为新的特征空间，以便更容易发现聚类。该算法的主要步骤如下：

（1）量化特征空间，把数据对象分配到各个单元。

（2）运用小波变换处理特征空间。

（3）运用不同的标准，在转换过的特征空间里面发现聚类。

（4）标注每一个单元。

（5）制作可供查询的表。

（6）把对象划分到各个聚类。

下面是算法复杂度的分析，假设 n 是数据库中对象的数目，n 是一个非常大的数，假设数据对象的特征向量是 d 维的，导致产生一个 d 维的特征空间。算法第一步的时间复杂度就是 $O(n)$，因为要扫描所有的对象把它们分配到相应的单元中去，假设特征空间的每一维有 m 个单元，那么就有 $K=m^d$ 个单元；第二步运用小波变换处理特征空间的复杂度为 $O(K)$，在特征空间发现聚类需要的时间也是 $O(K)$，建立查询表同样需要 $O(K)$ 的时间，在读入数据之后，算法就要处理数据，处理数据的时间复杂度（如果不考虑 I/O 的时间）事实上也是 $O(K)$，和数据对象数 n 无关；最后一步把对象划分到各个聚类的时间复杂度是 $O(n)$。因为在前面假设该算法是应用在大型数据库上的，所以 $n>K$，因此 $O(n)>O(K)$，这样整个算法的时间复杂度就是 $O(n)$。WaveCluster 算法比以前的一些聚类算法在发现聚类方面要更加有效，该算法是第一个把小波变换技术应用在数据挖掘聚类问题上的算法。

采用小波变换进行聚类的优点如下：

（1）小波变换通过过滤技术可以加强密集区域的信息，而减弱或者去掉稀疏区域的信息。

（2）小波变换通过投射到不同的波段，可以支持多分辨率的聚类。

（3）计算复杂度是 $O(n)$，具有较强的可伸缩性，并且支持并行化。

6.5.3　CLIQUE 聚类算法

CLIQUE（CLustering In QUEst）算法综合了基于密度和基于网格的聚类方法，它对于大型数据库中的高维数据的聚类非常有效，CLIQUE 算法的基本思想如下：

（1）给定一个多维数据点的大集合，数据点在数据空间中通常不是均衡分布的，CLIQUE 算法区分空间中稀疏的和拥挤的区域或单元，以发现数据集合的全局分布模式。

（2）如果一个单元中包含数据点超过了某个输入模型参数，则该单元是密集的，在CLIQUE 算法中，聚类定义为相连的密集单元的最大集合。

CLIQUE 算法一般分为 3 个步骤：识别含有聚类的密集子空间；识别聚类；生成聚类的最小描述，下面对这 3 个步骤分别进行介绍。

步骤 1：识别含有聚类的密集子空间。

该步骤采取自下而上的算法来找到密集空间，首先，通过遍历数据集来确定 1 维单位中的密集空间，然后采用类似于 Apriori 的思路，通过使用候选集生成算法，从 $k-1$ 维密度集就可以得到 k 维候选密度集。

该步骤的算法表示如下：

```
输入：D_{k-1}（所有 k-1 维下密度单元的集合）。
输出：所有 k 维候选密度集。
算法描述：
Insert into S_k
Select   u_1[l_1,  h_1],  u_1[l_2,  h_2],  ……,  u_1[l_{k-1},  h_{k-1}],  u_2[l_{k-1},  h_{k-1}]
From   D_{k-1}u_1,  D_{k-1}u_2
Where   u_1a_1=u_2a_1,  u_1l_1=u_2l_1,  u_1h_1=u_2h_2,
        U_1a_2=u_2a_2,  u_1l_2=u_2l_2,  u_1h_2=u_2h_2, …,
        U_1a_{k-2}=u_2a_{k-2},  u_1l_{k-2}=u_2l_{k-2},  u_1h_{k-2}=u_2h_{k-2},
        U_1a_{k-1}<u_2a_{k-1}
```

步骤 2：识别聚类。

该步骤采用深度优先算法，由一个在 D 中的密集单元 u 开始，找出所有和它相连的单元，并且以序号 1 标记，表明它们第一个被搜索过，然后随机地选择一个没有被标记的密集单元继续搜索，按照上一个序号的升序进行标记，直到所有在 D 中的密集单元都被搜索过。

步骤 3：产生最小聚类描述。

该步骤首先找出最大区域的覆盖，然后找到最小覆盖。在寻找最大区域覆盖的过程中，主要使用贪婪算法：输入是在相同的 k 维空间 S 中相连的密集单元集合 C，输出是最大化

的区域 R 的集合 W。选定任意一个密集单元 $u_1 \in C$，然后，延展成一个最大化的区域 R_1，它覆盖 u_1。将 R_1 加入到 R 中去。再寻找另一个密集单元 $u_1 \in C$，该单元没有被任何一个 R 中的最大区域覆盖，同样延展成一个最大化的区域 R_2，它覆盖 u_2。重复上述步骤直到 C 被 R 的最大区域覆盖。

在寻找最小区域覆盖的过程中，通过下面的方法：从覆盖中移出数量最小的多余最大区域，直到没有多余的最大区域为止。

CLIQUE 算法可以自动识别包含簇类的最高维子空间，当数据的维数增加时，算法的时间复杂度具有良好的可伸缩性。但是 CLIQUE 算法有不少缺点，主要包括以下一些方面：

（1）算法需要用户预先确定网格的划分参数，然后根据这个参数对每一维进行等宽划分，这种做法可能将本来属于同一个簇类中的数据对象分割到多个区域中，另外，在高维空间中，等宽划分会造成相邻网格单元数目以指数级速度增加，在连接相邻密集网格单元以形成簇类时会花费大量时间。

（2）算法需要用户人为地输入密度阈值和网格划分数这两个参数，聚类的结果跟这两个参数息息相关，而这两个参数的确定是比较困难的。

（3）算法采用最小描述长度的剪枝策略对产生的子空间进行过滤，虽然提高了算法的运行效率，但最小描述长度的剪枝策略只保留覆盖率高的子空间，即包含的数据对象数目较多的子空间，这种剪枝策略可能会将小聚类所在子空间直接删除，从而对聚类结果的精度造成影响。

6.6 基于模型的聚类方法

基于模型的方法认为数据集是由某种数学模型产生的。这种模型可能是一种特定的概率分布，它通过建立数据集与模型之间的相互对应关系来实现聚类。当前比较成熟的基于模型的聚类方法主要包括统计学方法和神经网络方法。

神经网络方法由输入单元与输出单元进行全连接之后组成，具有并行与分布式的结构、具有自学习的能力。基于神经网络的数据聚类算法建立在自学习的神经网络模型基础之上，可以完成多种数据挖掘功能，如使用前馈型 BP 网络、RBF 网络用于分类、预测和模式识别，使用 Kohonen 网络模型的 SOM 算法用于聚类、预测和偏差分析等。

Kohonen 神经网络即自组织映射神经网络模型（SOM），由芬兰学者 Kohonen 于 1981 年提出，它基于这样一种认识：神经网络接受外界刺激时，将会分成多个不同区域，各个区域对输入模式具有不同的响应特征，这一过程是自动完成的。自组织特征映射网络能够形成簇与簇之间的连续映射，起到矢量量化器的作用。Kohonen 网络的主要功能是实现对输入特征向量的聚类，因此，它在数据挖掘、模式识别和信号处理领域颇受重视。下面对基于自组织映射神经网络的聚类算法进行介绍。

在自组织映射网络中，输出层是输入层向量的一种映射。自组织映射网络通过自组织的学习方式，不断调整连接着输入和输出的权值，最终使得调整过程趋于稳定，并收敛于某一形态。自组织映射的学习过程主要包括竞争、合作和自适应 3 个过程。竞争过程主要是选出那些竞争获胜的神经元；合作过程主要是由获胜神经元决定相邻兴奋神经元的空间位置；自适应过程主要是调整神经元的权值，使得获胜神经元对后面类似的响应增强。

自组织映射神经网络算法的流程如图 6.11 所示。

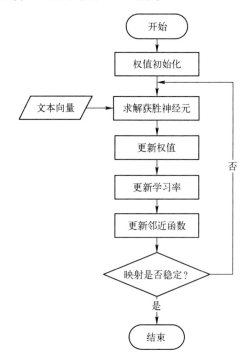

图 6.11　自组织映射神经网络算法流程图

算法具体步骤如下：

第一步：初始化。设置迭代序号 $n=0$，输出神经元的初始值 $w_i(0)$。设置学习率初始值 $\eta(0)$，可以取大一些接近 1。设置邻域半径初始值 $\sigma(0)$，要求尽可能包含较多的相邻神经元。

第二步：获取获胜神经元。对于输入向量 $\boldsymbol{x}$，计算其到所有输出层神经元的欧氏距离，选择其中距离最小的神经元 i 作为竞争获胜神经元 $i(x)$。本步骤实现竞争过程。

$$i(x) = \arg\min_j \left\| x - w_j \right\|, j = 1, 2, \cdots, m$$

第三步：更新权值。对获胜神经元邻域内的神经元，采用下式更新权值。本步骤实现合作与自适应过程。

$$w_j(n+1) = w_j(n) + \eta(n)h_{i(x),j}(n)(x - w_j(n))$$

第四步：更新学习速率 $\eta(n)$ 和近邻函数值。

$$\eta(n) = \eta(0)\mathrm{e}^{-n/\tau_2}$$

$$h_{i(x),j}(n) = \mathrm{e}^{-d^2_{i,j}/2\sigma^2(n)}$$

第五步：当自组织映射收敛于某一稳定形态或者达到最大网络训练次数时退出。否则转入第二步，并令 $n=n+1$。

自组织映射网络通过无监督自适应的学习过程，能够将输入层向量的拓扑分布映射到

158

低维空间，基于自组织映射网络的聚类算法具有自组织、可视化、聚类效果好等优良特性。另外，由于自组织映射输出层的分布以欧氏距离来衡量，其表示的就是输入层向量的相似度，并且自组织映射将输入层向量按相似度大小将输入层向量分成多个区域，这些不同的区域就是聚类结果。

6.7　无人作战飞机任务规划中目标聚类分析案例

随着现代战争对人员伤亡的敏感性不断增加，使得无人机（Unmanned Aerial Vehicle，UAV）技术得到了广泛的应用与发展。最早的无人飞行器是遥控飞行器（Remotely Piloted Vehicle，RPV）的一种，其功能单薄，执行任务的种类也略显单一。发展到今天无人机种类已日趋繁多，遂行的任务也逐渐丰富起来，从单一的空中侦察到情报监视、攻击和损伤评估，在五维一体的战场上显示了重要的作用。21世纪后，无人机作战任务爆发式地增长，美国在2001年使用了多种无人机对阿富汗实施了全方位的空中打击，其中"捕食者"无人机在实战中实现了"察打"一体化的功能，使得无人机的作战使用有了长足的进步。

军用无人机按照功能和执行任务的不同，可以分为靶机、侦察型无人机、攻击型无人机（如波音公司研制的 X-45A 攻击型无人机），其中攻击型无人机，也称无人作战飞机（Unmanned Combat Aerial Vehicles，UCAV），在现代战场上扮演着重要的角色。UCAV 已被认为是第五代作战飞机，是集探测、识别、决断和作战功能于一体的无人机系统，无人作战飞机的使用将使空中作战真正变为信息和武器融合的对抗，其必将成为未来空军的主力战斗机，并对未来的作战理念和作战模式产生重大影响。

在未来空战中，在第一线作战的不再是有人驾驶飞机，而是无人作战飞机群，美国的无人作战飞机已经达到了相当高的智能，可以在完全抛开操作员的情况下自主地完成目标搜索、攻击决策和目标分配等工作。现在战场环境瞬息万变，打击样式日趋复杂，单架无人机已经无法满足当前体系作战需求，所以多无人作战飞机协同作战以其信息共享、并行执行以及攻击效能高等优点成为了必然的选择。

多 UCAV 协同目标分配是多 UCAV 协同作战自主控制中的重要问题，其以 UCAV 分配攻击目标，设计初始航路并对 UCAV 编队进行配置为目的，实现整个 UCAV 协同作战群的效能最大、代价最小。UCAV 目标分配的方案直接影响到系统攻击的效能，而 UCAV 协同目标分配属于武器—目标分配（Weapons-Target Assignment，WTA）的一种，它决定 UCAV 在空战对决中对哪些目标使用什么样的武器进行打击，以期形成协调各 UCAV 作战行为的过程。战场中局势改变迅速，信息量巨大，进行任务分配需要处理海量的数据，此过程的消耗非常巨大。传统人工进行无人机目标分配和任务规划的方式已经不能够适应现代战争的需求，智能化平台已经逐渐主导信息化战争。为了确保多 UCAV 高效地执行作战任务，需要对自动化识别后的目标数据进行预处理，再根据任务需求、UCAV 的特性以及性能，进行高效的目标分配规划，充分发挥每架 UCAV 的作用，提高整体作战效能。

本案例针对 UCAV 在执行任务时，需要及时、准确把握目标编队情况并快速决策这一需求，运用基于模糊 FCM 聚类算法对战斗中影响分类的状态进行聚类分析，对作战目标编队进行聚类分析，从而为目标分配打下基础。

6.7.1 模糊聚类分析的基本概念

数学家 L. A. Zadeh 首先提出了模糊集理论（Fuzzy Theory），随着模糊数学理论的发展，著名学者 E.Ruspini 在模糊集理论的基础上提出了模糊划分的概念，模糊划分有着更好的数据表达能力，取得了良好的聚类效果，已经成为了当今的聚类研究热点之一。

模糊聚类分析是指用模糊划分来研究和处理给定对象的聚类。由于模糊聚类得到了样本属于各个类别的不确定性程度，表达了样本类属性的不确定性，更能客观地反映实际问题。

定义 6.8：模糊聚类。$X=\{x_1,x_2,\cdots,x_n\}$ 的模糊聚类是将 X 分成 C 个类，由 C 个隶属函数 μ_i 表示，其中 μ_i：$X\to[0,1]$，$i=1, 2,\cdots, C$ 且满足：$\sum_{i=1}^{c}\mu_i(x_k)=1, k=1,2,\cdots,n$ 和

$0<\sum_{k=1}^{n}\mu_i(x_k)<n, i=1,2,\cdots,C$。

模糊划分的好处是将硬划分中的绝对性变成了相对性。模糊聚类分析的实质就是根据研究对象本身的属性构造模糊矩阵，在此基础上根据一定的隶属度来确定其分类关系。由于模糊聚类与模式识别有着自然联系，使得它在识别领域首先获得了最为广泛的应用，成为图像处理中重要的分析工具之一。

6.7.2 模糊 C 均值聚类算法

FCM（Fuzzy C-Means，FCM）算法首先是由 E.Ruspini 提出来的，后来 J.C.Dunn 与 J.C.Bezdek 将 E. Ruspini 算法从硬聚类算法推广成模糊聚类算法。FCM 算法是基于目标函数优化的一种逐步迭代的数据聚类方法，每一步的迭代都沿着目标函数减小的方向进行。聚类结果是每一个数据点对聚类中心的隶属程度，该隶属程度用一个数值来表示。

令 $X=\{x_1,x_2,\cdots,x_n\}\subset R^s$，其中 X 为样本集合，n 是样本个数，s 是样本空间的维数，c 是聚类个数，也称为样本集合中的 c 个划分。FCM 算法描述如下：

$$Min \quad J_{FCM}=(\boldsymbol{U},\boldsymbol{V})=\sum_{i=1}^{c}\sum_{j=1}^{n}\mu_{ij}^{m}\left\|v_i-x_j\right\|^2 \qquad (6.1)$$

其划分空间为：

$$M_k=\left\{U\mid u_{ij}\in[0,1],\forall i,j;\sum_{i=1}^{c}u_{ij}=1;0<\sum_{j=1}^{n}u_{ij}<n,\forall i\right\} \qquad (6.2)$$

式中，$\boldsymbol{U}=u_{ij}$ 是一个 $c\times n$ 的模糊划分矩阵，u_{ij} 是第 j 个样本 x_j 的隶属于第 i 类值的度量，m 为模糊系数且 $m>1$；$\boldsymbol{V}=[v_1,v_2,\cdots,v_n]$ 是一个 $s\times c$ 的矩阵，由 c 个聚类中心向量构成。公式中采用的是欧氏距离，$\left\|v_i-x_j\right\|^2$ 表示从样本点 x_j 到其所属聚类中心 v_i 的距离。

FCM 转化为约束优化问题，其迭代方程为：

$$V=\frac{\sum_{j=1}^{n}u_{ij}^{m}x_j}{\sum_{j=1}^{n}u_{ij}^{m}}, \; i=1,2,\cdots,c \qquad (6.3)$$

存在 $I_j = \{(i,j) \mid x_j = v_i, 1 \leqslant i \leqslant c\}$，若 $I_j = \varnothing$，则：

$$u_{ij} = \sum_{k=1}^{c} \left(\frac{|v_i - x_j|}{|v_k - x_j|} \right)^{-\left(\frac{2}{m-1}\right)} \qquad (6.4)$$

通常，隶属度的迭代公式在实际应用中采用如下公式，表示一个样本点到划分集合的映射。

$$u_{ij} = \begin{cases} u_{ij} = \sum\limits_{k=1}^{c} \left(\dfrac{|v_i - x_j|}{|v_k - x_j|} \right)^{-\left(\frac{2}{m-1}\right)}, & I_j = \varnothing \\[2mm] \dfrac{1}{|I_j|} & I_j \neq \varnothing,\ i \in I_j \\[2mm] 0 & I_j \neq \varnothing,\ i \in I_j \end{cases} \qquad (6.5)$$

FCM 具体步骤如图 6.12 所示。

其中聚类个数 c 的范围是 $1 < c < n$，模糊指数 m 为 $1 \leqslant m < +\infty$，设置的收敛精度为 $\varepsilon > 0$，迭代的终止条件见下式：

$$\left\| V^{(k)} - V^{(k-1)} \right\| \leqslant \varepsilon,\ k \geqslant 1 \qquad (6.6)$$

在大型数据集中，FCM 往往能取得很好的聚类效果，例如在 IRIS 和 WINE 两个数据中能够很好地区分类别，如图 6.13 所示。

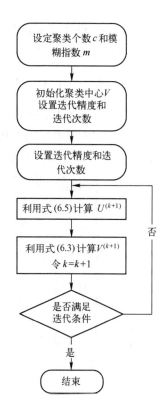

图 6.12　FCM 算法聚类过程

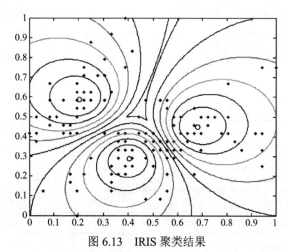

图 6.13　IRIS 聚类结果

在 FCM 中，数据 x_j 属于各类的隶属度和为 1，但是 x_j 分配给第 i 类的隶属度值并未体现距离之间的差异，因为隶属度值仅表示距离与距离之间的比值，这就造成了野值点（噪声点）对 FCM 的聚类效果造成了很大的影响，通过分析 FCM 存在以下几个主要问题：

（1）FCM 本质上是局部搜索优化算法，是一种迭代下降的算法，对初始化的数据较敏感，可能收敛到局部最小点上。

（2）FCM 必须先进行数据初始化，对噪声点较敏感。

（3）尚未有很好的解决办法去确定 FCM 的聚类个数问题，必须通过大量实验迭代得出。

6.7.3 基于 FCM 的 UCAV 群目标聚类分析

为了分析 FCM 在 UCAV 群目标聚类中的应用，下面以一具体的案例进行分析，在该案例中，敌方飞行器的态势如图 6.14 所示。敌方为 10 个目标，敌方编队情况未知。现在采用模糊 C-均值聚类算法对目标进行聚类分析。

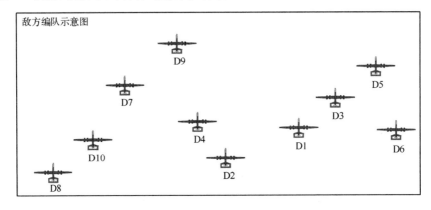

图 6.14　敌方编队示意图

要对目标进行聚类分析，需要选取敌方目标的参数特征值。在 UCAV 作战中，目标参数特征的设定是对目标进行划分的重要一环，需要能有效反映目标的特性与特点。目标特性（包括物理特性、战术用途、价值属性等）不同，由任务规划系统规划出的目标识别与攻击方法也不一样，对应的制导方式、编队机型组成以及武器使用方案等也不相同。在对作战区域内的目标特性进行综合对比分析后，选取速度、高度、距离和航向角等几个目标参数，见表 6.7。

表 6.7　UCAV 攻击目标参数表

目标	方位角 /mil	水平速度 $v/(\text{m} \cdot \text{s}^{-1})$	距离 d/km	航向角 /（°）	高度 h/km
T1	820	280	250	200	60
T2	2300	210	300	320	40
T3	828	281	245	201	65
T4	2350	215	320	322	42
T5	830	282	255	200	63
T6	825	283	250	204	61
T7	2200	150	300	156	50
T8	4000	110	300	50	35
T9	2800	260	220	260	80
T10	4050	120	280	51	36

根据模糊 C-均值法对表中数据进行聚类分析，得到聚类结果，见表 6.8。

表 6.8   UCAV 编队攻击识别表

目标分类	第一类	第二类	第三类
目标编号	1，3，5，6	2，4，7，9	8，10

依据该聚类结果，可以对攻击目标的编队情况进行基于数据的分析，具体分析结论如下：

第一类的特征为高空高速，机动少。可以判断其作战意图是对我方军事设施进行侦察后反馈给其他任务飞机，因此，可判断为侦察类飞机编队。

第二类特征为低速、低空，航向、方位角变化大，高机动。可以判断此种目标是在前类目标侦察的基础上，将对我方设施及重要目标进行火力打击，属于攻击类目标编队。

第三类属于突防类飞机编队。在第一类目标侦测到我方 UCAV 布防情况后，对我方 UCAV 进行缠斗、突破，并对我后方重要目标进行打击。

6.8   本 章 小 结

本章首先对聚类分析的基本概念、数据类型进行了介绍。然后重点分析了聚类分析的相关方法，包括基于划分的方法、基于层次的方法、基于密度的方法、基于网格的方法、基于模型的方法等。最后，介绍了一个无人作战飞机任务规划中目标聚类分析的具体案例。

第 7 章　文本与 Web 挖掘

随着电子出版物、万维网的高速发展，文本与 Web 挖掘已成为一个日益重要的研究领域。作为半结构化、非结构化的文档数据，文本、Web 挖掘与结构化数据的挖掘有着很大的不同，本章将对文本与 Web 挖掘的常见模式、重要算法及其在装备管理中的应用案例进行系统的介绍。

7.1　文本挖掘的常见模式及方法

文本是信息交换的最常见的媒介。文本挖掘是建立在文本分析技术基础上的，它是指从文本数据中获取可理解的、可用的知识的过程，文本挖掘是以文本信息作为挖掘对象，从中寻找信息的结构、模型、模式等隐含的、具有潜在价值的知识的过程。虽然文本挖掘来自于数据挖掘，但相比于传统的数据挖掘技术，文本挖掘也存在着一些较大的差异。文本挖掘处理的文本一般具有非结构化的特点，它用文本特征项表示文本信息的语义特征，形式具有不确定性。文本挖掘是一个跨学科的研究领域，它涉及数据挖掘、信息检索、模式识别、人工智能、自然语言处理等多个领域。

7.1.1　文本挖掘的过程

文本挖掘是从异构的、纷繁复杂的文本数据中，利用各种挖掘技术寻找文本中的语义模式的过程。文本是非结构化的信息，文本挖掘的主要任务是分析文本的内容特征，发现文本数据集中的概念、文本之间的相互关系和相互作用。文本挖掘的过程包括信息抽取、文本表示、建立特征集合、特征降维、知识挖掘、结果评价以及形成最终的知识模式，文本挖掘过程如图 7.1 所示。

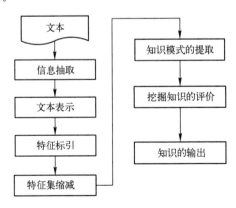

图 7.1　文本挖掘过程示意图

（1）信息抽取。该过程主要是去除对文本挖掘无关的其他内容，提取对文本挖掘有用的信息。

（2）文本表示。构建文本的表示模型是文本挖掘的一个非常重要和基本的任务，其目标是将文本从无结构的、字符串形式的原始格式，转换成计算机能够理解和处理的某种形式，然后才能对其进行分类、聚类、关联等挖掘。

（3）特征标引。与数据库中的结构化数据相比，文档具有有限的或者根本就没有的结构信息，即使具有一些结构信息，也是侧重于格式而非文档内容。一般来说，不同类型文档的结构也不一样。由于文本数据源的这些特点，使得现有的数据挖掘技术无法直接应用于文本挖掘。因此，需要对文本进行预处理，抽取代表其特征的特征数据，这些特征可以用结构化的形式表示。

一般认为文本特征可分为描述性特征和语义性特征。其中的描述性特征包括文本的名称、日期、大小、类型等；语义性特征包括文本的作者、机构、标题、摘要、内容等。描述性特征比较容易获得，而语义性特征较难得到。万维网协会（W3C）近年来制定的 XML、RDF 等规范提供了对文档资源进行描述的语言和标准，在此规范的基础上，能够从半结构化的 Web 文档中抽取作者、机构、标题等特征。

（4）特征集的缩减。文本是由自然语言组成的，其中往往包含大量的单词，如果将这些数量巨大的单词都作为文本的特征会产生一些问题。最主要的问题是表示文本的特征过多，即空间特征维数过高，导致进行计算的时候需要占用的存储空间非常大，而且处理速度非常慢。另外，在这些单词中有很大一部分是冗余的，对文本的特征表示没有贡献，完全可以删除。因此，特征集缩减的任务就是降低特征空间的维数，选择少量的、最能够代表文本意义的单词作为文本的特征。

（5）知识模式的提取。完成文档特征向量维数的缩减后，便可利用机器学习的各种方法来提取面向特定应用目的的知识模式。

（6）挖掘知识的评价。对所获取的模式和知识进行质量评价，若评价的结果满足一定的要求，则存储该知识模式，否则返回到以前的某个环节，对分析方法进行改进。

7.1.2　文本的表示模型

从本质上讲，文本是一个由众多字符构成的字符串，无法被学习算法直接用于训练或处理。要将数据挖掘、机器学习技术运用于文本分类问题，首先需要将作为训练对象的文档，转化为学习算法易于处理的向量形式。

因此，在对文本数据进行分类之前，首先必须采用特定的数学模型对文本进行表示。目前常用的文本表示模型有布尔逻辑模型、向量空间模型、概率模型、潜在语义索引模型等。

1. 布尔逻辑模型

布尔逻辑模型（Boolean LogicalModel）也称为完全匹配模型，是一种比较简单的表示模型，它使用一系列从文档中抽取出来的具有二值逻辑的特征变量，如关键词等，来描述文档的特征，如果一个特征变量在文中出现，则值为真，否则值为假。特征变量之间可以用与、或、非三种关系连接起来，组合的结果通过布尔操作符的运算公式得出。

2. 向量空间模型（**Vector Space Model，VSM**）

向量空间模型是由 Sallon 提出的关于文本表示的模型，最早成功应用于信息检索领域，后来又在文本分类领域得到了广泛运用。向量空间模型基于如下基本假设：一份文档所属的类别仅与某些特定的单词或词组在该文档中出现的频率有关，而与出现的位置或顺序无关。也就是说，如果将构成文本的各种语义单位（如单词、词组）统称为"词项"，将一个词项在文本中出现的频率称为"词频"，那么一份文档中蕴涵的各个词项的词频信息足以用来对其进行正确的分类。

向量空间模型在统计学方法的基础上简明地实现了对文本的抽象描述，从而成为文本表示的一种经典模型。构建文本向量就是将文本映射到向量空间中，这样，就可以用线性多维空间中的点来表示文本，也就是说，一个文档可以用高维词空间的一个向量表示，向量中的每一维表示对应的词在文档中的权重。

实践证明，向量空间模型在实际信息检索系统中表现极为出色，是迄今为止使用最广泛的相似度计算模型。该模型及其相关技术，包括项的选择、加权策略以及采用相关反馈进行优化查询等在文本分类、自动索引、信息检索等许多领域得到了广泛应用。特别是随着网络的迅速发展，向量空间模型还被广泛地应用到搜索引擎、个人信息代理、网上新闻发布等领域，并且取得了较好的效果。

向量空间模型以特征项作为文本表示的基本单位，特征项可以由字、词或短语组成。所有的特征项构成特征项集。一篇文章可以表示为一个向量，即可被定义成一系列子项的组合，该向量的维数是特征项集的个数，并且根据统计结果，该向量的每个分量都被赋予一个权值以表明它对于这篇文献的重要性。

在向量空间模型中，主要涉及到以下几个概念：

（1）文档（Document）：指一篇文章。

（2）项（Term）：也称为索引项或特征项，一般指文档中的词或短语。给文档分类主要是依据特征项，即一些特殊的项，可以起到代表文档的作用。

（3）项的权重（Term Weight）：假设一个系统包含有 m 个文档、n 个不同的项，则 $D_i=(w_1,w_2,\cdots,w_n)$ 表示一个文档，可以看作是 n 维欧氏空间的向量，其中的项 $w_k(1 \leqslant k \leqslant n)$ 表示它在文档中的重要程度，通常称为权重。

向量空间模型把文档之间的相关度定义为它们之间的某种相似度，它认为一篇文档与用户查询越相似，就认为此文档与用户查询越相关。相似度的度量采用夹角余弦，也就是通常所说的余弦距离来表示。通过这种模型可以将文档之间的相似性这一抽象问题，转化为具体的空间中的点与点的距离问题，通过计算出任意两个向量之间的近似程度，来反映所对应的文档间的相似性。

向量空间模型也存在一些不足。首先，向量空间模型过多地采用启发式或经验的方法来表示文档，如词频的归一化等，并且检索中的一些参数也只能通过繁重的人工调整来获得。其次，向量空间模型没有考虑特征项之间的各种依赖关系，因此，向量空间模型损失了很多语义信息。

3. 潜在语义索引模型

潜在语义索引（LSI）最早是一种在信息检索中应用的自动索引技术，它通过分析单词与它所处上下文环境之间的关联关系，抽取出隐藏在文本背后更为高层的语义结构，从而能在语义层面上对文本进行检索，进而大幅提高信息检索的性能。潜在语义索引模型除了能对文本数据进行大规模降维之外，更重要的优点是它能非常有效地解决近义词和多义词问题。因此，潜在语义索引模型后来又被广泛地应用于多语言检索、文本分类、文本聚类、信息过滤、词典构建等其他文本数据挖掘中。

潜在语义索引模型主要利用字项与文档对象之间的内在关系，形成信息的语义结构。这种语义结构反映了数据间最主要的联系模式，忽略了个体文档对词的不同使用风格。该模型是挖掘文档的潜在语义内容，而不仅仅是使用关键字的匹配，而是通过对字项文档矩阵使用奇异值分解（Singular-Value Decomposition，SVD）方法来实现的，把小的奇异值去掉，形成了新的语义空间。在新的语义空间中，单词之间很多细小的差别都被消除掉了，那些即使没有同时出现在同一个文本中，但是具有类似用法的单词将离得很近。这也就意味着两个具有相同主题的文本，即使使用了完全不同的词汇，它们在语义空间中也可能离得很近。

7.1.3 文本挖掘的方法

文本挖掘用于从大型文本形式的数据集中发现新的信息，文本挖掘的主要目标是获得文本的主要内容特征，如：文本涉及的主题、文本主题的类属、文本内容的摘要等。文本挖掘的具体实现方法主要有如下几种。

1. 特征提取方法

使用向量空间模型表示法时，表示文档的特征向量的维数能够达到成百上千，另外，具有代表性的特征以及词汇特征也会很大，并且很多是冗余的。这种未经处理的文本矢量会给后继的处理工作带来巨大的计算开销，因此，减少特征向量的维数至关重要，这往往决定了文本挖掘的效率。特征提取的目的主要是选择出一部分最为有效的特征，从而减少特征向量的维数。其理论假设是：稀有词条或者对分类作用不大的词条，均可以被删除，以此来减少词条的数量。含有特征词的文本数目在文档集合中出现的概率称为该特征词的文档频率，简称 DF（DocumentFrequency）。基于特征词的文档频率的特征提取方法设定某个阈值，若特征词的文档频率高于该阈值，则表示其对文本特征的贡献大；若低于该阈值，则表示该特征词不含有或只含有较少的特征信息。基于特征词文档频率的特征提取方法，将低于阈值的特征词从原始的特征空间中去除，有效降低了特征空间的维数，提高了文本表示的时间效率，并且有可能提高特征表示的精度。该方法的不足之处是：对于高频的特征词，若其均匀分布在文档集合中，则其特征表示的作用较弱；低频词也有可能带有较大的信息量，直接去掉低频词会影响分类的效果。

2. 文本自动摘要方法

自动摘要是指利用计算机来分析文章的结构，找出文章的主题语句，然后经过整理、组合、修饰，从而构成文本摘要的过程。人工编制文本摘要，工作量大、过程复杂，而且非常耗费时间。特别是目前，对信息量巨大的 Web 资源进行人工编制文摘是很不实际的，因此，自动摘要对网络信息资源的处理具有重要的现实意义。

3. 文本分类方法

文本分类是按照预先定义的分类体系，将待分类的样本划归到一个或者多个类别中的过程。从数学角度看，文本分类的过程实际上是一个映射的过程，将待分类的样本映射到已存在的文本类别中的过程。文本分类的映射规则是系统根据已经掌握的每类样本的信息，总结出分类的规律而建立的判别公式和判别规则。然后在遇到新文本时，根据总结出的判别规则，确定文本相关的类别。经过文本分类处理后，用户不但能够方便浏览文本，而且可以通过限制搜索范围来使文本的查找更为容易。

文本分类经常用到的算法是 k-近邻（k-Nearest Neighbor）算法，k-近邻算法是在模式识别中广泛应用的一种分类算法，是模式识别非参数算法中最重要的方法之一。k-近邻算法是近邻算法的推广，它不需要复杂的推理过程。算法的基本思路是：对于给定的文本样本，获取其特征向量空间，在训练集中搜索特征向量最近的 k 个近邻，统计 k 个最近邻的类别分布，将文本样本划归到统计值最高的一个类别。k-近邻算法采用特征向量权值作为是否是近邻的依据，权值相近的特征向量相似度较高。该算法的一个不足之处是：目前没有很好的方法确定 k 值，一般先定一个初始的 k 值，然后根据实际情况进行调整。该算法比较简单，容易实现，具有良好的时间复杂度和空间复杂度。

4. 文本聚类方法

文本聚类是将文本集合分组，使其成为由类似文本对象组成的多类主题的过程。每个组里的文本在特定的主题互相接近。如果把文本内容作为聚类的基础，不同的聚类簇与文本集不同的主题相对应。文本聚类是一种典型的无监督的机器学习问题。目前的文本聚类方法可以分为两大类：层次凝聚法和平面划分法。

（1）层次凝聚法。层次凝聚法以构造出一棵生成树作为聚类的结果，树的一个节点表示一个簇，树根是包含了所有文本的簇，树叶是仅包含一篇文档的簇。每一个非叶节点是由两个子节点（文档或簇）合并而成，或者是父节点分裂而来。层次凝聚法的特点是能够生成层次化的嵌套簇，并且准确度高。但是，在每次合并时，需要全局比较簇之间的相似度，并选择出最佳的两个簇，因此速度较慢，不适合大量文档的集合，并且不能产生相交簇。

（2）平面划分法。和层次凝聚法生成层次化的嵌套簇不同，平面划分法是将文档集合水平地分割为若干个簇。k-均值、k-中心点等都属于平面划分法。平面划分法的特点是聚类速度较快，比较适合于对文档集聚类，也适合联机聚类，也可以产生相交簇。但平面划分法也有缺点，比如 k-均值算法的主要缺点是：必须事先确定 k 的取值，且种子选取的好坏对聚类结果有较大影响。只有当所需簇使用的相似度近似于球形时，它的效果才是最优的，但实际情况中文档很可能不是落在球形簇内。相对于层次凝聚法，平面划分法的计算量较小，对于大规模的文档来说，平面划分法比层次凝聚法更适合进行聚类。

7.2 文本分类及常见分类算法

文本分类是指按照预先定义的分类体系，将待分类的文本测试集合中的每个文本归入一个或多个类别中，是一种典型的有教师的机器学习问题。经过文本分类处理，用户不但能够方便地浏览文本，而且可以通过限制搜索范围来使文本的查找更为容易。研究文本分类有着广泛的应用价值。

从数学角度来看，文本分类是一个映射的过程，它将未标明类别的文本映射到已有的类别中，用数学公式表示如下：$f: A \rightarrow B$。其中，A 为待分类的文本集合，B 为分类体系中的类别集合。

文本分类是根据训练集的样本数据信息总结分类规律，并确定待分类文本的相关类别。文本分类是处理海量文本的有效方法，它能提供文本集的良好组织结构，大大简化文本的存取和操作，提高文本处理效率。文本分类在数字存储技术日益普及的今天，应用的范围十分广泛，如数字图书馆、电子邮件分类、新闻分类、文本检索等。

7.2.1　文本分类步骤

一般来讲，文本分类的工作流程是：对文本集合进行预处理，提取特征，并将其表示为文本模型，然后构造分类器，用分类器对新文本进行分类，最后对结果进行评价。其详细步骤如图 7.2 所示。

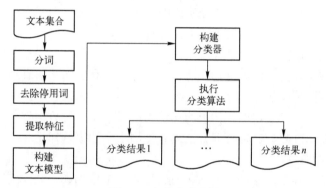

图 7.2　文本分类步骤

1. 文本预处理阶段

文本预处理是文本分类的第一个步骤，直接影响挖掘的效果，文本的预处理在整个文本挖掘过程中占据一半以上的工作量。与传统的数据库中的结构化数据相比，文档具有有限的结构，或者根本就没有结构，即使具有一些结构，也还是着重于格式，而非文档的内容，因此，需要对这些文本数据进行相应的预处理。

文本是通过自然语言进行描述的，计算机难以直接处理其语义，所以还需要进行文本数据的信息预处理。信息预处理的主要目的是抽取代表文本特征的特征项，这些特征可以用结构化的形式保存。

文本的词具有灵活的前缀、后缀等形式，对这种情况也要在预处理时加以标准化，对英文而言需进行 Stemming 处理，中文的情况则不同，因为中文的最小单元是字而不是词，字的信息量比较低，中文词与词之间没有固有的间隔符（空格），需要进行分词处理，并去除无用内容，包括去除文本内自带的分隔符等词句符号、去除停用词等对表现文本内容没有帮助或者说本身不能表现文本特征的字符。在去除无用内容后，剩下的词语归入最初的原始特征集合之中，作为下步处理的输入。

分词方法主要有基于字符串匹配的方法、基于理解的方法和基于统计的方法等。

1）基于字符串匹配的方法

也称为机械分词方法，其基本思想是事先建立一个大的机器词库，词库中包含了所有可能出现的词，根据特定的策略，将待处理的中文字符串切分成子字符串，并与词库中的词条进行匹配，若在词库中找到某个词条与子字符串相匹配，则匹配成功。根据不同的扫描方向，基于字符串匹配的方法可以分为正向匹配和逆向匹配；根据长度优先匹配的情况，可以分为最大（最长）匹配和最小（最短）匹配；根据是否与词性标注过程相结合，又可以分为单纯分词方法和分词与标注相结合的一体化方法。

（1）正向最大匹配法。正向最大匹配法的目的是切分出最长的词语，该方法假设分词词库中的最大词长为 n，则取待处理的字符串序列中的前 n 个字作为匹配字段，查找分词词库，若词库中存在，则匹配成功，匹配字段作为一个词被切分出来；如果词库中找不到，则匹配失败，去掉匹配字段的最后一个字，重新进行查找，直到匹配成功或匹配字段为空。按上面的步骤进行下去，直到切分出文档中的所有词为止。

（2）逆向最大匹配法。逆向最大匹配法的思路基本与正向最大匹配法相同，只是切分方向改变，如果匹配不成功，去掉匹配字段的首个字符。由于中文本身的语言特点，一般很少采用正向最小匹配法和逆向最小匹配法进行分词。

2）基于理解的方法

其基本思想是在分词的同时进行句法、语义分析，利用句法信息和语义信息来处理歧义现象。它通常包括 3 个部分：分词子系统、句法语义子系统和总控部分。在总控部分的协调下，分词子系统可以获得词、句子的句法和语义信息来对分词歧义进行判断，即它模拟了人对文本的理解过程。这种分词方法需要使用大量的语言知识和信息。

3）基于统计的方法

该方法利用了一种基于统计学的 N-Gram 技术，根据相邻字共同出现的频率自动提取特征，使文本数据分类实现了领域无关性和时间无关性。它无需任何词典做支持，对输入文本所需的先验知识少。但是，在进行 N-Gram 信息提取时，会产生非常大的数据冗余，时间代价较大，相比基于词典分词获取文本特征的方法，其实现效率比较低。实际应用的统计分词系统都要使用一部基本的分词词典（常用词词典）进行串匹配分词，同时使用统计方法识别一些新的词，即将串频统计和串匹配结合起来，既发挥匹配分词切分速度快、效率高的特点，又利用了无词典分词结合上下文识别生词、自动消除歧义的优点。

在具体的应用中，要根据具体的情况来选择不同的分词方案。不同分词方案的正确性很大程度上取决于所建的词库，一个词库应具有完备性和完全性。词库的完备性，简单来说就是对任意一个字符串，总能按词库找到对它进行切分的方法；词库的完全性，意味着词库应包含所有的词，建立一个同时满足这两个要求的词库，具有很大的难度。而对于具体应用系统来说，可能只用到其中的一部分。因此，在构造词典的时候需要量力而行，在完备和效率之间寻求平衡。

2. 特征选取阶段

由于中文词汇量非常庞大，经过第一阶段处理之后得到的原始特征集合的规模一般来说比较大，直接使用这样的特征集合是不现实、不可行的，这就需要对原始特征集合中的内容进行精简。特征选取阶段的主要任务就是运用特征选取方法，从原始特征集合中选择合适的，包含信息量大、有针对性并且对分类起到积极作用的词汇，来作为分类的特征项。

3. 构造分类器阶段

当前，分类器的构造方法有许多种，有 KNN 分类方法、基于 VSM 的向量距离分类方法、SVM 支持向量机分类方法、朴素贝叶斯分类方法、基于决策树的分类方法、基于神经网络的分类方法、基于模糊—粗糙集的文本分类方法、潜在语义分类方法等。

7.2.2　k-最近邻文本分类算法

k-最近邻算法（k-Nearest Neighbors，KNN）是由 Cover 和 Hart 于 1968 年提出的，k-近邻法是最近邻法的一个推广。当 k 取 1 时就是最近邻法（NN）。NN 强调最近点的重要性，而 KNN 则从整体考虑，是一种更为普遍的方法，理论上认为它的错误率比 NN 低。KNN 算法思想很简单：给一篇待识别的文档，系统在训练集中找到最近的 k 个近邻，看 k 个近邻中多数属于哪一类，就把待识别的文档归为哪一类。k-近邻分类器在已分类文档中检索与待识别的文档最相似的文档，从而获得待识别文档的类别。

算法基本思想如下：以训练集的分类为基础，对测试集每个样本寻找 k 个近邻，采用欧氏距离作为样本间的相似程度的判断依据，相似度大的即为最近邻。一般近邻可以选择 1 个或多个。当类为连续型数值时，测试样本的最终输出为近邻的平均值；当类为离散值时，测试样本的最终输出为近邻类中个数最多的那一类。

判断近邻就是使用欧氏距离测试两个样本之间的距离，距离值越小的表明相似性越大，反之则表明相似性越小。该算法的优点是比较简单，缺点是需要将所有样本存入计算机中，每次决策都要计算识别样本与全部训练样本之间的距离，并进行比较。尤其是文本训练集较大时，计算量比较大，严重降低了分类算法和分类系统的效率。另外，在该算法中很难确定合适的 k 值，需要经过不断实验才能找到合适的取值。

7.2.3　基于 VSM 的向量距离文本分类算法

在向量空间模型中，两个文档 D_1 和 D_2 之间的相关程度（Degree of Relevance）常用它们之间的相似度 Sim（D_1，D_2）来度量。当文档被表示为向量空间模型时，可以借助向量之间的某种距离来表示文档间的相似度。距离的计算公式如下：

$$Sim(d_i, d_j) = \frac{\sum_{k=1}^{M} w_{ik} \times w_{jk}}{\sqrt{(\sum_{k=1}^{M} w_{ik}^2)(\sum_{k=1}^{M} w_{jk}^2)}}$$

式中，d_i 为新文本的特征向量，d_j 为第 j 类的中心向量，M 为特征向量的维数，w_k 为向量的第 k 维权重。

向量空间模型的优点在于：它把文档内容简化为特征项及权重的向量表示，把对文档内容的处理简化为向量空间中向量的运算，使问题的复杂性大大降低。而权重的计算既可以用规则方法手工完成，又可以通过统计的方法自动完成。

算法思路：根据算术平均策略，为每类文本集生成一个代表该类的中心向量，然后在新文本到来时，确定新文本向量，计算该向量与每类中心向量间的距离（相似度），最后判定文本属于与其距离最近的类。

算法的具体步骤如下：

（1）计算每类文本集的中心向量，计算方法为：求出所有训练文本向量的算术平均值，即为中心向量值。

（2）新文本到来后，对其进行分词，并将文本表示为特征向量。

（3）计算新文本特征向量和每类中心向量间的相似度，使用的计算公式为距离的计算公式。

（4）比较每类中心向量与新文本的相似度，将文本分到相似度最大的那个类别中。

7.3　Web 挖掘的常见模式及方法

Web 数据挖掘（Web Data Mining）是指从大量的 Web 文档集合中发现蕴涵的、未知的、有潜在应用价值的知识的过程，它是数据挖掘技术在 Web 环境下的应用。Web 挖掘融计算机技术、数据挖掘技术、Web 技术、信息科学理论等多个领域为一体，它所处理的对象包括 Web 文本、Web 图片、Web 视频、Web 日志、Web 数据库、Web 链接结构、用户使用记录等信息，通过对这些信息的挖掘，可以得到仅通过文字检索所不能得到的信息。

Web 挖掘可以进行 Web 文档分类、主题抽取、用户浏览站点行为分析等，并可以帮助用户获取、归纳信息，改进站点结构，为用户提供个性化服务等。

Web 挖掘与传统数据挖掘的区别如下：

（1）Web 挖掘的对象是海量、分布、动态、异构的 Web 文档，与传统的存储于数据库中的结构化数据不同。

（2）Web 在逻辑上是一个由文档节点和超链接构成的图，因此，Web 挖掘所得到的模式是关于 Web 内容或结构的模式。

（3）Web 数据具有半结构化或非结构化特征，使得这些信息难以清晰地用数据模型加以表示，且缺乏机器可理解的语义，而数据挖掘的对象局限于数据库中的结构化数据。因此，有些数据挖掘技术并不适用于 Web 挖掘，即使可用也需要建立在对 Web 文档进行预处理的基础上，Web 挖掘需要用到更多的有别于传统数据挖掘的技术。

7.3.1　Web 挖掘的常见模式

Web 数据挖掘大致分为 3 类：Web 内容挖掘、Web 结构挖掘和 Web 使用挖掘，如图 7.3 所示。

图 7.3　Web 挖掘模式分类

7.3.1.1　Web 内容挖掘

Web 内容挖掘是指从 Web 网页内容（包括文本、超文本、图像、音视频、元数据等信息）中自动发现和获取知识，其中的数据是无结构或半结构化的。Web 内容挖掘可用于协助用户搜集信息或根据用户的目标过滤无用的信息。它和通常的平面文本挖掘的功能和方法比较类似，但由于 Web 文档中存在标签，因此，可以利用这些标签来提高 Web 文本挖掘的性能。Web 内容挖掘过程如图 7.4 所示。

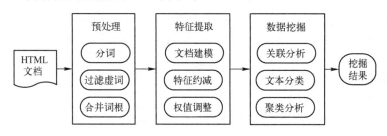

图 7.4　Web 内容挖掘过程

Web 内容挖掘可以看作是 Web 信息检索和信息抽取的结合。Web 内容挖掘主要是对 Web 上大量文档集合的"内容"进行总结、分类、聚类、关联分析以及利用 Web 文档进行趋势预测等，是从 Web 文档内容或其描述中抽取知识的过程。Web 上的数据既有文本数据，也有声音、图形、图像、视频等多媒体数据；既有无结构的自由文本，也有用 Html 标记的半结构化数据和来自于数据库的结构化数据。

Web 内容挖掘一般表现为对 Web 页面上信息的挖掘。在 Web 页面的预处理中，可以考虑先对页面进行分类。常见的 Web 页面有如下几种。

（1）首页（Head Page）：通常是站点的主页，是用户对某站点进行访问的入口。

（2）内容页（Content Page）：网站中各种内容的详细信息通过这种页面向访问者呈现。

（3）导航页（Navigation Page）：这类页面主要是为用户浏览其他页面内容提供一个超链接，使得用户能够方便地进入要浏览的页面。

（4）查找页（Look up Page）：根据用户输入的关键词，帮助用户查找站点内地特定内容。

（5）数据入口页（Data Entry Page）：这类页面主要为用户的信息输入提供入口，帮助网站管理者收集所需用户信息。

文本挖掘也可以认为是 Web 内容挖掘的组成部分之一，它不仅指的是单独文档中的信息提取，也包括分析文档集合的模式和趋势。目前的研究主要集中在利用词频统计、分类算法、机器学习、元数据、部分 Html 结构信息，发现数据间隐藏的模式并生成抽取规则，并从页面中分离出概念和实体数据。

7.3.1.2　Web 结构挖掘

根据科学引文分析理论，文档之间的互联数据中蕴涵着丰富的有用信息。Web 结构挖掘主要是从 Web 内容结构和链接关系中发现用户想要的信息和知识，包括 Web 页面内容的相关性、文档质量和结构方面的信息，反映了文档之间的包含、引用或者从属关系。在传统的搜索引擎中，一般仅将 Web 看作是一个平面文档的集合，而往往忽略了其在链接结构方面蕴含的大量信息。近年来以超链接分析为基础的 Web 检索算法，如 PageRank 算法等，在提高检索精度方面与传统搜索引擎使用的基于单词的方法相比有了大幅度的提高。

超链接作为超文本文档的一个重要特征，为 Web 信息获取提供了有价值的信息。一般情况下，Web 文档中的超链接包含了两类信息：网站内容的导航信息，如常用的导航条用来指引访问者在各页面之间跳转；页面中的超链接信息，它往往是文档作者对于某一文档的推荐，被推荐的目的文档往往与该文档有相似内容而且逻辑上有一定的传承。超链接信息构成了链接分析的基础，即某一文档的重要性不是由文档的内容决定的，而是取决于被其他文档链接或引用的次数。这种评价机制类似于科学论文中的参考文献，被别人引用次数多的论文，其重要性比引用次数少的论文要高。在 Web 检索中，除了被其他文档链接的次数外，链接源文档的质量也是评价被链接文档质量的一个参考因子。被高质量文档链接的文档往往具有更高的权威性。

Web 内容挖掘是 Web 挖掘的主要形式，但如果 Web 内容挖掘和 Web 结构挖掘相结合，利用结构挖掘得到的信息来补充、丰富内容挖掘的结果，将取得更好的挖掘效果，主要表现为：

（1）通过 Web 结构挖掘得到站点的链接结构后，每个 Html 文件可以通过页面内容挖掘算法进行相应的处理，从而得到更有用的信息。

（2）通过主题信息、导航结构、用户访问信息等对页面视图进行分类和聚类，然后基于分类和聚类结果对内容进行定向检索，将有效提升内容挖掘的准确性。

7.3.1.3　Web 使用挖掘

Web 使用挖掘主要指的是对 Web 访问信息进行的挖掘。通过对访问信息的分析，可以提炼出网站设计者的领域知识、网站用户访问兴趣及其程度、用户的访问习惯等，并对用户的访问行为进行预测，进而得到对优化站点结构、个性化信息和服务等有用的决策信息。

Web 访问信息具有如下特点：

（1）Web 访问数据记录的是每个用户的访问行为，代表的是每个用户的访问特点和个性。

（2）同一类型用户的访问，代表的是同一类用户的共同特点。一类用户的特点分析能够为信息的精准服务和共性推荐提供支撑。

（3）一段时间内的访问数据记录的是群体用户的行为和群体用户的共性。群体用户特性可以被用来改变站点的设计结构，从而利于群体用户的访问。

（4）Web 访问数据是网站设计者和访问者进行沟通的桥梁。由于 Web 网站的特点，网站设计者不可能直接面对每一个访问者，设计者可以通过访问数据所蕴含的信息得到访问者的反馈意见从而改进服务。

Web 使用挖掘是 Web 挖掘中与传统数据挖掘技术交叉点最多的领域。一般数据挖掘的方法，如聚类、分类等，都可以使用。Web 使用挖掘最常见的应用场景是 Web 日志的挖掘。通过对 Web 日志挖掘，可以自动、快速地发现网络用户的浏览模式，如频繁访问路径、频繁访问页组、用户聚类等。在用户浏览模式识别的基础上，可以根据这些模式手工改进站点结构，达到方便用户浏览的目的，也可以让站点自动根据当前用户的浏览模式来动态调整、定制站点结构和页面内容，从而根据用户的行为特征为其提供个性化服务。

从比较的角度看，Web 数据挖掘包括的常见 3 种模式，在任务、用途和使用方法上，都存在较大的差异，它们的异同点见表 7.1。

表 7.1　三种 Web 挖掘模式的对比

比较点＼模式	Web 内容挖掘	Web 结构挖掘	Web 使用挖掘
数据形式	半结构化、非结构化的文本数据	结构化、半结构化的链接结构、导航信息	结构化、半结构化的用户交互数据
数据来源	文本文档、超文本文档	超文本文档、超文本链接	服务器日志、代理日志、浏览器记录
表示形式	向量空间模型，词、短语、概念或实体	网站的拓扑结构，对象交换模型，数据库，图形	关系表，图形
所用方法	TFIDF、机器学习、统计方法、自然语言处理	HITS 算法、关联规则、分类、聚类	机器学习、统计理论、关联规则、分类、聚类
主要应用	分类、聚类、文本摘要、文本比较	页面重要性排序、权威页面识别	网站使用结构分析、个性化信息服务

7.3.2　Web 挖掘的常用方法

Web 挖掘中常用的方法包括路径分析方法、统计分析方法、关联规则挖掘方法、序列模式挖掘方法以及分类和聚类挖掘方法等，如图 7.5 所示。

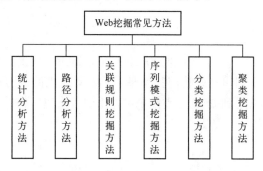

图 7.5　Web 挖掘常见方法

1. 统计分析方法

利用统计分析方法，可以对用户在浏览网页时的时间和路径进行各种不同的描述性统计，例如：求均值、概率、频度、估计数据的分布等；统计分析技术在网站日志分析上也经常使用到。通过分析网站日志文件，生成一系列的报表来反映网站被访问的各种情况。如：哪些网页被频繁访问，哪些用户经常访问网站，网站的访问量、点击率等。通常情况下，利用统计分析方法得出的知识在一定程度上能够帮助改善网站的性能，提高网站安全性，促进网站内容更加合理。

统计分析方法在使用时一般先由用户提供假设，再由系统利用数据进行验证。虽然统计分析方法不能挖掘出更深层次的访问信息，但它也能为网站维护者建设和维护网站提供帮助。目前，统计分析技术依然是 Web 挖掘和分析中使用最频繁的技术之一。

2. 路径分析方法

用路径分析方法进行 Web 数据挖掘时，最常用到图的相关理论。一个 Web 站点拓扑结构就是一幅有向图，用 $G=(V,E)$ 进行表示，V 是页面的集合，E 是页面之间的超链接集合，顶点 V 的入边表示对 V 的引用，出边表示 V 引用了其他的页面。G 代表了定义在网站上的页面之间的联系，使用者在一段时间内的访问模式为其子图。路径分析的常见情景是要从 G 中确定最频繁的路径访问模式，根据 G 确定的拓扑结构，具有相似访问子图的用户为需求相似的用户，用户访问频繁的有向边就是频繁路径。

3．关联规则挖掘方法

在 Web 数据挖掘中，关联规则挖掘常常用于挖掘用户在一个访问期间（Session）从服务器上访问页面之间的联系。在 Web 服务器访问日志中记录着大量用户对服务器的访问信息，通过关联规则挖掘，能够发现类似这样的信息，如：哪些用户对页面 A 感兴趣的同时对页面 B 也感兴趣，哪些用户在浏览了产品介绍页面后即在网络上下了购买订单。关联规则挖掘不仅能帮助商家在电子商务领域做决策分析，同时也能帮助商家更好地管理和经营网站，改善网站性能和提高网站品牌形象。

4．序列模式挖掘方法

序列模式数据挖掘就是要挖掘出有时间序列关系的模式。对 Web 页面的访问日志记录就是一种序列数据。对这种序列数据的挖掘可以发现时间上的很多关联信息，例如，用户访问某网页后，在一定的时间间隔内又访问了特定的一些页面。另外，通过序列分析可以预测用户未来访问网站的模式，甚至发现周期模式，在实际应用中，网站管理者能够借此预测广告页面的效果。

5．分类挖掘方法

在 Web 挖掘中，分类方法可以根据用户访问记录得到共同的访问模式，从而对网站的访问群体进行分类，并识别出那些访问频率高、购买数量大的有价值客户。数据挖掘中的常见分类方法大多都可以用到 Web 分类挖掘中，比如基于决策树的分类方法、基于贝叶斯的分类方法、k-近邻分类方法等。

6．聚类挖掘方法

聚类挖掘是 Web 数据挖掘领域中一个非常活跃的研究方向。在 Web 使用记录挖掘中有两种聚类，一种是访问者聚类，该聚类是将有相同浏览模式的访问者归为一组，有助于对用户群体进行分析；另一类是网页聚类，将有相关内容的网页归为一组，从而对改善搜索引擎和提高网站自适应性提供帮助。此外，聚类分析还可以作为其他 Web 挖掘应用的预处理步骤。如在对 Web 日志记录进行预处理时，聚类分析可以用于无效 Session 识别、用户验证等。

7.3.3 基于 Web 日志的使用挖掘

Web 使用挖掘重要的数据是 Web 的日志数据，包括服务器的日志、代理服务器日志、浏览器端日志、注册信息、用户会话信息、交易信息、Cookie 中的信息、用户查询、鼠标点击流等一切用户与站点之间可能的交互记录。

7.3.3.1 Web 日志挖掘的数据源

一般来讲，在 Web 站点中对用户有价值的数据都可以成为 Web 挖掘的数据来源。常见的 Web 日志挖掘的数据源主要包括服务器端日志数据和客户端的访问记录数据。

1. 服务器端日志数据

对一般的 Web 服务器来说，当用户浏览服务器时，它将产生 3 种类型的日志文件：服务日志（Server logs）、错误日志（Error logs）和 Cookie logs，这些日志文件用于记录用户访问情况。

表 7.2 给出了 Server logs 文件的格式，按照这样的格式，可以分析 Server logs 文件格式中蕴含的有用信息。

表 7.2　Server logs 文件格式

字段（Field）	描述（Description）
Date	Date,time,and timezone of request
Client IP	Remote host IP and / or DNS entry
User Name	Remote log name of the user
Bytes	Bytes transferred(sent and received)
Server	Server name,IP address and port
Request	URI query and stem
Status	http status code returned to the client
Service name	Requested service name
Time Taken	Time taken for transfer protocol
Protocol Version	Version of used transfer protocol
User agent	Service provider
Cookie	Cookie ID
Referrer	Previous page

错误日志（Error logs）存放请求失败的数据，例如丢失的链接、授权失败或者超时错误等。

Http 协议的特点决定了通过 Http 协议访问网站不容易跟踪每个用户的访问行为，服务器方可以采用 Cookie 来对单个用户的访问情况进行跟踪。Cookie 是由 Web 服务器产生的记号，并由客户端持有。主要用于识别用户和用户的会话。Cookie 是一种标记，用于自动标记和跟踪站点 Web 的访问者。

2. 客户端的访问记录数据

客户端的访问记录数据一般包括代理服务器的访问信息和单个用户的访问信息。

代理服务器的访问信息主要包括用户访问日志和在 Cache 中被访问的页面信息。代理服务器日志一般包括两项内容：客户端 IP 地址（Client IP Address）和用户标识符（User ID or User Name），其中客户端 IP 地址是发出该请求的通过代理服务器进行访问的客户端 IP 地址。用户标识符为发出该请求的用户域和用户名称。

单个用户的访问信息可以通过 Javascript、Java Applets 等客户端技术来实现。这种情况下需要用户的协作。单个客户端访问信息收集的好处主要包括：能提供单个用户较为精确的对一个站点或多个站点的访问偏好。这种偏好表现为对一个站点上的一些页面或者一些站点的较为频繁的访问。对一般的 Web 服务方而言，很难得到单个客户端的访问信息，因而也无法非常精确地知道每个访问者的情况。所以，只能开展基于群体特性的较为粗略的挖掘，以得到群体用户的访问偏好。

7.3.3.2 Web 日志挖掘的主要步骤及方法

Web 日志挖掘一般包括 4 个阶段：数据采集、数据预处理、实施挖掘、模式分析及可视化，如图 7.6 所示。

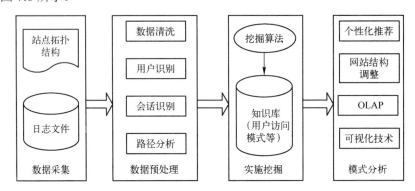

图 7.6　Web 日志挖掘主要步骤

1. 数据采集阶段

Web 日志数据非常丰富，这些数据分布在不同的位置，包括客户端、HTTP 代理端、Web 服务器端等。数据采集主要是对站点拓扑结构数据以及 Web 日志数据等进行采集，为数据预处理阶段提供数据。

2. 数据预处理阶段

如同典型的数据挖掘应用一样，数据的质量和预处理是非常重要的。该阶段主要完成原始日志文件过滤、筛选及重组工作，并将日志文件转变为适合挖掘的数据格式，通常以用户会话文件的形式保存到数据库中，供后续挖掘过程使用。

在预处理阶段主要是从日志数据中识别出访问事务。识别出事务后可以利用对事务数据库进行挖掘的方法进行数据挖掘。为了完成识别事务工作，需要对日志文件进行整理和清洗。

1）数据清洗

对于 Web 访问日志中的数据，由于数据表示、写入的对象差异以及用户的兴趣和挖掘算法对数据的要求不同，需要确定合理的数据清洗策略。一般从如下几个方面考虑：

（1）合并数据。在给定挖掘时间段后，数据清洗需要合并 Web 服务器上的多个日志文件，并且解析每个文件，将其转化到数据库或特定格式的数据文件中。

（2）去除不相关的数据。在 Web 日志中一些存取记录可能对挖掘来说是不必要的，例如图形文件、压缩文件等的存取可能对面向文本挖掘的用户不需要考虑。

（3）代理访问的处理。由于搜索引擎或其他一些自动代理的存在，日志中存在大量的由它们发出的请求。如果不对这些项进行剔除，将会影响挖掘的结果。因此，从日志中识别代理（Agent）或网络爬虫对站点的访问是必须的，最简单的处理代理访问的方法是检查日志中每项的代理域，许多代理和爬虫会在这个域里声明自己。

2）用户及会话识别

对 Web 日志数据进行挖掘之前，需要对 Web 页的访问用户及访问事务进行识别。其中，访问事务是在该用户访问一个站点时，访问的全部页的参照序列，可以是一页，也可以是全部页。通常情况下用户识别的方法以及各自特点见表 7.3。

表 7.3　用户识别方法及其特点

方法名称	具体解释	方法私密性	优点	缺点	应用广泛程度
IP 地址或代理	假定每一个 IP 地址/代理对应一个唯一的访问用户，适用于中小规模的站点	最低，不打扰用户	在任何站点均可利用，服务器、客户端都不必增加功能	不够精确，尤其对大的站点而言，通过代理同时进行访问的人很多，导致精确度很低	在各种访问信息挖掘方法中都得到广泛应用
增强 IP 地址或代理方法	利用站点结构知识，区分来自代理服务器的不同用户访问	最低，不打扰用户	比上一种方法具有更高的识别精度	不能做到完全精确，需要站点的结构知识	较低
嵌入会话 ID	在页面地址中加参数，服务器方可跟踪返回的 ID 来确知是哪一个用户	较低，用户不察觉	可以用于识别一次访问用户。精确度很高。与用户的 IP 地址无关，不受代理服务器制约	只能在动态 Web 服务器上使用	多用在个性化服务中
用户注册	站点存在注册页，用户需要注册才能进行访问	中等，用户需要明确注册	精度最高。几乎可以确定用户本人	大部分站点不提供用户注册功能，或者只有部分功能的使用需要用户注册	较低
Cookie	在客户端需要存放一个标识符	较高	能够跟踪重复的访问	在客户端，该功能有可能会被关闭	较低
代理	通过 Java 或其他一些方法，在客户端安装特定程序负责回传用户的浏览兴趣	较低	能够精确地返回用户对不止一个服务器的访问行为	只能用于一些特定的环境中	多用在个性化服务中

3）路径分析

比如判定 Web 站点中被最频繁访问的路径，这样的知识对于电子商务类的网站或者信息安全评估是非常重要的。通过路径分析方法一般可以得出一些有用的信息，例如：80%的客户访问某个站点是从/company/products 开始的，65%的客户是在浏览 4 个或更少的页面后离开网站。利用这些信息可以更精确地改进站点的结构布局，从而更有利于访问者访问。

3. 实施挖掘阶段

它是挖掘过程的核心，根据挖掘任务的不同，需要采用不同的挖掘算法。一般是从数据预处理阶段产生的用户会话中，寻找用户的浏览模式，包括关联规则、序列模式、用户聚类等。

4. 模式分析阶段

主要是利用领域专家的知识以及其他一些可用的标准来分析挖掘出的模式，过滤掉那些没有利用价值以及有偏差的模式，并将发现的有价值的用户浏览模式，以表格、饼图、曲线图、趋势图、直方图或者其他特殊表现形式展示出来。

7.4 Web 挖掘中的 PageRank 和 HITS 算法

7.4.1 网页排序的 PageRank 算法

PageRank 算法在搜索引擎网页排序中的成功应用，使基于链接分析和图论的 Web 结构挖掘成为当前研究的一大热点。该算法不仅具有良好的响应速度，而且可有效避免人为作弊对排名结果的影响，能客观反映 Web 访问的真实信息。PageRank 算法是 1995 年由斯坦福大学的 SergeyBrin、LawrencePage 提出的，它借鉴了传统情报检索理论中的引文分析方法，其基本思想是：当网页 A 有一个链接指向网页 B 时，就认为网页 B 获得了一定的分数，该分值的大小取决于网页 A 的重要程度，即网页 A 的重要性越大，网页 B 获得的分数就越高。由于国际互联网上的链接相互指向的复杂性，该分值的计算过程是一个迭代过程，最终网页将依照所得的分数进行排序并将检索结果提交给用户，这个量化了的分数就是 PageRank 值。

PageRank 算法基于两个前提：

（1）重要性前提。若一个网页被多次引用，则该网页可能是很重要的；一个网页虽然没有被多次引用，但是被重要的网页引用，则它也可能是很重要的；一个网页的重要性被平均地传递到它所引用的网页。

（2）可能性前提。假定用户一开始随机地访问网页集合中的一个网页，接下来要浏览其他 Web 网页的链接均在该网页中，那么浏览其他 Web 网页的可能性为将要被浏览网页的 PageRank 值。

PageRank 算法巧妙而充分地运用 Web 链接结构中所蕴含的丰富信息，网页之间的相互引用代表其彼此的信赖与肯定，并依据网页所获取的引用数量来衡量其重要程度。获得较多引用次数的 Web 网页的重要程度自然就高，即获得较高的 PageRank 值，在检索返回的结果中其排名相应地比较靠前。

PageRank 值的计算公式如下：

$$PR(m) = c \times \frac{1}{T} + (1-c) \times \sum_{n \in in(m)} \frac{PR(n)}{|out(n)|}$$

式中，T 为计算中的页面数量，c 是阻尼因子，$in(m)$ 为所有指向 m 的页面的集合，$out(n)$ 为从页面 n 链出的页面集合。基于 PageRank 方法的网页采集程序在采集过程中，通过计算每个已访问页面的 PageRank 值来确定页面的价值，并且每次选择 PageRank 值大的页面中的链接进行访问。

PageRank 算法的迭代计算是离线进行的，并且完全不依赖于用户提交的查询，所以响应速度非常快。它通过分析网络的链接结构来评价网页的等级，因而能比较客观地反映网络中页面的重要性，在一定程度上避免人为操纵网页的排序结果。另外，PageRank 算法是从 Web 全局来求解网页的重要程度，从而能够有效打击通过恶意添加链接提升站点排序的情况。该算法成功地运用在 Google 中，并使其成为目前全球公认的规模最大的搜索引擎。然而，由于该算法仅仅使用网页之间的链接结构信息进行分析，也存在一些问题，主要包括：

（1）偏重旧网页问题。Web 网页的 PageRank 值完全依赖于引用它的链接数量和质量。若网页刚部署到 Web 站点上，因为其存在的时间相对较短，那么引用它的链接数量就比较少，求解的 PageRank 值就会很低，在查询结果中比较靠后。实际上在很多情况下，用户希望看到网页中的最新内容。因此，由公式计算出的 PageRank 等级值并不一定能够准确地反映网页的实际情况，也就偏离了用户查询的初衷，存在偏重旧网页的现象。

（2）主题漂移（Topic Drift）问题。PageRank 算法完全依赖于 Web 链接结构信息，而忽略链接代表的网页内容是否与用户查询关键词相关，是否为用户所需要的信息。另外，公式计算中，并没有考虑每个链接特性的不同，而是简单地平分网页的权值，直接导致内容不相关的网页与内容相关的网页获得相同比例的权值。这样，在检索返回的网页集中就容易出现排名靠前而与查询关键词无关或相关性很小的网页，即所谓的主题漂移现象。

（3）平均分配 PageRank 值问题。算法没有考虑不同网页质量高低带来的影响，而是将网页的 PageRank 值均衡分配至其引用的所有 Web 网页。另外，由于采用均衡分配策略，导致算法无法区分网页的专业性及权威性，检索的结果倾向于.com 的网页，主要是由于这些网页比较综合，能够被更多的网页引用。

（4）没有考虑用户的个性化需求。随着人工智能、数据挖掘等技术的兴起与广泛应用，用户对信息检索的质量需求也越来越苛刻。设计 PageRank 这个经典的基于链接结构分析的网页等级排序算法时，并没有将用户个性化的特色需求考虑在内，用户对信息检索智能化、个性化的需求使得该算法遭遇到较大的挑战。

7.4.2　网页排序的 HITS 算法

PageRank 算法对网页的重要性排序是独立于查询主题的，因此，利用 PageRank 算法进行检索时，常常返回一些与查询主题无关的网页。与 PageRank 算法不同，Kleinberg 认为针对不同的查询主题，网页的重要程度也不同，将网页分为两种类型：中心性网页（Hub）、权威性网页（Authority）。所谓中心性网页是指通过超级链接指向多个权威性网页的页面；所谓权威性网页是指被多个中心性网页指向的页面。由此，Kleinberg 提出了一种新的链接分析算法即 HITS 算法，该算法通过迭代计算，求出各个页面的中心值（Hub 值）和权威值（Authority 值）。

在网络中，对于一个特定的主题，通常会有很多经典的权威性网页与其相关，自然会成为其他关注该主题的网页的参考，所以会被多个页面通过超级链接所指向，HITS 算法通过统计指向一个页面的链接个数来度量该网页的权威性。另外，很多时候同一主题下的两个权威页面之间并不存在链接关系。比如，"FireFox" 和 "Microsoft IE" 是两个关于浏览器的权威性网站，但二者之间并没有互相的链接指向关系。相反，这两个页面通常会被一些普通的页面链接引用。这种具有指向权威页面的超级链接的普通页面称为中心网页。HITS 算法中的 Hub 页面和 Authority 页面的作用就像是推荐中心与资源中心的作用，相互作用关系如图 7.7 所示。

HITS 算法中的中心网页和权威网页之间存在一种链接依赖关系，即中心网页具有多个指向权威网页的超级链接，而权威网页应该被多个中心网页通过超级链接指向。具体如图 7.8 所示。

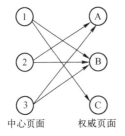

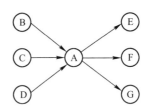

图 7.7　中心页面和权威页面的关系　　　图 7.8　页面 Hub 值、Authority 值的计算

在 HITS 算法中，每个页面的 Authority 值由所有指向该页面的各个页面 Hub 值确定，每个页面的 Hub 值由所有被该页面指向的页面的 Authority 值确定，对于图 7.8 来说，A 页面的 Hub 值和 Authority 值如下：

$$Authority(A)=Hub(B)+Hub(C)+Hub(D)$$
$$Hub(A)=Authority(E)+Authority(F)+Authority(G)$$

HITS 算法在计算 Hub 值和 $Authority$ 值的过程中使用了有向图的方法，首先根据查询关键词确定一个网络子图 $G(V,E)$，然后迭代计算出每一个网页的权威值和中心值，具体步骤可分为三步：

（1）通过文本分析进行关键字匹配，得到与主题最相关的 K 个网页集合，一般情况下可以考虑 K 的取值为 200，称之为 root 集。

（2）通过链接分析扩展 root 集，扩展后得到的集合称之为 base 集。扩展方法是：对于 root 集中任一网页 p，加入所有 p 中链接所指向的网页到 root 集，加入最多 d（d 的取值一般情况下为 50）个指向 p 的页面到 base 集。

（3）计算 base 集中所有页面的中心值和权威值。

和 PageRank 算法相比，HITS 算法考虑了查询主题的影响，可以使检索的结果更加个性化，但也存在一些缺点，具体为：

（1）HITS 算法在精度方面容易受一些链接的影响。如：互联网的网页中存在着一些特殊的超级链接，如导航链接、广告链接、友情链接等。这类的链接通常不是代表网页间的信任或认可，而且与查询主题也不相关，它们会降低 HITS 算法的精度。

（2）HITS 算法的对称性和相等性可能会导致一些问题。在 HITS 算法中，页面的 Hub 值和 $Authority$ 值的定义方式是类似的，如果改变有向图中的边的方向，则页面的 Hub 值就与 $Authority$ 值交换了。这体现了 HITS 算法的对称性。HITS 算法的相等性是指在计算网页 p 的 Hub 值时，同等对待该网页指向的页面（$Authority$ 的计算也是相同的）。HITS 算法的这种对称性和相等性在有些情况下是不恰当的。

7.5　基于文本挖掘的情报分类系统实现案例

军事指挥系统是武器装备运用系统的重要组成部分，它的功能可归结为信息功能、计算功能、决策功能和监控功能等。指挥是以情报信息为媒介的信息处理过程，及时、准确地收集情报对指挥系统的功能发挥至关重要。"知己知彼，百战不殆""运筹帷幄，决胜千里"等谚语都强调了这种重要性。

情报分类子系统是指挥系统的重要支撑功能模块，它的处理结果直接为指挥决策子系统服务。它所要处理的对象是中文文本格式的情报，一篇完整的情报包括标题、正文、日期、作者、类别、呈报单位和备注等。情报文本一般包括已知类别情报文本和未知类别情报文本。

一般在作战时所涉及的情报信息按作战对象分为两类：一是敌情，二是我情，也常谓之"知己知彼"。按情报内容分为：作战、政治、后勤、装备4个方面，隶属于战场态势、兵力编成、兵力机动、攻击模式、部队士气、领导个性、补给手段、补给方式、装备实力、技保力量等类别，并且类别间没有兼类，也就是说每一篇情报文本只能对应一个类别。

情报分类子系统的开发目的在于提高情报分类的速度和准确度，减少人力资源的浪费，减轻人为因素对情报分析的影响。它主要通过分类对报告文本集进行有序组织，把相似、相关的情报组织在一起，从而帮助参谋人员更全面、客观地把握情报文本信息，为首长决策和判断提供依据。

在情报分类子系统中，情报文本存放在情报文档服务器上，客户通过图形用户接口（GUI）调用各种功能模块。主要包括情报编辑、情报关键词编辑、情报分类训练和情报分类等模块，具体功能如下：

（1）情报编辑模块。提供已知和未知类别情报的录入、浏览、编辑功能，用户按照录入界面的提示格式，录入情报文本内容，并能根据需要，浏览、修改已有的情报文本。

（2）情报关键词编辑模块。在该模块中，用户可根据实际需要，在一些已知类别情报文本内容的提示下，输入、编辑、修改用于对各类情报文本实现分类所需的关键词。

（3）情报分类训练模块。在该模块中，根据已知类别的训练情报进行分析，创建情报分类规则，在经过测试情报评估后，形成分类规则模型，建立分类模型。

（4）情报分类模块。在该模块中，用户能够指定一批未知类别的情报，经过系统分类功能的处理，给出情报的所属类别。

可以看出，情报分类子系统的核心功能是完成情报文本的自动分类，该功能使用的主要流程如下：

（1）情报预处理。首先输入训练情报集（已知类别的情报），训练集的每条记录还有一个特定的类标签与之对应。通过分词程序将词条切分，形成情报特征集，由于特征信息冗余，需要进行文本特征选择和提取，形成情报的特征标识集。

（2）构造分类器。分析输入的特征标识集，采用不同分类算法进行学习，为每一个类别找到一种或若干种准确的分类规则模型，也就是说构造出相应的分类器，以用来对未知情报进行分类。

（3）优化分类器。使用评估情报集合评估分类规则的准确率，对于每个评估情报集合中的文本，将已知的类标号与该样本的分类器预测结果比较。选择预测结果与类标号一致程度较高的分类规则重新构造分类器。

（4）使用优化后的分类器进行分类。系统输入新的情报，通过分词程序形成新情报的特征表示，使用优化后的分类器预测新情报所属的类别。

在文本分类挖掘技术的支撑下，情报分析系统可以较好地实现对分类情报文本训练集、测试集的添加与维护，并对未知情报进行自动分类，从而为军事指挥提供有意义的决策信息。

7.6 本章小结

本章首先介绍了文本挖掘和 Web 挖掘的概念，然后对文本挖掘、Web 挖掘的常见模式、表示模型、挖掘方法及算法进行了阐述，最后给出了一个基于文本挖掘的情报分类系统实现案例。

第 8 章　复杂类型军事数据挖掘

在武器装备研制和管理领域，对基于空间数据、多媒体数据和流数据等复杂数据类型的挖掘和分析具有极大的军事应用价值。本章将对常见复杂数据类型的概念、模型和挖掘方法进行介绍。

8.1　空间数据挖掘

8.1.1　空间数据与空间数据库

空间数据是指在二维、三维或更高维空间中表示空间坐标、空间范围、空间尺度等信息的数据。访问空间数据要比访问非空间数据更复杂，对空间数据的访问需要使用专门的操作符，比如"接近、南、北、包含于"等。空间数据具有如下特点：

（1）海量的数据。空间数据的数量、大小和复杂性都在飞快增长，空间数据的膨胀速度大大超过了其他常规数据。

（2）空间数据的尺度特征。空间数据在不同观察层次上所遵循的规律以及体现出的特征不尽相同。

（3）空间维数的增高。空间数据的属性增加极为迅速，有些领域是从几十甚至几百维空间中提取信息、发现知识。

（4）空间信息的模糊性。模糊性几乎存在于各种类型的空间信息中，如空间相关性的模糊性、空间位置的模糊性以及各种空间属性值的模糊性等。

（5）空间数据的复杂性。空间数据是一种复杂的数据类型，往往同时包含空间和非空间的属性数据。空间数据之间的关系类型不仅有拓扑关系、方位关系、度量关系，还有各种复杂的非线性耦合和蕴涵关系。

空间数据一般存放在空间数据库中。空间数据库系统是用于采集、存储、管理、检索、分析和表达空间数据的计算机软件系统，能够实现对海量数据的存储和管理。空间数据库与关系数据库最显著的区别在于它记载的是空间对象的拓扑、距离、位置等信息。空间数据库由空间索引结构进行组织和管理，并通过空间存取方法来访问。

空间数据库技术的形成和发展，是传统数据库技术在空间领域的扩展。这些扩展包括空间数据模型、空间关系、空间查询语言、空间索引、空间查询、海量数据优化、并行分布式架构等。

8.1.2　空间数据挖掘概念和体系结构

空间数据挖掘（Spatial Data Mining），也称为基于空间数据库的数据挖掘，作为数据挖掘的一个新的分支，是在空间数据库的基础上，综合利用统计学方法、模式识别技术、人工智能方法、神经网络技术、粗糙集、模糊数学、机器学习、专家系统和相关信息技术等，从大量的空间数据中提取可信的、新颖的、有趣的、隐藏的、事先未知的、潜在有用的和最终可理解的知识，从而揭示出蕴含在空间数据背后的规律、联系和趋势，实现知识的自动或半自动获取，为管理和经营决策提供依据。空间数据挖掘是在"技术推动和需求牵引"的双重作用下产生的，具体为：

（1）数据挖掘技术发展的推动。随着数据挖掘技术的日趋成熟，其研究范围不断拓展，挖掘的对象由关系型数据库和事务数据库逐渐发展到空间数据库。据统计，90%的数据与地理空间位置有关。空间数据的存储机制和关系型数据有明显的不同，空间数据包含着比关系型数据库和事务数据库更丰富的语义信息和知识，因此，从空间数据库中发现知识，引起了学者的广泛关注，很多人都投入了大量精力开展空间数据的挖掘技术研究。

（2）空间应用快速发展的需求牵引。由于数字化技术的普通使用，特别是遥感（RS）、GIS、全球定位系统（GPS）的普及，产生了大量的地学空间数据。这些海量的数据超过了人们的处理能力。同时，由于传统 GIS 自身的空间分析能力不能满足日益增长的数据分析需求，客观上迫切需要加强 GIS 的分析功能，从而能够满足 GIS 实际问题的需要，空间数据挖掘的出现很好地满足了这一需求。

空间数据挖掘可以分为 3 层结构，如图 8.1 所示。

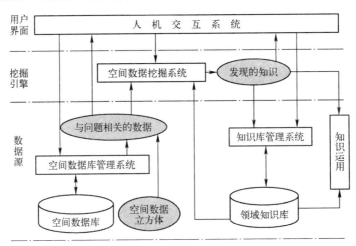

图 8.1　空间数据挖掘的体系结构

该体系结构从低到高分为 3 层，分别是：

第一层是数据源，指利用空间数据库或数据仓库管理系统提供的索引、查询优化功能，获取和提炼与问题领域相关的数据，或直接利用存储在空间数据立方体中的数据，这些数据可称为数据挖掘的数据源或信息库。在这个过程中，用户直接通过空间数据库管理工具交互地选取与任务相关的数据，并将查询和检索的结果进行必要的可视化分析，多次反复，提炼出与问题领域有关的数据，或通过空间数据立方体的上钻、下钻、切块、旋转等 OLAP 操作，抽取与问题领域有关数据，为空间数据挖掘的进行提供数据源。

186

第二层是挖掘引擎，利用空间数据挖掘系统中的各种数据挖掘方法分析被提取的数据，一般采用交互方式，由用户根据问题的类型、数据的类型和规模，选用合适的数据挖掘方法，然后实施空间数据的挖掘。

第三层是用户界面，使用多种方式将获取的信息和发现的知识以便于理解和观察的方式反映给用户，用户对发现的知识进行分析和评价，并将知识提供给空间决策支持使用，或将有用的知识存入领域知识库内。

一般说来，数据挖掘和知识发现的多个步骤相互连接，需要反复进行人机交互，才能得到最终满意的结果。

8.1.3　常见空间数据挖掘方法

由于空间数据量巨大，空间数据类型、空间存取结构复杂，空间数据挖掘的关键是提高空间数据挖掘算法的效率。下面对主要的空间数据挖掘方法进行介绍。

1. 统计分析方法（Statistical Analysis Approach）

统计方法一直是分析空间数据的常用方法，有着较强的理论基础，拥有大量的算法，可有效地处理数值型数据。这类方法有时需要数据满足统计不相关假设，但很多情况下，这种假设在空间数据库中难以满足。另外，统计方法难以处理字符型数据。应用统计方法需要有领域知识和统计知识，一般由具有统计经验的领域专家来完成。以变差函数和Kriging 方法为代表的地学统计方法是地学领域特有的统计分析方法，由于考虑了空间数据的相关性，地学统计在空间数据统计和预测方面比传统统计学方法更加合理有效，因而在空间数据挖掘中也可以充分发挥作用。

2. 空间分析方法（Spatial Analysis Approach）

空间分析能力是 GIS 的关键技术，是 GIS 系统区别于一般数字制图系统的主要标志之一。目前常用的 GIS 系统的空间分析功能有综合属性数据分析、拓扑分析、缓冲区分析、密度分析、距离分析、叠置分析、网络分析、地形分析、趋势面分析、预测分析等，应用这些方法可以交互式地发现目标在空间上的相连、相邻和共生等关联关系以及目标之间的最短路径、最优路径等辅助决策知识。空间分析常作为预处理和特征提取方法与其他数据挖掘方法结合起来使用。

3. 归纳学习方法（Induction Learning Approach）

归纳学习方法是从大量的经验数据中归纳抽取出一般的规则和模式，其大部分算法来源于机器学习领域，其中最著名的是 Quinlan 提出的 C4.5。另外，JiaweiHan 教授等提出了一种面向属性的归纳方法（Attribute Oriented Induction，AOI），专门用于从数据库中发现知识，通过概念树的提升对数据进行概括和综合，归纳出高层次的模式或特征。裴健等对面向属性的归纳方法进行了扩展，形成了基于空间属性的归纳方法（Spatial Attribute Oriented Induction，SAOI）。归纳法一般需要背景知识，常以概念树的形式给出。

4. 图像分析和模式识别方法

空间数据库中含有大量的图形图像数据，一些图像分析和模式识别方法可直接用于挖掘数据和发现知识，或作为其他挖掘方法的预处理方法。用于图像分析和模式识别的方法主要有决策树方法、图论方法、数学形态学方法、神经元网络、空间离群数据方法等。

5. 计算几何分析方法

1975 年，Shamos 和 Hoey 利用计算机有效地计算了平面点集 Voronoi 图，并发表了一篇著名论文，从此计算几何诞生了，现在 Voronoi 图是计算几何中一个被广泛研究的课题，并取得了辉煌的成果，使得计算几何成为理论计算机科学领域中一个新的极有生命力的领域，并且计算几何中的研究成果已在计算机图形学、统计分析、化学、模式识别、空间数据库以及其他许多领域得到了广泛应用。空间数据挖掘领域中的空间拓扑关系、数据的多尺度表达、空间同位、自动综合、空间聚类、空间目标的势力范围、公共设施的选址、最短路径等问题都可以利用 Voronoi 图进行解决。

6. 基于模糊集和粗糙集理论的方法

对于空间关系的不确定性，通常采用模糊集理论加以描述。模糊集理论的优势在于利用隶属函数刻画空间关系的不确定性，用对象部分归属代替整个对象归属的概率。模糊集的思想已渗透到空间数据知识发现的各种方法中，如模糊聚类与分类、模糊神经网络、模糊专家系统等。隶属函数虽然对不确定关系进行了成功刻画，打破了非此即彼的传统概念，但隶属度的确定仍然需要借助先验知识，必然导致结果的多解性。

Pawlak 提出的粗糙集理论利用了模糊概念的优点，克服了隶属函数的不足，成为研究模糊现象的又一有力工具。粗糙集理论可用于空间数据库属性表的一致性分析、属性的重要性、属性依赖、属性表简化、最小决策和分类算法生成等。粗糙集理论与其他数据挖掘算法相结合可以在空间数据库中数据不确定的情况下获取多种知识。

除了利用模糊集和粗糙集处理空间数据的不确定外，邸凯昌等提出云模型，该模型将模糊性与随机不确定性有机结合，从另一角度解决了模糊集理论中隶属函数的固有缺陷。

7. 聚类和分类方法

聚类和分类，是空间数据挖掘的重要任务。聚类广泛应用于卫星遥感影像分析，它是按照一定的距离或者相似性测度将空间对象划分为相似的组，使得同组的对象具有更相似的特性，不同组之间的对象差异性比较大。分类的目的是给出一个分类函数或者分类模型，该函数或者模型能将空间数据库中的数据映射到给定类别中的一个。聚类和分类都是对目标进行空间划分，分类事先知道类别数和各类的典型特征，而聚类事先不知道。聚类和分类方法与归纳学习不同的是它不需要背景知识而直接发现一些有意义的结构与模式。

8. 空间关联规则分析

关联规则分析主要用于发现不同事件之间的关联性，即一事件发生时，另一事件也经常发生。关联分析的重点在于快速发现那些有实用价值的关联发生事件。其主要依据是：事件发生的概率和条件概率应该符合一定的统计意义。空间关联规则挖掘的大致算法可描述如下：

（1）根据查询要求查找相关的空间数据。

（2）利用临近等原则描述空间属性和特定属性。

（3）根据最小支持度原则过滤不重要的数据。

（4）运用其他手段对数据进一步提纯。

（5）生成关联规则。

9. 神经网络方法

在解决空间非线性关系问题上，主要采用以神经网络为代表的智能计算。神经网络作为模拟复杂系统非线性关系的一种模型，按照其内部神经元连接的拓扑结构、学习规则以及传递函数的类型可以分为若干种类，较常见的有前向网络（BP）、相互联接型网络（Hopfield）、自组织映射网络（SOM）和径向基函数网络（RBF）等。

由于神经网络非常适用于非线性复杂关系，而且在处理复杂问题时不需了解网络内部所发生的结构变化，因而被广泛应用于空间数据挖掘和知识发现，可以通过构造不同的网络模型分别实现空间聚类、分类、关联、回归、模式识别等多种挖掘任务。

近年来，神经网络学习算法中还引入了各种进化计算作为优化策略，例如遗传算法。遗传算法是模拟生物进化过程的算法，也是一种解决最优化问题的有效方法。它效仿生物进化与遗传，根据"生存竞争"和"优胜劣汰"的原则，借助复制、重组、突变三个基本算子，使所要解决的问题从初始解一步步地逼近最优解。遗传算法可以起到优化后代的作用，利用遗传算法得到的结果具有稳健性、智能式搜索、渐进式优化、并行计算、易获得全局最优解等优点。

以上的空间数据挖掘方法都不是孤立的，为了发现某类知识，常常要综合运用这些方法，甚至还要与常规的数据库技术充分结合。

8.2 多媒体数据挖掘

多媒体数据包括图形、图像、文本、视频和音频数据等，其数据类型复杂，多为半结构或非结构化数据。多媒体数据库是计算机多媒体技术、Internet 技术、网络技术与传统数据库技术相结合的产物。由于能完成对数值、字符、文字、图形、图像、语音、视频等信息类型的高效管理和处理，多媒体数据库的应用前景十分广泛，如可应用于 Internet 上的静态图像检索，具有声音、照片信息的多媒体户籍管理，具有犯罪现场录像、犯罪嫌疑人相片、声音和指纹等信息的犯罪嫌疑犯跟踪等。

8.2.1 多媒体数据挖掘模型

多媒体数据库按照其管理的信息类型的不同，一般可分为文本、图形、图像、音频、视频、Web 等数据库。

1. 文本数据库

文本数据库是由来自于各种数据源的大量文档组成的。文档中包含最多的是半结构化的数据。它既不是完全无结构的，也不是完全结构化的。例如，一个文档可能包含结构字段，如标题、作者、出版日期、长度、分类等，也包含非结构化的文本部分，如摘要和内容等。

2. 图形、图像、音频、视频等数据库

主要是指存储和管理大量多媒体对象的数据库，如音频、视频、图像等数据，用于基于内容的检索、声音传递、视频点播和能识别口令的基于语音的用户界面等方面。此类数

据库必须支持大对象，因为像视频这样的数据对象需要兆级或更高字节的存储，并且需要特殊的存储和检索技术。

3. Web 数据库

WWW 和与之关联的分布式信息构成了 Web 数据库。WWW 提供了丰富的世界范围的联机信息服务。在这里，数据对象被链接在一起，便于交互访问。尽管网页看上去好看并且信息丰富，但它是非结构化的并且缺乏预定义的模式、类型和格式。

多媒体数据挖掘就是从多媒体数据库中，通过综合分析视听特性和语义，发现隐含的、有效的、有价值的、可理解的模式，进而发现知识，得出事件的趋势和关联，为用户提供问题求解层次的决策支持。

多媒体数据挖掘的模型遵循一般的数据挖掘过程，如图 8.2 所示。

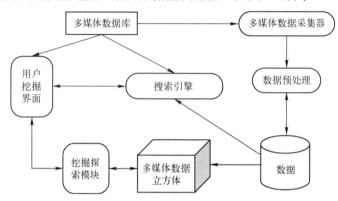

图 8.2　多媒体数据挖掘的系统模型

在图 8.2 中，多媒体数据库中包含海量的多媒体信息，如音频、图像、视频等需计算机处理的二进制数据，是非结构化的，不能简单地用数学解析式表示；多媒体数据采集器是多媒体数据挖掘系统的重要组成部分，它根据挖掘目标，利用上下文信息，抽取相关数据；数据预处理除了面临传统数据挖掘中的数据清理、数据融合、数据变换和数据规约等问题外，还必须解决多媒体存储、多媒体压缩等问题；搜索引擎是根据多媒体特征进行匹配查询；用户挖掘界面是分析员使用的可视化工具，也是数据挖掘输出的平台；挖掘探索模块是由一组高效、快速的算法组成，其中包括分类、聚类、关联、摘要、趋势分析等；多媒体数据立方体包含多媒体信息的维和度量，并且可以有很多维，如颜色、形状、方位、纹理等，多媒体数据立方体的建立有助于多媒体数据的多维分析和多种知识的挖掘。

8.2.2　图像数据挖掘

图像数据挖掘是用来挖掘大规模图像数据中隐含的知识、图像内或图像间的各种关系以及其他隐藏在图像数据内的各种模式的一种技术。它涉及图像获取、图像存储、图像压缩、多媒体数据库、图像处理和分析、模式识别、计算机视觉、图像检索、机器学习、人工智能、知识表现等多个领域。目前，比较有代表性的图像数据挖掘方法主要有以下一些：

1. 基于内容的检索

传统数据库处理搜索问题是以关键字为基础的。比如，图像的标题、尺寸、关键字和创建时间等。这些可以通过人工描述的方法提交给搜索引擎。但是，通常检索的结果质量较差，这是由于对图像关键字的描述是很灵活的事情，不同的人及处理系统差异很大，没有一个统一的标准。基于内容的搜索就是在此基础上提出的，它是使用视觉的特征标识图像，并基于特征相似检索对象，这在许多应用中都迫切需要。

在基于内容的检索系统中，通常有两种查询：

（1）基于图像样本查询和图像特征描述查询。基于图像样本查询是指找出与给定图像样本相似的图像。其做法是从样本中提取特征向量与已经提取出并在图像数据库中索引过的图像特征向量进行比较，找出空间距离最近的向量，也就是找出最相似的图像。

（2）图像特征描述查询是指给出图像的特征描述或概括，把其转换成特征向量，与数据库中已有的图像特征向量进行匹配，并找出最相近的图像。

可以看出，特征向量的定义和标识是否合理，是基于内容搜索的关键所在，目前已提出许多特征标识的方法，如基于颜色直方图的特征标识、多特征构成的特征标识、基于小波的特征标识等。

2．基于多媒体内容的多维分析

多维分析就是为多媒体数据构造数据立方体，它可以有很多维。如图像的尺寸、视频的字节数、建立时间、图像或视频的因特网域、因特网引用域、关键字、颜色维、方位维等。这些维的概念层次可以自动加以定义，它的建立有助于基于多媒体内容的多维分析，以及多种知识的挖掘，包括汇总、比较、分类、关联和聚类等。

3．多媒体关联挖掘

关联挖掘在多媒体数据挖掘中是比较常见的，比如，图像数据库中涉及的多媒体对象的关联规则至少包含 3 类。

（1）图像内容和非图像内容特征间的关联。如规则"如果照片上半部 50%的区域是蓝色，那它很可能是天空"属于此类。

（2）与空间关系无关的图像内容关联。如规则"如一幅图片包含两个蓝色圆形，那么，很可能也包含一个红色正方形"。

（3）与空间关系有关的图像内容关联。如规则"如果一个红色矩形是在两个黄色正方形之间，那么很可能在下面存在一个大的椭圆形对象"。

要挖掘图像数据间的关联，可以把每一个图像或它的局部看成一个对象，从中找出不同对象出现频率的模式。和事务数据库中的关联分析相比，图像数据库的关联挖掘有不同的特点：

（1）一个图像可以包含多个对象，每个对象可以有许多特征。这样可能存在大量的关联。在很多情况下，两个图像的某个特征在某一分辨率级别下是相同的，但在更细的分辨率下则是不同的。因此，需要一种分辨率逐步求精的方法。这种多级分辨率挖掘策略极大地降低了总体挖掘的代价，而又不损失数据挖掘结果的质量和完整性。

（2）由于包含多个重复出现对象的图片是图像分析中的一个重要特征，在关联分析中不应忽略同一对象的重复出现问题。

（3）在图像对象间通常存在着重要的空间关系，如"之上、之下、之间、附近、左边、右边"等。这些特征对挖掘关联性非常有用。

8.2.3　音频数据挖掘

音频是听觉媒体，其主要特征有基音、音调、韵律或旋律等。广泛使用的音频媒体是语音，如广播节目中的语音和伴随视频的语音。目前，音频数据挖掘还处于刚刚起步阶段，但语音处理和识别技术已取得了很大进展。

音频数据挖掘通常有两种途径：一是运用语音识别技术将语音识别成文字，进而将音频数据挖掘转换成文本数据挖掘；二是直接从音频中提取声音特征，在特征中进行知识获取。可以使用机器学习技术，包括粗糙集、人工神经网络和决策树技术分析音频的基频、能量分布及其他特征，从而获得音频事件和对象的结构，挖掘出隐含在音频流中的信息线索、规律和模式。比如，在语音合成领域，通过对海量语音数据库中语音特征的提取和学习，获得音调和韵律变化的模式，使得语音合成更加自然化和智能化。

8.2.4　视频数据挖掘

视频数据能记录、保留空间和时间上的各种信息，使人们以最接近自然的方式获得更多的细节，因此随着视频数据在生活中的应用越来越广泛，产生了大量的数字视频。视频数据挖掘就是通过综合分析视频数据的视听特性、时间序列、事件关系和语义信息，发现隐含的、有价值的、可理解的视频模式，得出视频表示事件的趋势和关联。

视频包含丰富的内容特性，除了图像具有的视觉特性和空间特性外，它还具有时间特性、视频对象特性及运动特性等。由于视频数据的非结构性、视听性和复杂的语义性，对视频数据进行挖掘存在着许多困难，其研究工作还处于初级阶段，目前的难点主要集中在对视频特征的提取、特征的描述、高效视频挖掘方法的设计等方面。运用视频处理技术,可以将视频按照各种属性（如场景、视频对象或运动特性）进行分割，然后进行分类、聚类等，进而得到视频的结构模式。也可以从视频中提取视频对象，跟踪其运动，结合时间特性分析其模式以及与其他对象之间的关联，从而发现高层次的事件摘要、概念或模式。

视频数据挖掘技术可以广泛应用于新闻视频、监控视频、记录影片、数字视频图书馆等应用系统中。例如：从交通监控视频中分析出交通拥堵的趋势，从连续的侦查图像和视频新闻中分析出军队调动的动向，对广告的分析和挖掘，从国际新闻中挖掘出事件的关联、危机和灾害事件（水灾、火灾、疾病等）的发生模式等。另外，还可以对视频结构进行分析和挖掘，挖掘出视频的结构模型，称为镜头语法。它描述视频故事单元的构造模式，例如：一段新闻单元的构造模式可能是播音主持人出现后接说明场景，或是播音主持人与被采访对象镜头的交替对话等。

8.3　流数据挖掘

军事通信领域中的电话记录数据流、Web 上的用户点击数据流、网络监测中的数据包流、各类传感器网络中的检测数据流以及军用卫星传回的图像数据流等形成了一种与传统数据库中静态数据不同的数据形态。这些数据流产生的数据量在多个应用领域中快速增长，如何及时有效地处理数据流，从中挖掘出有用的知识，将对这些应用领域产生重大影响。

8.3.1 流数据的定义及特点

1998 年，Henzinger 等人在论文 "Computing on DataStream" 中首次将数据流作为一种数据处理模型提了出来。从 2000 年开始，数据流作为一个热点研究方向出现在数据挖掘与数据库领域的几大顶级会议中，如 VLDB、SIGMOD、SIGKDD、ICDE、ICDM 等会议每年都有多篇有关数据流处理的文章。

流数据是一个没有界限的数据序列，其中的数据产生速度非常快。它在任何时刻都有大量的数据产生，数据产生速度之快以至于数据挖掘的速度赶不上产生的速度，且这些数据的产生可以认为是没有休止的。

总的来讲，一个流数据是连续、有序、实时、无限的元组序列，与传统的数据集相比，流数据具有以下一些特点：

（1）数据不断连续到达。流数据的数据量非常大，存储所有数据的代价是极大的。

（2）有序性、实时性。流数据中的元组按时间有序地到达并实时地变化，且变化的速率是无法控制的。

（3）近似性。流数据查询以及挖掘处理得到的结果是近似的。

（4）单遍处理性。由于内存的限制，流数据挖掘中往往采用单遍扫描策略，数据一经处理，就不再进行第二次扫描。

（5）即时性。流数据挖掘用户往往要求得到即时的处理结果。

8.3.2 流数据挖掘的常见模式

流数据挖掘的特点对流数据上的数据挖掘带来了很大挑战，因此，需要对其挖掘方法进行有针对性的设计。下面介绍几种流数据挖掘技术。

1. 流数据频繁模式挖掘技术

流数据频繁模式挖掘任务主要是在有限的计算和存储资源条件下，通过近似算法进行计数，从而实现频繁模式的挖掘。流数据频繁模式的挖掘问题可分为 4 种类型：最大频繁项集挖掘、频繁闭项集挖掘、完全频繁项集挖掘以及 Top-k 频繁项集挖掘。

在流数据频繁模式挖掘方面，可以利用流数据的时效性和流中心的偏移性特征，使界标窗口与时间衰减这两种模型有效结合。这种频繁模式挖掘技术主要是通过一个动态体系来形成整体模式支持数，再按照时间衰减模型对每个模式支持数进行合理统计，从而计算出界标窗口内模式的频繁程度。该算法挖掘精度高，内存开销小，对于高速流数据处理也能够有效满足。

2. 流数据任意形状聚类技术

目前国内对流数据聚类的研究还比较少，它将会是流数据挖掘未来研究的一个重要方向。流数据上的任意形状聚类就是通过单遍扫描流数据，通过低密度区域使其他簇相分离（密度通常由对象个数决定）。流数据任意形状聚类算法是从传统的数据聚类算法上归纳总结而来的，它的方法同样可以分为如下类型：基于分层的方法、基于划分的方法、基于密度的方法以及基于网格的方法，大部分的流数据聚类是基于这 4 类算法的扩展。

3. 流数据分类技术

流数据分类技术是一个非常重要的数据挖掘技术，其主要目的是根据现有的数据集来构造一个分类函数。流数据分类需要一个独立的单遍扫描功能，通过连续使用的分类功能，流数据被映射到一个特定的对象，并在一个给定的类别和特定的频率中重新校正分类功能。在流数据分类方面，可以采用核主成分分析方法，对待分类问题的处理维数进行约减，从而使时间和空间复杂度降低。

8.4　本 章 小 结

本章针对复杂军事数据分析的常见需求，分别对空间数据、多媒体数据和流数据的概念、模型、挖掘方法及其在武器装备研制和管理中的应用进行了介绍。

参 考 文 献

[1] Faloutsos C, Ranganathan M, Manolopoulos Y. Fast subsequence matching in time-series databases[C]. Proc of the ACM SICMOD Conference on Management of Data. New York, USA, 1994: 419-429.

[2] Cabibbo L, Torlone R. A logical Approach to Multidimensional Databases.Proc.6th EDBT 1998: 183-197.

[3] Codd E. F, Codd S B, Sally C T. Beyond Decision Support. Computer World. 1993.

[4] Berndt D J, Clifford J. Using dynamic time warping to find patterns in time series[C]. Proc of the Workshop on Knowledge Discovery in Databases. Seattle, USA, 1994: 229-248.

[5] Keogh E, Ratanamahatana C. Exact indexing of dynamic time warping[J]. Knowledge and Information Systems, 2005, 7(3): 358-386.

[6] Keogh E. Similarity search in massive time series databases[D]. University of California, Irvine, USA, 2002.

[7] Eamonn J Keogh, Selina Chu, David Hart, et al. An online algorithm for segmenting time series[C]. Proc of the 1st IEEE International Conference on Data Mining. San Jose, USA, 2001: 289-296.

[8] Eamonn Keogh, Li Wei, Xiaopeng Xi, et al. Supporting exact indexing of arbitrarily rotated shapes and periodic time series under Euclidean and warping distance measures[J]. The VLDB Journal, 2009, 18: 611-630.

[9] Filipenkov Nikolay V. DATA mining in non-stationary multidimensional time series using a rule similarity measure[C]. Proc of IADIS Multi Conference on Computer Science and Information Systems. Amsterdam, Netherlands, 2008: 92-96.

[10] Golfarelli M, Maio D, Rizzi S. Conceptual Design of Data Warehousing from E/R Schemes. Proc. of the Intl. Conf. On System Sciences. Hawaii. 1998.

[11] Hammergren T. The Techniques of Data Warehouse. Ventana Communications Group Inc. 1997.

[12] Roddick J F, Spiliopoulou M. A survey of temporal knowledge discovery paradigms and methods[J]. Transactions on Data Engineering, 2002, 14(4): 750-767.

[13] Signleton J P, Schartz M M. Data Access within The Information Warehouse Framwork. IBM System Journal, 1994(33): 300-325.

[14] Jang S W, Park Y J, Kim G Y. Branch-and-bound dynamic time warping[J]. Electronics Letters, 2010, 46(20): 1374-1376.

[15] Kimball R. The Data Warehouse Toolkit: Practical Techniques for Building Dimensional Data Warehouses. John Willey. 1996.

[16] Li Yingjiu, Ning Peng, Wang X Sean. Discovering calendar-based temporal association rules[J]. Data and Knowledge Engineering, 2003, 44(2): 193-218.

[17] Loglisci Corrado, Malerba Donato. A temporal data mining approach for discovering knowledge on the changes of the patient's physiology[C]. Proc of the 12th International Conference on Artificial Intelligence in Medicine. Berlin, Germany, 2009: 26-35.

[18] Golfarelli M, Maio D, Rizzi S. A methodological Framework for Data Warehousing Design. ACM Workshop on Data Warehousing and OLAP.1998.

[19] Perng Chang-Shing, Wang Haixun, Zhang Sylvia R, et al. Landmarks: a new model for similarity-based pattern querying in time series databases[C]. Proc of the 16th International Conference on Data Engineering. San Diego, USA, 2000: 33-42.

[20] Yang Q, Wang X. 10 challenging problems in data mining research[J]. International Journal of Information Technology and Decision Making, 2006, 5(4): 597-604.

[21] Evernden R. The Information Framework. IBM System Journal, 1996, 35(1): 37-68.

[22] Ricardo Fabbri, Luciano Da F Costa, Julio C Torelli, et al. 2D Euclidean distance transform algorithms: a comparative survey[J]. ACM Computing Surveys, 2008, 40(1): Article 2.

[23] Rob Mattison. Data Warehousing Sreategies, Technologies, and Techniques. Edited by Rick Alaskam, published by Mc.Graw-Hill, 1996.

[24] Teddy Siu Fung Wong, Man Hon Wong. Efficient subsequence matching for sequences databases under time warping[C]. Proc of the 7th International Database Engineering and Applications Symposium. Hong Kong, China, 2003: 139-148.

[25] Inmon W H. Building The Date Warehouse[M]. NEW YORK: Wiley Computer Publishing, 2002.

[26] Inmon W H, Kelly C. Rdb/WMS: Developing the Data Warehouse. QED Publishing Group, Booton, Massachusetts, 1993.

[27] Wang Changzhou, Wang X Sean. Supporting content-based searches on time series via approximation[C]. Proc of the 12th International Conference on Scientific and Statistical Database Management. Berlin, Germany, 2000: 69-81.

[28] Xiaoqing Weng, Junyi Shen. Detecting outlier samples in multivariate time series dataset[J]. Knowledge-Based Systems, 2008, 21(3): 807-812.

[29] Zhihua Wang. Time series matching: a multi-filter approach[D]. New York University, New York, USA, 2006.

[30] 安淑芝. 数据仓库与数据挖掘[M]. 北京：清华大学出版社，2005.

[31] 陈军. 多维时态关联规则挖掘的研究[D]. 湘潭: 湘潭大学, 2005.

[32] 陈文伟. 决策支持系统及其开发[M]. 2版. 清华大学出版社，广西科学技术出版社，2000.

[33] 姜华. 基于 SOM 的时态近似周期的数据挖掘研究[D]. 湘潭: 湘潭大学, 2006.

[34] 李爱国，覃征. 在线分割时间序列数据[J]. 软件学报, 2004, 15(11): 1671-1679.

[35] 李雪梅, 何佳洲, 陈世福. 一种基于信息动态打包的数据仓库的设计方法[J]. 计算机应用研究, 2000(4): 135-137.

[36] 李正欣. 飞行数据相似模式挖掘研究[D]. 西安: 空军工程大学, 2011.

[37] 刘让国. 数据仓库技术在交通信息系统中的应用研究[D]. 北京: 中国科学院研究生院, 2007.

[38] 刘涛, 曾祥利, 曾军. 实用小波分析入门[M]. 北京: 国防工业出版社, 2006.

[39] 马钢, 王延章. 数据仓库及其设计规范化[J]. 大连理工大学学报. 2001(9): 626-630.

[40] 马毅. 数据仓库设计[J]. 西安工程学院学报，2002(1): 72-74.

[41] 毛红保. 飞行数据相似模式查询研究[D]. 西安: 空军工程大学, 2009.

[42] 毛云建. 多维时间序列数据挖掘的方法研究及应用[D]. 上海: 上海交通大学, 2007.

[43] 潘定, 沈钧毅. 时态数据挖掘的相似性发现技术[J]. 软件学报, 2007, 18(2): 246-258.

[44] 曲吉林. 时间序列挖掘中索引与查询技术的研究[D]. 天津: 天津大学管理学院, 2006.

[45] 申晓勇, 雷英杰, 蔡茹. 基于加权 Minkowski 距离的 IFS 相异度度量方法[J]. 系统工程与电子技术, 2009, 31(6): 1358-1361.

[46] 宋毅. 基于 DW 的航空装备维修 DSS 的研究与开发[J]. 微计算机信息, 2009, 25(5).

[47] 孙延奎. 小波分析及其应用[M]. 北京: 机械工业出版社, 2005.

[48] 覃征, 李爱国. 时间序列数据的稳健最优分割方法[J]. 西安交通大学学报, 2003, 37(4): 338-342.

[49] 王珊. 数据仓库技术与联机分析处理[M]. 北京: 科学出版社, 1998.

[50] 王仲谋, 等译. 数据仓库—客户/服务器计算指南[M]. 北京, 清华大学出版社, 1997.

[51] 谢川. 飞行数据智能处理方法研究与智能处理系统研制[D]. 西安: 空军工程大学, 2004.

[52] 许磊. 飞参数据压缩存储与管理研究[D]. 西安: 空军工程大学, 2009.

[53] 杨风召. 高维数据挖掘技术研究[M]. 南京: 东南大学出版社, 2007.

[54] 张凤鸣, 郑东良, 吕振中. 航空装备科学维修导论[M]. 北京: 国防工业出版社, 2006.

[55] 张维明, 等. 数据仓库原理与应用[M]. 北京: 电子工业出版社, 2002.

[56] 张玉芳, 熊忠阳. 数据仓库数据模型的设计[J]. 计算机应用, 1999(9): 10-12.

[57] 赵景林. 数据仓库的体系结构和设计策略[J]. 计算机工程与设计, 2001(6): 54-56.

[58] 赵彦申. 数据仓库和数据分析技术在互联网电信增值业务领域的应用[D]. 北京: 北京邮电大学, 2006.